大学物理（下册）

陈春彩 骆明辉 陈春荣 主编　陈荣泉 章进炳 余小刚 副主编

清华大学出版社
北 京

内 容 简 介

本书是高等院校应用型特色教材，实践性、应用性和技术性较强。本书以经典物理为主要内容，近代物理适当简介，理论与企业生产实际结合紧密，内容通俗易懂。

本书共分上、下两册。上册内容包括：质点运动学、牛顿运动定律、质点系动力学、刚体力学基础、机械振动和机械波、气体动理论、热力学基础。下册内容包括：静电场、恒定磁场、电磁感应 电磁场和电磁波、波动光学、近代物理简介。

本书可作为应用型高等院校工科各专业的大学物理基础课本科生教材或企业工程技术人员的参考书。

图书在版编目(CIP)数据

大学物理. 下册/陈春彩，骆明辉，陈春荣主编. —北京：清华大学出版社，2018(2024.8 重印)
ISBN 978-7-302-49538-3

Ⅰ. ①大… Ⅱ. ①陈… ②骆… ③陈… Ⅲ. ①物理学－高等学校－教材 Ⅳ. ①O4

中国版本图书馆 CIP 数据核字(2018)第 020873 号

责任编辑：朱红莲
封面设计：傅瑞学
责任校对：王淑云
责任印制：丛怀宇

出版发行：清华大学出版社
网　　址：https://www.tup.com.cn，https://www.wqxuetang.com
地　　址：北京清华大学学研大厦 A 座　　邮　　编：100084
社 总 机：010-83470000　　邮　　购：010-62786544
投稿与读者服务：010-62776969，c-service@tup.tsinghua.edu.cn
质量反馈：010-62772015，zhiliang@tup.tsinghua.edu.cn
印 装 者：三河市龙大印装有限公司
经　　销：全国新华书店
开　　本：185mm×260mm　　**印　　张**：13.5　　**字　　数**：324 千字
版　　次：2018 年 2 月第 1 版　　**印　　次**：2024 年 8 月第 7 次印刷
定　　价：38.00 元

产品编号：073434-03

前言

FOREWORD

近年来随着教学改革的不断深入，一些新建本科高等院校正在向培养应用型人才转型。各专业对教材的要求既有普通本科的共性，又有别于普通本科的自身特点，即更加注重实践性、应用性和技术性。为适应这类应用型本科院校的需要，我们根据教育部最近制定的《理工科非物理专业课程教学基本要求》及应用型本科院校工科专业需求的特点，结合编者多年的教学实践，参照国内外教学改革的成果编写本教材。

由于本教材是以培养应用型人才为目标，所以在编写过程中注重物理知识与生产技术、生活实际和自然现象相结合。本教材的主要特点表现在以下几个方面：

1. 为适应企业生产技术的需要，本教材以经典物理为主要内容，近代物理压缩为一章，仅介绍狭义相对论和量子物理的基本概念，且尽量做到通俗易懂，拓宽学生的知识面，有助于培养学生树立正确的世界观、价值观。

2. 各章节内容的编写重点强调物理思想和物理图像的构建，在正文的叙述中某些定理、定律等知识能用物理图像说清楚的就不用复杂的数学推证。

3. 书中的例题和练习题的选取注重对基础知识的理解和巩固，选择与生产实际联系紧密的应用题及对其基本解题方法进行训练，避开需要复杂的数学推导的例题和练习题。

4. 每章开头设计了本章内容的知识框架图，每章最后列出了内容概述，以便学生、读者把握教材的知识要点和线索。

5. 本教材配有多媒体课件(PPT)、电子教案和习题集等教学资源。

考虑到新建本科应用型高等院校不同专业教学计划学时可能存在较大差异，本教材各章内容相对独立，使用时可根据具体情况对内容进行重组或取舍。教学可在72～96学时范围内，对有“*”号标示的内容可作为学生阅读或拓展内容，删除也不影响整本书的完整性和连续性。

本书由闽南理工学院具有多年教学与实际工作经验的教师集体编写而成。由陈春荣老师策划并撰写前言，由陈春彩、陈源福统稿。其中第1章的全部内容，第2～4章的插图及阅读材料由施一峰执笔；第2～4章其他内容由余小刚执笔；第5章由蔡琳敏执笔；第6、7章由陈源福执笔；第8、9、12章

(除了第8章图8-1至图8-24插图由章进炳绘制外)全部由陈春彩执笔;第10章由骆明辉执笔;第11章由陈荣泉执笔。

本书在编写过程中得到了哈尔滨工业大学郭重雄教授悉心指导,也得到了闽南理工学院领导的大力支持,在此表示衷心的感谢!并向本书编写过程中参阅的书籍、文献的作者表示感谢!

由于我们水平有限,时间仓促,书中难免有不足之处,敬请有关老师和读者批评指正。我们将在今后再版中加以改正,使本教材在使用中不断完善。

编　者

2017年7月　于闽南理工学院

目录

CONTENTS

第 8 章　静电场……1

8.1　库仑定律……2

8.1.1　电荷……2

8.1.2　库仑定律……2

8.2　电场强度……3

8.2.1　电场强度的定义……3

8.2.2　点电荷的电场强度……4

8.2.3　场强叠加原理……4

8.3　高斯定理……8

8.3.1　电场线……8

8.3.2　电场强度通量……9

8.3.3　高斯定理……10

8.3.4　高斯定理的应用……12

8.4　电场的环路定理　电势……16

8.4.1　静电场的保守性——环路定理……16

8.4.2　电势能　电势……17

8.4.3　电势的计算……19

8.5　电场强度与电势的关系……22

8.5.1　等势面和电场线……22

*8.5.2　电场强度和电势梯度……23

8.6　静电场中的导体……24

8.6.1　静电平衡……24

8.6.2　静电平衡时导体上的电荷分布……25

8.6.3　静电屏蔽……28

8.7　静电场中的电介质……28

8.7.1　电介质的极化……28

8.7.2　电介质对电场的影响……30

8.7.3　电介质中的电场强度……30

8.7.4　有电介质时的高斯定理……31

8.8 电容 电容器 …… 33
8.8.1 电容器的电容 …… 33
8.8.2 电容器的连接 …… 35
8.9 静电场的能量 …… 35
8.9.1 电容器的能量 …… 35
8.9.2 静电场的能量 …… 36
8.10 稳恒电场 …… 38
8.10.1 电流密度矢量 …… 38
*8.10.2 稳恒电流与稳恒电场 …… 40
8.10.3 电源电动势 …… 40
阅读材料八 动物电的研究和伏打电堆的发明 …… 41
本章提要 …… 43
思考题 …… 46
习题 …… 47

第9章 恒定磁场 …… 51
9.1 磁场 …… 52
9.1.1 基本的磁现象 …… 52
9.1.2 磁场的性质 …… 53
9.2 磁感强度 …… 53
9.3 毕奥-萨伐尔定律 …… 55
9.3.1 毕奥-萨伐尔定律 …… 55
9.3.2 毕奥-萨伐尔定律应用举例 …… 56
9.4 磁通量 磁场的高斯定理 …… 59
9.4.1 磁感线 …… 59
9.4.2 磁通量 …… 60
9.4.3 磁场的高斯定理 …… 61
9.5 安培环路定理 …… 62
9.5.1 安培环路定理 …… 62
9.5.2 安培环路定理的应用 …… 63
9.6 磁场对运动电荷及电流的作用 …… 65
9.6.1 洛伦兹力 …… 66
9.6.2 安培定律 …… 73
9.6.3 磁场对载流线圈的作用 …… 76
*9.6.4 磁力的功 …… 77
9.7 磁场中的磁介质 …… 78
9.7.1 磁介质 磁化强度 …… 78
9.7.2 磁介质中的安培环路定理 …… 80
*9.7.3 铁磁质 …… 83

阅读材料九　电流的磁效应 …… 86
本章提要 …… 88
思考题 …… 89
习题 …… 90

第10章　电磁感应　电磁场和电磁波 …… 94
10.1　电磁感应现象 …… 95
10.2　动生电动势和感生电动势 …… 95
10.2.1　动生电动势 …… 95
10.2.2　感生电动势 …… 97
10.3　电磁感应定律 …… 98
10.4　楞次定律 …… 99
10.5　涡流 …… 100
10.6　互感和自感 …… 101
10.6.1　互感 …… 101
10.6.2　自感 …… 102
10.7　磁场的能量 …… 104
10.8　电磁场与电磁波 …… 105
10.8.1　位移电流 …… 105
10.8.2　麦克斯韦方程组 …… 106
10.8.3　电磁波 …… 107
阅读材料十　无线充电技术 …… 110
本章提要 …… 111
思考题 …… 113
习题 …… 113

第11章　波动光学 …… 119
11.1　光的干涉性 …… 120
11.1.1　光源 …… 120
11.1.2　相干光的获得 …… 120
11.2　杨氏双缝干涉　劳埃德镜　光程与光程差 …… 121
11.2.1　杨氏双缝干涉实验 …… 121
11.2.2　杨氏双缝干涉条纹的分析 …… 122
11.2.3　劳埃德镜 …… 124
11.2.4　光程与光程差 …… 124
11.3　薄膜干涉 …… 127
11.3.1　薄膜干涉原理 …… 127
11.3.2　增透膜和增反膜 …… 129
11.4　劈尖　牛顿环 …… 130

11.4.1 劈尖 …… 130
11.4.2 牛顿环 …… 131
11.5 迈克耳孙干涉仪 …… 133
11.5.1 迈克耳孙干涉仪原理 …… 133
11.5.2 迈克耳孙干涉仪测光波波长 …… 134
11.6 光的衍射 …… 135
11.6.1 光的衍射现象及分类 …… 135
11.6.2 惠更斯-菲涅耳原理 …… 136
11.6.3 单缝夫琅禾费衍射 …… 136
11.7 圆孔衍射　光学仪器的分辨本领 …… 139
11.7.1 圆孔的夫琅禾费衍射 …… 139
11.7.2 光学仪器的分辨本领 …… 140
11.8 光栅衍射 …… 141
11.8.1 光栅及衍射图样 …… 141
11.8.2 光栅衍射条纹的形成 …… 142
11.8.3 衍射条纹的特征 …… 143
11.8.4 光栅光谱 …… 144
11.9 光的偏振 …… 145
11.9.1 光的偏振现象 …… 145
11.9.2 起偏和检偏　马吕斯定律 …… 146
*11.10 光的双折射现象 …… 149
11.10.1 寻常光和非寻常光　主平面　光轴 …… 149
11.10.2 双折射产生的原因 …… 150
11.10.3 人为的双折射现象 …… 151
*11.11 旋光现象 …… 152
阅读材料十一　光纤及光纤通信简介 …… 153
本章提要 …… 156
思考题 …… 157
习题 …… 158

第12章　近代物理简介 …… 161
12.1 狭义相对论 …… 162
12.1.1 伽利略变换和力学相对性原理 …… 162
12.1.2 狭义相对论的基本原理　洛伦兹变换 …… 163
12.1.3 狭义相对论的时空观 …… 165
12.1.4 狭义相对论动力学基础 …… 167
12.2 光的量子性 …… 170
12.2.1 黑体辐射　普朗克量子假设 …… 170
12.2.2 光电效应　光的波粒二象性 …… 172

12.2.3 玻尔的氢原子理论 …… 175
12.3 量子力学基本原理 …… 177
12.3.1 德布罗意波 实物粒子的二象性 …… 177
12.3.2 不确定关系 …… 178
12.3.3 波函数 薛定谔方程 …… 179
*12.3.4 薛定谔方程的简单应用 …… 180
12.4 量子力学应用简介 …… 182
12.4.1 激光 …… 182
12.4.2 液晶 …… 186
12.4.3 纳米材料 …… 189
阅读材料十二 软物质物理学的兴起 …… 192
本章提要 …… 193
思考题 …… 195
习题 …… 195

习题参考答案 …… 198

参考文献 …… 203

第8章

静电场

电学起源于古希腊哲学家塞利斯(Thales,公元前600年)所知道的一种现象：一块琥珀经摩擦后会吸引草屑。直到18世纪以后电学理论才建立在“场”的基础上,场是物质的一种存在形式,它看不见摸不着,但场是客观存在的。场在某些方面特性和实物粒子一样,也具有能量、动量和质量等；但场又与实物粒子具有很大的不同,几个场可以同时占有同一个空间。电荷之间的相互作用是通过电场来实现的。

一般来说,运动电荷将同时激发电场和磁场,电场和磁场是相互关联的。但是,在某些情况下,比如当我们所研究的电荷相对某参考系静止时,电荷在这个静止参考系中就只激发电场,而无磁场。我们把相对于观察者静止的电荷所激发的电场称为静电场。

本章将讨论静止电荷之间的相互作用和静电场的基本性质,以及静电场与导体、电介质的相互作用,同时指出稳恒电流的电场具有与静电场相似的性质。

本章结构框图

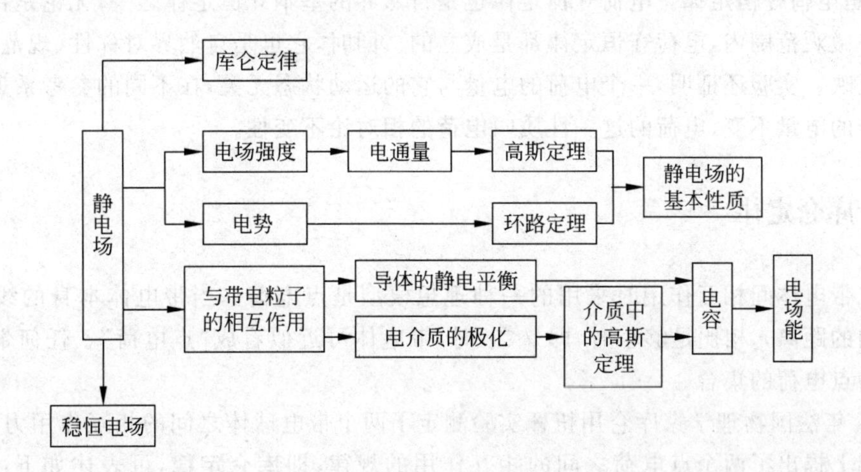

8.1 库仑定律

8.1.1 电荷

电是物质的一种基本属性,物质的电性质来自物质的微观结构。物体带电的多少称为**电荷量**,简称**电荷**或电量。在国际单位制(SI)中,电量的单位是库仑,符号是 C。自然界中,物体或者微观粒子所带的电荷有两种,一种是正电荷,一种是负电荷。同种电荷相互排斥,异种电荷相互吸引。我们知道,原子核中质子带正电,核外电子带等量负电。由于原子核内质子数与核外电子数相等,通常原子呈现电中性,宏观物体也呈电中性。

一个电子所带电量的绝对值叫做**基本电荷**(或叫元电荷),用 e 表示,大小近似等于

$$e=1.602\times10^{-19}\,\mathrm{C}$$

实验证明,自然界中的任何带电体(除了夸克或反夸克以外)所带电量都是基本电量 e 的整数倍。像这种电量只能取分立的、不连续的量值的性质称为**电荷的量子化**。由于宏观物体带有大量的基本电荷,而 e 非常小,所以电荷的量子性在研究宏观现象的绝大多数实验中没有表现出来。因此通常把带电体看成电荷连续分布的带电体来处理,并认为电荷的变化是连续的。近代物理从理论上预言每个夸克或反夸克带电量为 $\pm\frac{e}{3}$ 或 $\pm\frac{2e}{3}$,但是实验上至今尚未发现单独存在的夸克,即使得到证实,在夸克这一层面上,以 e 为基本电荷,电荷仍是量子化的。

由物质的分子结构知识可知,在一般状态下,物体是电中性的,物体内部的正电荷和负电荷的代数和为零。使物体带电的过程就是使它获得或者失去电子的过程,假如在一个系统中有两个电中性的物体,由于某些原因,使一些电子从一个物体转移到另一个物体上,失去电子的物体带正电,得到电子的物体带负电,不过两物体的正、负电荷的代数和仍为零。所以,**对于一个系统,如果没有电荷出入其边界,那么该系统正、负电荷的代数和将保持不变,这就是电荷守恒定律**。电荷守恒定律也是自然界的基本守恒定律之一,无论是在宏观领域还是在微观范围内,电荷守恒定律都是成立的。同时,它也是自然界对称性(规范对称性)的一种反映。实验还证明,一个电荷的电量与它的运动状态无关,在不同的参考系观察同一带电粒子的电量不变,电荷的这一性质叫**电荷的相对论不变性**。

8.1.2 库仑定律

研究带电体间相互作用时采用的一种理想模型是点电荷。当带电体本身的线度 d 与它们之间的距离 r 相比足够小时,即 $d\ll r$ 时,带电体可近似看成"点电荷"。任何带电体均可以视为点电荷的集合。

1785 年法国物理学家库仑用扭秤实验测定了两个带电球体之间的相互作用力,并在实验的基础上提出了两个点电荷之间的相互作用的规律,即**库仑定律**,可表述如下:**在真空中,两个静止的点电荷之间的相互作用力,其大小与它们电荷的乘积成正比,与它们之间距离的二次方成反比;作用力的方向沿着两点电荷的连线,同号电荷相斥,异号电荷相吸。**

设真空中有两个点电荷，电量分别为 q_1、q_2，两个点电荷之间的距离为 r，并把电荷 q_1 指向电荷 q_2 的矢量用 $\boldsymbol{r}$ 表示，如图 8-1 所示，则电荷 q_2 受到 q_1 的作用力 $\boldsymbol{F}$ 表示为

$$\boldsymbol{F} = k\frac{q_1 q_2}{r^2}\boldsymbol{e}_r$$

式中，$\boldsymbol{e}_r$ 指从电荷 q_1 指向电荷 q_2 的单位矢量，即 $\boldsymbol{e}_r = \frac{\boldsymbol{r}}{r}$；而 k 是比例系数，在 SI 中 $k \approx 9.0\times10^9\,\mathrm{N\cdot m^2\cdot C^{-2}}$。为了使以后的电磁学公式简化，引入真空中的电容率 ε_0，ε_0 的值为

$$\varepsilon_0 = \frac{1}{4\pi k} = 8.85\times10^{-12}\,\mathrm{C^2\cdot N^{-1}\cdot m^{-2}}\quad(\mathrm{C^2\cdot N^{-1}\cdot m^{-2}}\text{ 就是 }\mathrm{F\cdot m^{-1}})$$

则**库仑定律**可以表示为

$$\boldsymbol{F} = \frac{1}{4\pi\varepsilon_0}\frac{q_1 q_2}{r^2}\boldsymbol{e}_r \tag{8-1}$$

由上式可知，当 q_1 和 q_2 同号时，$q_1q_2>0$，q_2 受到斥力作用；当 q_1 和 q_2 异号时，$q_1q_2<0$，q_2 受到引力作用。

库仑定律虽然是从宏观带电体间相互作用的实验中总结出来的，但是近代物理实验表明，当两个点电荷之间的距离在 $10^{-17}\sim10^{7}\,\mathrm{m}$ 范围内库仑定律是成立的。库仑定律只适用于真空中的两个点电荷之间的作用。如果空间同时存在几个点电荷时，如图 8-2 所示，它们共同作用于某个点电荷的静电力，等于其他各点电荷单独存在时作用在该点电荷上的静电力的矢量和，这就是**静电力的叠加原理**。即

$$\boldsymbol{F} = \sum \boldsymbol{F}_i = \sum_i \frac{1}{4\pi\varepsilon_0}\cdot\frac{q_0 q_i \boldsymbol{r}_i}{r_i^3} \tag{8-2}$$

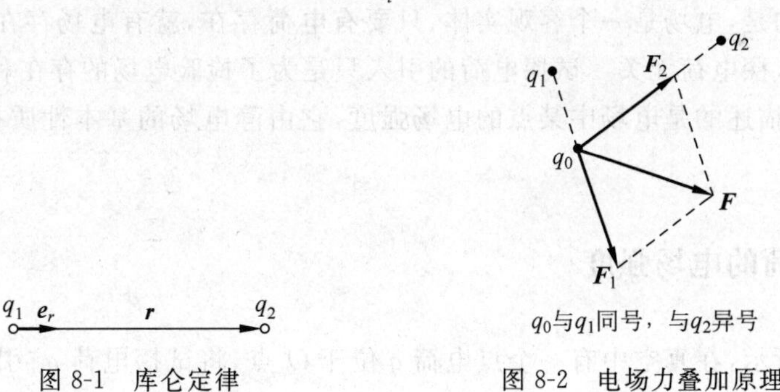

图 8-1　库仑定律　　图 8-2　电场力叠加原理

8.2　电场强度

8.2.1　电场强度的定义

库仑定律给出了两个静止点电荷之间相互作用力的表达式，那么电场力是如何从一个点电荷作用到另一个点电荷上的呢？对于这个问题，早期电磁理论曾认为，电荷之间的相互作用是一种“超距作用”，即两个点电荷突然出现在真空中，它们之间不需通过任何介质传达，也不需要时间，而能够立即发生相互作用。而现代的理论和实验都表明，电荷之间的相互作用实际上是通过电场作为中间介质传递的，而电场在真空中以光速 c 向前传播。相对于观察者静止的带电体周围的场称为**静电场**。

静电场是电磁场的一种特殊情况,其特点是电场的分布不随时间变化。静电场对外表现主要有:(1)处于电场中的任何带电体都受到电场力的作用(即场与带电粒子间的动量传递);(2)当带电体在电场中移动时,电场力对带电体做功(即场与带电粒子间的能量传递)。为了研究电场中任一点处电场的性质,可从电荷在电场中受力的特点来定量描述。把产生电场的电荷称为**场源电荷**,并引入**试探电荷**(亦可称为**检验电荷**)。场源电荷可以是点电荷、点电荷系或者是具有某种电荷分布的带电体,而试探电荷 q_0 必须是电量足够小的点电荷,以至于把它放进电场中时对原有的电场几乎没有什么影响。

实验发现:同一个试探电荷在电场中不同场点受力的大小、方向一般各不相同,而在每一确定的场点受力的大小、方向是恒定的;不同的试探电荷在同一场点受力的大小与试探电荷的电量成正比,而当试探电荷异号时所受电场力的方向也相反。换句话说,试探电荷 q_0 在电场中某一个固定点处,当 q_0 的电量改变时它所受的力的方向不变,但力的大小会随电量的改变而改变,然而始终保持力 $\boldsymbol{F}$ 和 q_0 的比值$\dfrac{\boldsymbol{F}}{q_0}$为一恒矢量。于是,$\dfrac{\boldsymbol{F}}{q_0}$反映了 q_0 所在点处电场的性质,称为**电场强度**,用符号 $\boldsymbol{E}$ 表示,即

$$\boldsymbol{E}=\frac{\boldsymbol{F}}{q_0} \tag{8-3}$$

式(8-3)为电场强度的定义式。它表明,电场中某点处的电场强度 $\boldsymbol{E}$ 在数值上等于位于该点处的单位试探电荷所受的电场力,方向与正试探电荷在该点受力方向相同。所以,电场强度描述了电场各点对电荷施力的强弱和方向的特性。在 SI 中,电场强度 $\boldsymbol{E}$ 的单位是牛顿每库仑($\mathrm{N\cdot C^{-1}}$),也可以写成伏特每米($\mathrm{V\cdot m^{-1}}$)。

需要注意的是,电场是一个客观实体,只要有电荷存在,就有电场存在。电场的存在与否和是否引入试探电荷无关。试探电荷的引入只是为了检验电场的存在和讨论电场的性质而已。式(8-3)描述的是电场中某点的电场强度,它由静电场的基本性质推出,但适用于所有电场。

8.2.2 点电荷的电场强度

如图 8-3 所示,在真空中有一个点电荷 q 位于 O 点,将试探电荷 q_0 引入场中任意一场点 P 处,OP 之间的距离为 r。由库仑定律可得 q_0 所受的电场力 $\boldsymbol{F}=\dfrac{1}{4\pi\varepsilon_0}\dfrac{qq_0}{r^2}\boldsymbol{e}_r$,式中 $\boldsymbol{e}_r$ 为矢径 $\boldsymbol{r}$ 方向的单位矢量,则 P 点的电场强度为

$$\boldsymbol{E}=\frac{\boldsymbol{F}}{q_0}=\frac{1}{4\pi\varepsilon_0}\frac{q}{r^2}\boldsymbol{e}_r \tag{8-4}$$

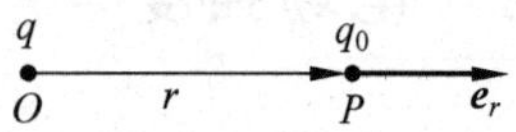

q　q0　O　r　P　e_r

图 8-3　点电荷电场强度

当场源电荷 q 为正电荷时,$\boldsymbol{E}$ 与矢径 $\boldsymbol{r}$ 的方向相同;q 为负电荷时,$\boldsymbol{E}$ 与矢径 $\boldsymbol{r}$ 的方向相反。

8.2.3 场强叠加原理

当电场是由点电荷系 $q_1,q_2,\cdots,q_n$ 共同激发时,由电场力的叠加原理,试探电荷 q_0 在场点 P 所受电场力 $\boldsymbol{F}$ 等于各个场源点电荷单独存在时作用于 q_0 的电场力 $\boldsymbol{F}_1,\boldsymbol{F}_2,\cdots,\boldsymbol{F}_n$ 的矢

量和。即

$$\boldsymbol{F}=\boldsymbol{F}_1+\boldsymbol{F}_2+\cdots+\boldsymbol{F}_n$$

由场强的定义，P 点场强

$$\boldsymbol{E}=\frac{\boldsymbol{F}_1}{q_0}+\frac{\boldsymbol{F}_2}{q_0}+\cdots+\frac{\boldsymbol{F}_n}{q_0}=\boldsymbol{E}_1+\boldsymbol{E}_2+\cdots+\boldsymbol{E}_n=\sum_i\boldsymbol{E}_i \tag{8-5}$$

式中，$\boldsymbol{E}_1,\boldsymbol{E}_2,\cdots,\boldsymbol{E}_n$ 分别为 $q_1,q_2,\cdots,q_n$ 单独存在时在 P 点产生的场强。式(8-5)表明，点电荷系电场中任一点的场强等于各点电荷单独存在时在该点产生的场强的矢量和。这个结论称为**场强叠加原理**。

由式(8-4)和式(8-5)我们得到点电荷系的场强

$$\boldsymbol{E}=\frac{1}{4\pi\varepsilon_0}\sum_i\frac{q_i}{r_i^2}\boldsymbol{e}_r \tag{8-6}$$

式中，r_i 为第 i 个点电荷 q_i 到场点 P 的距离。

若场源是电荷连续分布的带电体，可将其分割为无限多个线度足够小的电荷元 $\mathrm{d}q$，使得所讨论的问题中的每个电荷元都可以看作是点电荷。则由式(8-4)可得电荷元 $\mathrm{d}q$ 在空间某点的场强

$$\mathrm{d}\boldsymbol{E}=\frac{\mathrm{d}q}{4\pi\varepsilon_0 r^2}\boldsymbol{e}_r \tag{8-7}$$

根据场强叠加原理，整个带电体在该点的电场强度为

$$\boldsymbol{E}=\int_V\mathrm{d}\boldsymbol{E}=\int_V\frac{1}{4\pi\varepsilon_0}\frac{\mathrm{d}q}{r^2}\boldsymbol{e}_r \tag{8-8}$$

所以，只要知道了带电体上的电荷分布，就可以求出其场强分布。带电体的电荷分布通常有三种情况：线分布，面分布，体分布。即

$$\mathrm{d}q=\begin{cases}\lambda\mathrm{d}l\\ \sigma\mathrm{d}S\\ \rho\mathrm{d}V\end{cases}$$

其中，λ 是指带电体的电荷线密度，σ 指带电体的电荷面密度，ρ 指带电体的电荷体密度。应当指出的是，积分元 $\mathrm{d}l$、$\mathrm{d}S$、$\mathrm{d}V$ 均应具有宏观足够小、微观足够大的意义。

实际计算中，式(8-8)的积分通常是通过分量积分进行的，即

$$\mathrm{d}\boldsymbol{E}=\mathrm{d}E_x\boldsymbol{i}+\mathrm{d}E_y\boldsymbol{j}+\mathrm{d}E_z\boldsymbol{k}$$

$$\boldsymbol{E}=E_x\boldsymbol{i}+E_y\boldsymbol{j}+E_z\boldsymbol{k}$$

其中

$$\begin{cases}E_x=\int\mathrm{d}E_x\\ E_y=\int\mathrm{d}E_y\\ E_z=\int\mathrm{d}E_z\end{cases}$$

例 1　求电偶极子的电场强度。

设有两个大小相等，符号相反的点电荷 $+q$ 和 $-q$ 组成的点电荷系，当它们之间的距离 r_0 比它们到所讨论的场点的距离 x 小得多时，这一对点电荷系称为**电偶极子**[见图 8-4(a)]。从负电荷 $-q$ 指向正电荷 $+q$ 的矢径 $\boldsymbol{r}_0$ 称为电偶极子的**极轴**，电荷 q 与极轴 $\boldsymbol{r}_0$ 的乘积称为**电**

偶极矩，即 $\boldsymbol{p}=q\boldsymbol{r}_0$。试计算电偶极子轴线延长线上的一点 A 和轴的中垂面上的一点 B 的电场强度。

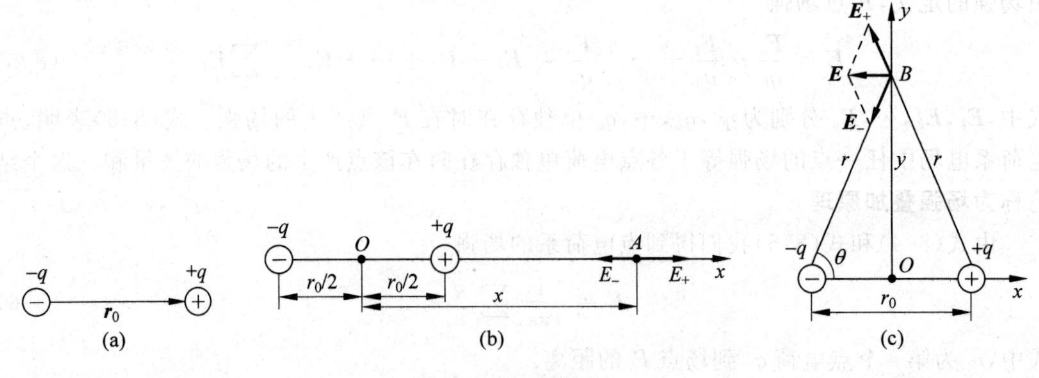

图 8-4 例 1 用图

解 1) 选取如图 8-4(b)所示的坐标，O 为电偶极子的中点，点电荷 $+q$ 和 $-q$ 在 A 点产生的电场强度大小为

$$E_+=\frac{1}{4\pi\varepsilon_0}\frac{q}{\left(x-\frac{r_0}{2}\right)^2}$$

$$E_-=\frac{1}{4\pi\varepsilon_0}\frac{q}{\left(x+\frac{r_0}{2}\right)^2}$$

E_+ 沿 x 轴的正方向，E_- 沿 x 轴的负方向，所以 A 点总电场强度大小为

$$E_A=E_+-E_-$$

化简得

$$E_A=\frac{q}{4\pi\varepsilon_0}\left[\frac{1}{\left(x-\frac{r_0}{2}\right)^2}-\frac{1}{\left(x+\frac{r_0}{2}\right)^2}\right]=\frac{q\cdot 2xr_0}{4\pi\varepsilon_0\left[\left(x-\frac{r_0}{2}\right)\left(x+\frac{r_0}{2}\right)\right]^2}$$

因为 $x\gg r_0$，故 $E_A\approx\frac{2qr_0}{4\pi\varepsilon_0 x^3}$。

E_A 沿 x 轴正方向，与电矩 $\boldsymbol{p}$ 同方向，所以 $\boldsymbol{E}_A\approx\frac{2\boldsymbol{p}}{4\pi\varepsilon_0 x^3}$。

2) 坐标系如图 8-4(c)，r_0 的中点为原点 O。设中垂线上任意点 B 到 O 点的距离为 y，到点电荷的距离为 r，则 $+q$ 和 $-q$ 在 B 点的场强分别为 $\boldsymbol{E}_+$ 和 $\boldsymbol{E}_-$，两者大小相等，方向如图 8-4(c)所示

$$E_+=E_-=\frac{1}{4\pi\varepsilon_0}\frac{q}{r^2}$$

由图 8-4 可看出

$$E_B=-2E_+\cos\theta$$

式中，$r=\sqrt{y^2+\left(\frac{r_0}{2}\right)^2}$，$\cos\theta=\frac{\frac{r_0}{2}}{r}$，所以

$$\boldsymbol{E}_B=-\frac{q\boldsymbol{r}_0}{4\pi\varepsilon_0 r^3}$$

因为 $y\gg r_0$，故

$$\boldsymbol{E}_B\approx-\frac{q\boldsymbol{r}_0}{4\pi\varepsilon_0 y^3}$$

E_B 沿 x 轴负方向，与电矩 p 方向相反，所以

$$E_B \approx -\frac{p}{4\pi\varepsilon_0 y^3}$$

电偶极子是一种十分重要的理想模型，我们在研究电介质极化、电磁波的发射和吸收、中性原子间的相互作用时都要用到这个模型。

例 2 求长为 L 的均匀带电细棒的电场。

设细棒电荷线密度为 λ，场点 P 离细棒距离为 a，细棒两端与 P 点的连线与细棒 y 方向间夹角分别为 θ_1 和 θ_2，如图 8-5 所示。

解 建立如图 8-5 所示直角坐标系。在细棒上取电荷元 $dq=\lambda dy$。

设 dq 到点 P 距离为 r，dq 在 P 点的场强 $dE=\frac{\lambda dy}{4\pi\varepsilon_0 r^2}$。

dE 在 Oxy 平面内，与 y 轴的夹角为 θ。

由场强的叠加原理：$\boldsymbol{E}=\int_L d\boldsymbol{E}$，由于不同位置的电荷元在 P 点 $d\boldsymbol{E}$ 的方向不同，此积分应该用分量积分计算。把 $d\boldsymbol{E}$ 分解为 x 和 y 方向如下：

$$dE_x = dE\sin\theta$$
$$dE_y = dE\cos\theta$$

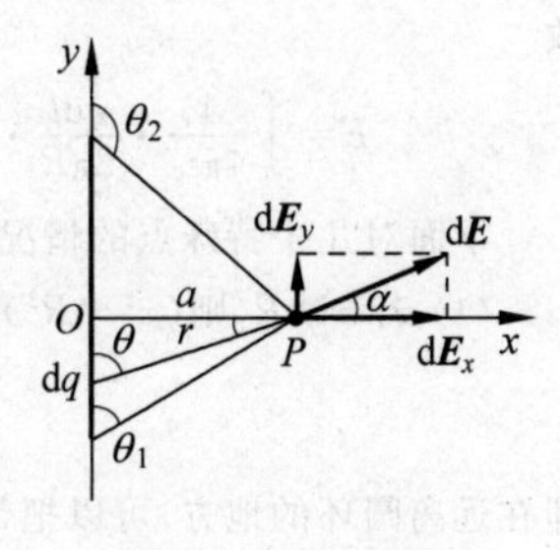

图 8-5 例 2 用图

统一变量，

$$y = -a\cot\theta$$
$$dy = a\csc^2\theta d\theta$$
$$r^2 = a^2 + y^2 = a^2\csc^2\theta$$

则有

$$dE_x = \frac{\lambda\sin\theta}{4\pi\varepsilon_0 a}d\theta$$

$$dE_y = \frac{\lambda\cos\theta}{4\pi\varepsilon_0 a}d\theta$$

积分后得

$$E_x = \int_L dE_x = \int_{\theta_1}^{\theta_2}\frac{\lambda}{4\pi\varepsilon_0 a}\sin\theta d\theta = \frac{\lambda}{4\pi\varepsilon_0 a}(\cos\theta_1 - \cos\theta_2)$$

$$E_y = \int_L dE_y = \int_{\theta_1}^{\theta_2}\frac{\lambda}{4\pi\varepsilon_0 a}\cos\theta d\theta = \frac{\lambda}{4\pi\varepsilon_0 a}(\sin\theta_2 - \sin\theta_1)$$

写成矢量形式为

$$\boldsymbol{E} = E_x\boldsymbol{i} + E_y\boldsymbol{j}$$

当 λ 为常量，$L\to\infty$ 时，$\theta_1=0$，$\theta_2=\pi$，则 $E_y=0$，$E_x=\frac{\lambda}{2\pi\varepsilon_0 a}$。

所以，在实际问题中，如一个带电细棒可以被视为无限长均匀带电直线时，则由 $E=\frac{\lambda}{2\pi\varepsilon_0 a}$ 可知场强 E 与场点离直线的距离 a 成反比，方向垂直于带电直线。

例 3 求均匀带电细圆环轴线上的电场。

设圆环半径为 R，带电量为 q，以圆环的环心为原点，沿圆环轴线建立 Ox 坐标轴，如图 8-6 所示。场点 P 与环心相距 x。

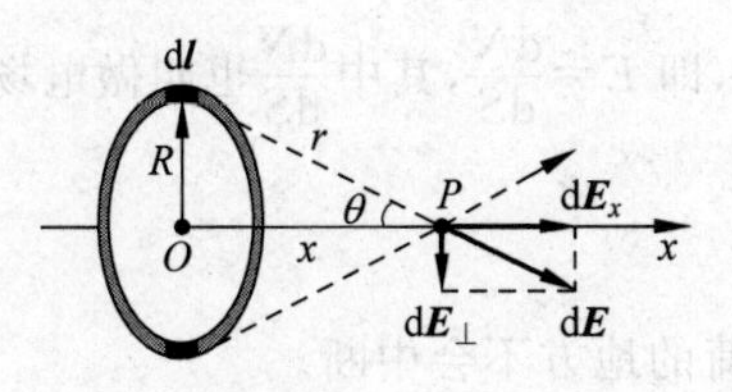

图 8-6 例 3 用图

解 在圆环上取电荷元 $dq=\lambda dl=\frac{q}{2\pi R}dl$，$dq$ 在 P 点场强

$\mathrm{d}\boldsymbol{E}=\frac{\mathrm{d}q}{4\pi\varepsilon_0 r^2}\boldsymbol{e}_r$,对于不同的电荷元 $\mathrm{d}E$ 方向不同。由于电荷分布的轴对称性,各电荷元的场强在垂直于轴线平面内的分量 $\mathrm{d}E_\perp$ 方向互相抵消,因此垂直分量全部抵消,所以 P 点的总场强 $\boldsymbol{E}$ 方向沿轴线 x 方向,大小为

$$E=\int \mathrm{d}E_x=\int \mathrm{d}E\cos\theta$$

又因为

$$\cos\theta=\frac{x}{r},\quad r^2=R^2+x^2$$

故

$$E=\int\frac{1}{4\pi\varepsilon_0}\cdot\frac{q\mathrm{d}l}{2\pi R}\cdot\frac{x}{(R^2+x^2)^{3/2}}=\frac{qx}{4\pi\varepsilon_0 2\pi R\,(R^2+x^2)^{3/2}}\int_0^{2\pi R}\mathrm{d}l=\frac{qx}{4\pi\varepsilon_0\,(R^2+x^2)^{3/2}}$$

下面对几个特殊点的情况作一些讨论:

(1) 若 $x\gg R$,则 $(x^2+R^2)^{3/2}\approx x^3$,这时有

$$E\approx\frac{1}{4\pi\varepsilon_0}\frac{q}{x^2}$$

即在远离圆环的地方,可以把带电圆环看成为点电荷。这正与我们在前面对点电荷的论述相一致。

(2) 若 $x\approx 0$,$E\approx 0$,这表明环心处的电场强度为零。

(3) 由 $\frac{\mathrm{d}E}{\mathrm{d}x}=0$ 可求得电场强度极大的位置,故有

$$\frac{\mathrm{d}}{\mathrm{d}x}\left[\frac{1}{4\pi\varepsilon_0}\frac{qx}{(x^2+R^2)^{3/2}}\right]=0$$

得

$$x=\pm\frac{\sqrt{2}}{2}R$$

这表明,圆环轴线上具有最大电场强度的位置,位于原点 O 两侧的 $\frac{\sqrt{2}}{2}R$ 和 $-\frac{\sqrt{2}}{2}R$ 处。

8.3 高斯定理

8.3.1 电场线

电场中每一点的电场强度 $\boldsymbol{E}$ 都有一定的大小和方向,为了更直观形象地显示电场的总体分布情况,我们在电场中人为地画出一系列曲线。使这些曲线上每一点的切线方向都与该点电场强度 $\boldsymbol{E}$ 的方向一致,这些曲线叫**电场线**。电场线不仅能表示电场强度的方向,而且电场线在空间的密度分布还能表示电场强度的大小。如果在某区域内电场线的密度较大,该处的电场强度也较强;如果该区域的电场线密度较小,那么该处的电场强度也较弱。为了给出电场线密度和电场强度间的数量关系,我们规定:在电场中任一点处,通过垂直 $\boldsymbol{E}$ 的单位面积的电场线的数目等于该点处电场强度 $\boldsymbol{E}$ 的大小,即 $E=\frac{\mathrm{d}N}{\mathrm{d}S}$,其中 $\frac{\mathrm{d}N}{\mathrm{d}S}$ 也叫做电场线密度。如图 8-7 是几种带电系统的电场线图示。

静电场的电场线有如下几点性质:

(1) 电场线总是始于正电荷,终止于负电荷,在没有电荷的地方不会中断。

(2) 电场线是不闭合曲线。

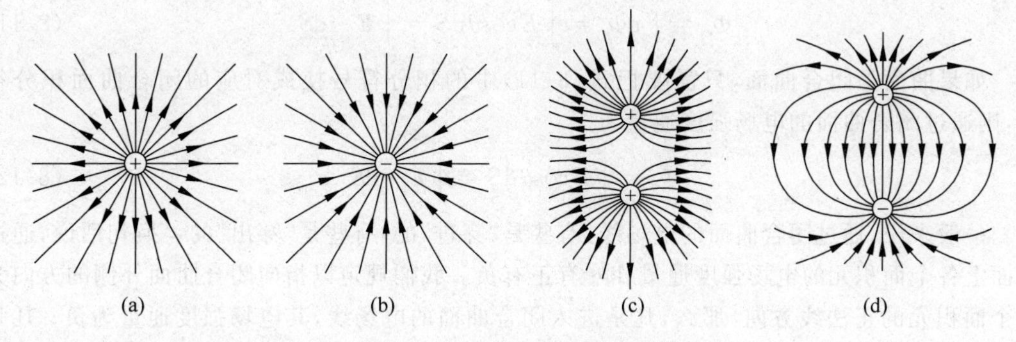

(a)　(b)　(c)　(d)

图 8-7　几种电荷分布的电场线

(a) 正电荷；(b) 负电荷；(c) 两个等值正电荷；(d) 两个等值异号电荷

(3) 任意两条电场线都不会相交,这是因为电场中每一点处的电场强度只能有一个确定的方向。

8.3.2　电场强度通量

我们把通过电场中某一个面的电场线数目,叫做通过这个面的**电场强度通量**,用符号 Φ_e 表示。下面先讨论匀强电场中的电场强度通量 Φ_e,设在匀强电场中取一个平面 S,并使它和电场强度方向垂直,如图 8-8(a)所示,由于匀强电场的电场强度处处相等,所以电场线密度也应处处相等,所以通过面 S 的电场强度通量为 $\Phi_e=ES$。

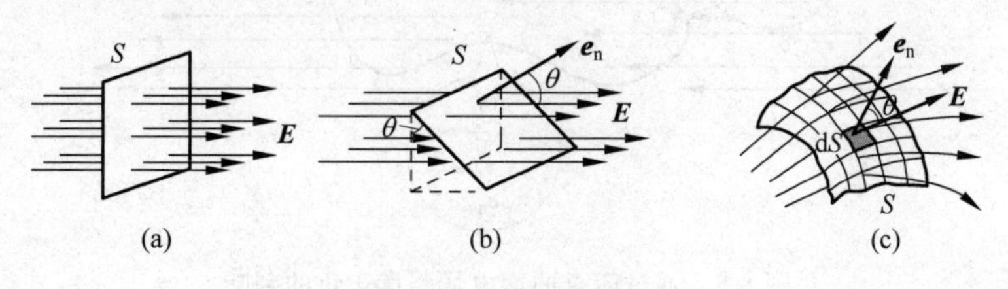

(a)　(b)　(c)

图 8-8　电场强度通量

如果平面 S 与匀强电场的 $\boldsymbol{E}$ 不垂直,如图 8-8(b)所示,且平面 S 的单位法线矢量 $\boldsymbol{e}_n$ 与 $\boldsymbol{E}$ 方向的夹角为 θ。则 $\boldsymbol{S}$ 在垂直于 $\boldsymbol{E}$ 的方向上的投影面积为 $S\cos\theta$,则通过平面 S 的电场强度通量为

$$\Phi_e = ES\cos\theta$$

由矢量标积的定义可得,$ES\cos\theta$ 为矢量 $\boldsymbol{E}$ 和 $\boldsymbol{S}$ 的标积,所以上式可用矢量表示如下:

$$\Phi_e = \boldsymbol{E}\cdot\boldsymbol{S} = \boldsymbol{E}\cdot S\boldsymbol{e}_n \tag{8-9}$$

其中,矢量面积 $\boldsymbol{S}=S\boldsymbol{e}_n$,$\boldsymbol{e}_n$ 为 $\boldsymbol{S}$ 的单位法线矢量。

如果电场是非匀强电场,并且面 S 是任意曲面,如图 8-8(c)所示,则可把曲面分割成无限多个面积元 dS,每个面积元 dS 都可看成是一个小平面,在面积元 dS 上,$\boldsymbol{E}$ 也处处相等。如果一个无限小的面元 dS 的法线 $\boldsymbol{e}_n$ 与电场强度的 $\boldsymbol{E}$ 的夹角为 θ,则通过面元 dS 的电场强度通量为

$$d\Phi_e = EdS\cos\theta = \boldsymbol{E}\cdot d\boldsymbol{S} \tag{8-10}$$

所以通过曲面 S 的总电场强度通量等于通过各面元的电场强度通量的总和,即

$$\Phi_e = \int_s \mathrm{d}\Phi_e = \int_s E\cos\theta \mathrm{d}S = \int_s \boldsymbol{E} \cdot \mathrm{d}\boldsymbol{S} \tag{8-11}$$

如果曲面是闭合曲面,只需要把式(8-11)中的积分符号换成对应的闭合曲面积分符号,则通过闭合曲面的电场强度通量为

$$\Phi_e = \oint_s E\cos\theta \mathrm{d}S = \oint_s \boldsymbol{E} \cdot \mathrm{d}\boldsymbol{S} \tag{8-12}$$

一般来说,通过闭合曲面的电场线,有些是“穿进”的,有些是“穿出”的。换句话说,通过曲面上各个面积元的电场强度通量 $\mathrm{d}\Phi_e$ 有正有负。我们规定以指向闭合曲面外侧的方向为每个面积元的正法线方向,那么,凡是进入闭合曲面的电场线,其电场强度通量为负;凡是穿出闭合曲面的电场线,其电场强度通量为正。

如图 8-9 所示,在曲面 A 处,电场线从外穿进曲面里,$\theta > \frac{\pi}{2}$,所以 $\mathrm{d}\Phi_e < 0$;在 B 点处,电场线从曲面里向外穿出,$\theta < \frac{\pi}{2}$,所以 $\mathrm{d}\Phi_e > 0$;在 C 点处,电场线与曲面法线矢量方向刚好垂直,$\theta = \frac{\pi}{2}$,则 $\mathrm{d}\Phi_e = 0$。

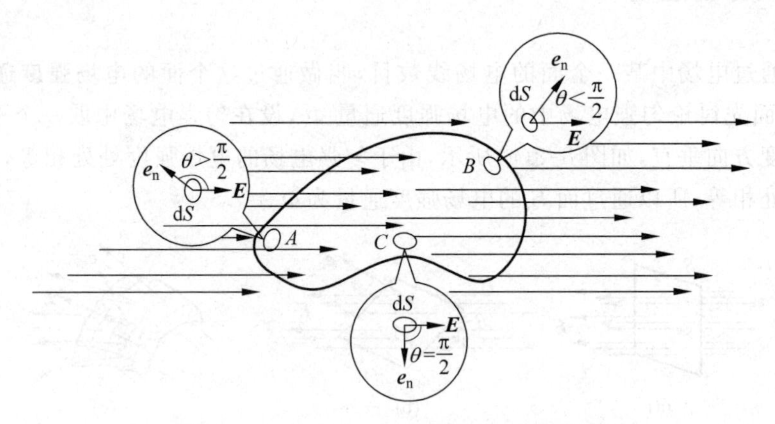

图 8-9 通过闭合曲面电场强度正负的判断

8.3.3 高斯定理

高斯定理是静电场的一条基本原理,它给出了静电场中通过任一闭合曲面的电场强度通量与该闭合曲面内所包围的电荷之间的量值关系。从静电场与场源电荷之间的联系这个角度揭示了静电场的基本性质。

先讨论点电荷的情况,设真空中有一个点电荷 q,被置于半径为 R 的球面中心,如图 8-10 所示,由点电荷电场强度公式(8-4)可知,球面上各点电场强度 $\boldsymbol{E}$ 的大小均为

$$E = \frac{1}{4\pi\varepsilon_0} \frac{q}{R^2}$$

$\boldsymbol{E}$ 的方向则沿径矢方向向外,在球面上任取一面积元 $\mathrm{d}\boldsymbol{S}$,其正单位法线矢量 $\boldsymbol{e}_n$ 与 $\boldsymbol{E}$ 方向相同,即 $\boldsymbol{E}$ 与面积元 $\mathrm{d}\boldsymbol{S}$ 垂直。根据式(8-11),通过 $\mathrm{d}\boldsymbol{S}$ 的电场强度通量为

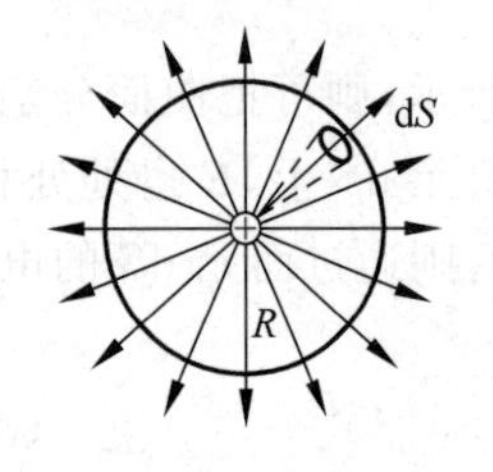

图 8-10 高斯定理说明图一

$$\mathrm{d}\Phi_e = \boldsymbol{E} \cdot \mathrm{d}\boldsymbol{S} = E\mathrm{d}S = \frac{1}{4\pi\varepsilon_0}\frac{q}{R^2}\mathrm{d}S$$

则通过整个球面的电场强度通量为

$$\Phi_e = \oint_s \mathrm{d}\Phi_e = \oint_s \boldsymbol{E} \cdot \mathrm{d}\boldsymbol{S} = \frac{1}{4\pi\varepsilon_0}\frac{q}{R^2}4\pi R^2 = \frac{q}{\varepsilon_0}$$

即通过闭合球面的电场强度通量 Φ_e 与半径 R 无关，只与被球面所包围的电量 q 有关。当 q 是正电荷时，$\Phi_e > 0$，表示电场线从正电荷发出且穿出球面；当 q 是负电荷时，$\Phi_e < 0$，表示电场线穿入球面且止于负电荷。

如果包围点电荷的球面是任意闭合球面 S，如图 8-11 所示。可在曲面 S 外面作一以 q 为中心的球面 S_2，由上述的结果可知，通过闭合球面的电场强度通量为 $\Phi_e = \dfrac{q}{\varepsilon_0}$，这是由于电场线总是从正电荷出发延伸到无限远处或者从无限远处到负电荷终止，当空间无其他电荷时，电场线既不会中断也不会增加。若围绕 q 作任意闭合曲面 S_1，则凡是通过 S_2 的电场线也一定会通过 S_1，穿过 S_2 的电场强度通量与穿过 S_1 的电场强度通量相同且都等于$\dfrac{q}{\varepsilon_0}$。

如果任意闭合曲面不包围电荷，点电荷 q 在 S 面外，如图 8-12 所示。由于闭合曲面 S 不包围电荷，则每一条进入 S 的电场线一定从 S 的另一侧穿出，一进一出刚好相互抵消，所以穿过 S 的电场强度通量为零。

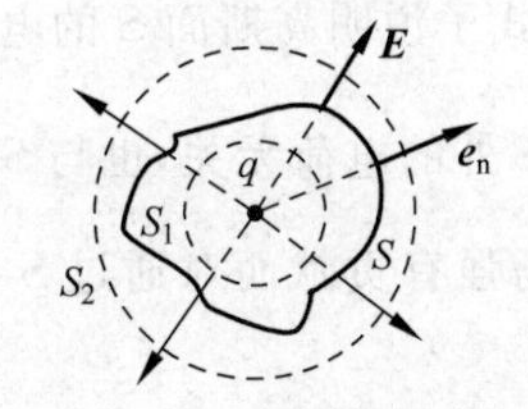

图 8-11　高斯定理说明图二

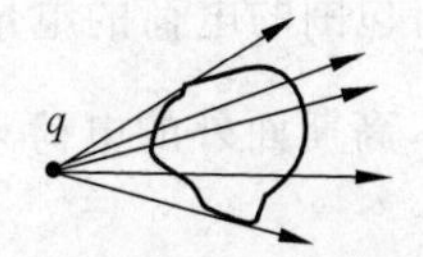

图 8-12　点电荷在闭合曲面外

于是，我们得到单个点电荷 q 的电场中，穿过任意闭合曲面的电场强度通量

$$\Phi_e = \begin{cases} \dfrac{q}{\varepsilon_0} & (q\text{ 在闭合曲面内}) \\ 0 & (q\text{ 在闭合曲面外}) \end{cases} \tag{8-13}$$

接下来，进一步讨论闭合曲面内含有任意电荷系时，穿过闭合曲面的电场强度通量。如图 8-13 所示是任意闭合曲面包围点电荷系 $q_1, q_2, \cdots, q_n$，由电场强度的叠加原理可知，S 上各点场强

$$\boldsymbol{E} = \sum_{i=1}^{n} \boldsymbol{E}_i$$

因此，通过闭合曲面 S 上的电场强度通量为

$$\begin{aligned}\Phi_e &= \oint_S \boldsymbol{E} \cdot \mathrm{d}\boldsymbol{S} = \oint_S \sum_{i=1}^{n} \boldsymbol{E}_i \cdot \mathrm{d}\boldsymbol{S} = \sum_i \oint_S \boldsymbol{E}_i \cdot \mathrm{d}\boldsymbol{S} \\ &= \Phi_{e1} + \Phi_{e2} + \cdots + \Phi_{en} = \sum_i \Phi_{ei}\end{aligned}$$

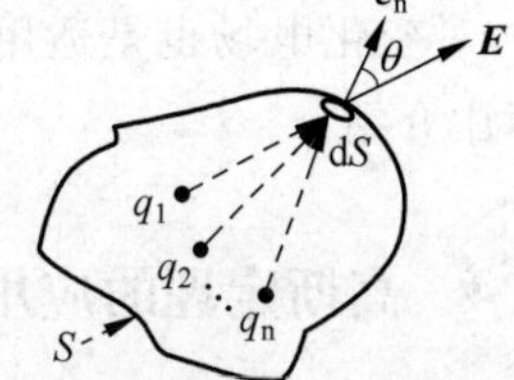

图 8-13　点电荷系在闭合曲面内

其中，$\Phi_{e1}, \Phi_{e2}, \cdots, \Phi_{en}$ 是电荷 $q_1, q_2, \cdots, q_n$ 各自激发的电场穿过闭合曲面的电场强度通量。

由式(8-13)可得,当 q_i 在 S 内时,$\Phi_{ei}=\dfrac{q_i}{\varepsilon_0}$；当 q_i 在 S 外时,$\Phi_{ei}=0$。所以

$$\Phi_e=\frac{1}{\varepsilon_0}\sum q_i^{\text{in}}$$

式中,$\sum q_i^{\text{in}}$ 指的是闭合曲面 S 包围的电荷的代数和。

通过上面的讨论我们得出:**在真空静电场中,穿过任意闭合曲面的电场强度通量等于该闭合曲面所包围的所有电荷的代数和除以 ε_0**。这就是**真空中静电场的高斯定理**。在高斯定理中,我们通常把所选取的闭合曲面称作**高斯面**。其数学表达式为

$$\oint \boldsymbol{E}\cdot \mathrm{d}\boldsymbol{S}=\frac{1}{\varepsilon_0}\sum_{i=1}^{n} q_i^{\text{in}} \tag{8-14}$$

若电荷是连续分布的,电荷体密度为 ρ,则

$$\oint \boldsymbol{E}\cdot \mathrm{d}\boldsymbol{S}=\frac{1}{\varepsilon_0}\int_V \rho \mathrm{d}V \tag{8-15}$$

式中,V 是高斯面 S 所包围的体积。

高斯定理的理解应注意以下三点:

(1) 在表达式(8-14)中,高斯面一定是一个闭合曲面,等式左边积分号中的 $\boldsymbol{E}$ 是高斯面上各点的场强,它是空间全部电荷(S 内和 S 外的电荷)共同产生的合场强,并不只是与 $\sum q_i^{\text{in}}$ 有关；等式右边 $\sum q_i^{\text{in}}$ 则表示 S 内的净电荷。整个式子说明高斯面 S 的电场强度通量 $\oint \boldsymbol{E}\cdot \mathrm{d}\boldsymbol{S}$ 只取决于它所包围的电荷的电量的代数和,而与 S 外的电荷无关,也与 S 内电荷如何分布无关。换句话说,高斯面外的电荷只对 S 上各点的场强有贡献而对通过 S 的电场强度通量无贡献。

(2) 高斯定理说明了每一个电量为 q 的正点电荷必定会发出 q/ε_0 条电场线,每一个电量为 q 的负点电荷必定会汇聚 $|q|/\varepsilon_0$ 条电场线。而空间其他电荷的存在尽管会改变 q 的电场线分布情况,但一定不会改变 q 发出或者汇聚的电场线的总条数。这又表明了静电场的电场线是有头有尾的,正电荷是电场线发出的源头,负电荷是电场线汇聚的尾间。我们把具有这种性质的场叫做**有源场**,高斯定理指出了静电场为有源场这一特性。

(3) 高斯定理是从点电荷场强公式和场强叠加原理得出的,而点电荷场强公式来自于库仑定律,因此高斯定理是库仑定律和场强叠加原理的结果。但是从场的角度看,高斯定理比库仑定律更基本,应用范围更广泛。库仑定律只适用于静电场,而高斯定理不仅适用于静电场,对变化电场也是适用的,它是电磁场理论的基本方程之一,对于这一点,我们将在第10章中介绍。

8.3.4 高斯定理的应用

如果空间电荷已知,那么根据高斯定理很容易求出任意闭合曲面的电场强度通量。由于积分 $\oint \boldsymbol{E}\cdot \mathrm{d}\boldsymbol{S}$ 的计算有一定困难,因此一般情况下不一定能求出高斯面上的电场强度。只有当电荷分布具有某些对称性,从而使电场分布也具有某些对称性时,我们才能找到合适的

高斯面，使得$\oint \boldsymbol{E}\cdot d\boldsymbol{S}$中的$E$能提到积分号外，便可利用高斯定理简便计算出$E$的分布。

通常适用于高斯定理简单求解电场强度的电荷分布有：电荷球对称分布、轴对称分布和面对称分布三种。

用高斯定理求解电场强度一般分五个步骤：①分析电场的对称性；②构造合适的高斯面；③写出高斯定理的表达式；④计算电通量和电荷代数和；⑤得出电场强度分布。

例 1　已知有一个半径为R，均匀带电量为Q的球面，求球面内外的场强。

解　由于电荷分布是球对称的，所以电场强度$\boldsymbol{E}$的分布也是球对称的。即在同一个球面上各点$\boldsymbol{E}$的大小相等，方向沿半径方向，$\boldsymbol{E}$与球面上各处的$d\boldsymbol{S}$相互垂直。

当$r>R$时，设球面外任一点P至球心的距离为r，以r为半径作同心球面S_1，则点P在高斯面S_1上，如图 8-14(a)所示。

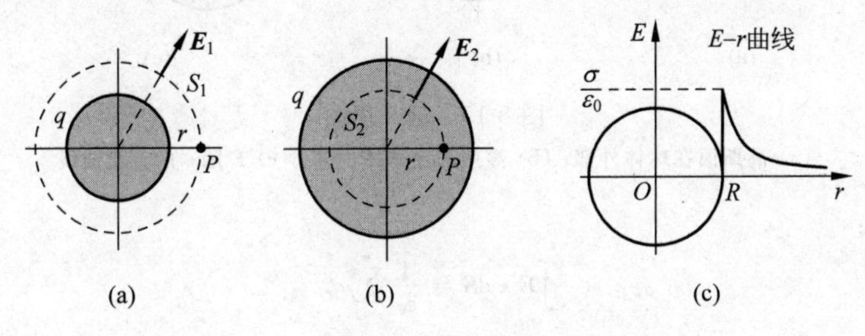

图 8-14　例 1 用图

(a) 高斯面在球面外部；(b) 高斯面在球面内部；(c) 球面上E随r的变化曲线

由高斯定理：

$$\oint \boldsymbol{E}\cdot d\boldsymbol{S}=\frac{1}{\varepsilon_0}\sum_{i=1}^{n}q_i^{\text{in}}$$

有

$$E\cdot 4\pi r^2=\frac{Q}{\varepsilon_0}$$

则P点的电场强度大小为

$$E=\frac{1}{4\pi\varepsilon_0}\frac{Q}{r^2}\quad (r>R)$$

当$r<R$时，设球面内任一点P至球心的距离为r，以r为半径作同心球面S_2，则点P在高斯面S_2上，如图 8-14(b)所示。

由高斯定理：

$$\oint \boldsymbol{E}\cdot d\boldsymbol{S}=\frac{1}{\varepsilon_0}\sum_{i=1}^{n}q_i^{\text{in}}$$

可得

$$E\cdot 4\pi r^2=0$$

则有

$$E=0\quad (r<R)$$

综上，均匀带电球面的电场分布为

$$E=\begin{cases}0 & (r<R)\\ \dfrac{Q}{4\pi\varepsilon_0 r^2} & (r>R)\end{cases}$$

结果表明，均匀带电球面内部的电场强度处处为零；而均匀带电球面外部的电场强度与等量电荷全部集中于球心时，形成的一个点电荷在该区域的场强分布完全相同。E-r 曲线分布如图 8-14(c)所示。

例 2 **已知有一个半径为 R，均匀带电球体，电量为 Q，求球体内外的场强。**

解 均匀带电球体可以视为由均匀带电球面一层一层组成的。由于球体电荷分布是球对称的，所以电场强度 $\boldsymbol{E}$ 的分布也是球对称的。

当 $r \geqslant R$ 时，设球体外任一点 P 至球心的距离为 r，以 r 为半径作同心球面 S_1，则点 P 在高斯面 S_1 上，S_1 上各点 $\boldsymbol{E}$ 的大小相等，方向沿球面的法线方向，如图 8-15(a)所示。

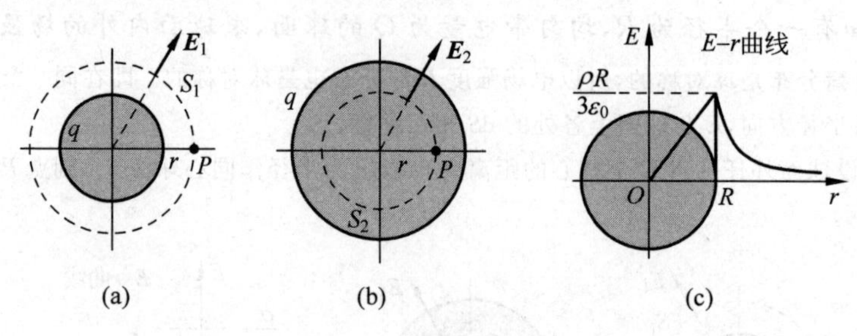

图 8-15 例 2 用图

(a) 高斯面在球体外部；(b) 高斯面在球体内部；(c) E 随 r 的变化曲线

由高斯定理：

$$\oint \boldsymbol{E} \cdot \mathrm{d}\boldsymbol{S} = \frac{1}{\varepsilon_0}\sum_{i=1}^{n} q_i^{\text{in}}$$

得

$$E \cdot 4\pi r^2 = \frac{Q}{\varepsilon_0}$$

则 P 点的电场强度大小为

$$E = \frac{1}{4\pi\varepsilon_0}\frac{Q}{r^2} \quad (r \geqslant R)$$

当 $r \leqslant R$ 时，设球体内任一点 P 至球心的距离为 r，以 r 为半径作同心球面 S_2，则点 P 在高斯面 S_2 上，如图 8-15(b)所示。

由高斯定理：

$$\oint \boldsymbol{E} \cdot \mathrm{d}\boldsymbol{S} = \frac{1}{\varepsilon_0}\sum_{i=1}^{n} q_i^{\text{in}}$$

可得

$$E \cdot 4\pi r^2 = \frac{1}{\varepsilon_0} \cdot \frac{Q}{\frac{4}{3}\pi R^3} \cdot \frac{4}{3}\pi r^3$$

整理得

$$E = \frac{Qr}{4\pi\varepsilon_0 R^3} \quad (r \leqslant R)$$

综上，均匀带电球体内外的电场分布为

$$E = \begin{cases} \dfrac{Qr}{4\pi\varepsilon_0 R^3} & (r < R) \\[2ex] \dfrac{Q}{4\pi\varepsilon_0 r^2} & (r \geqslant R) \end{cases}$$

结果表明，均匀带电球体内各点的电场强度大小与距离 r 成正比；而均匀带电球体外部的电场强度，与等量电荷全部集中于球心时形成的一个点电荷在该区域的场强分布完全相同。E-r 曲线分布如图 8-15(c)所示。

仿照例 2 的思路，若已知均匀带电球体电荷体密度为 ρ，如何求带电球体内外的电场分布？感兴趣的同学可以试一试。

例 3　设有一个无限长均匀长直细棒，电荷线密度为 λ，求其场强分布。

解　首先进行对称性分析，由于长直细棒是无限长的，且均匀带电，其电荷分布具有轴对称性，空间的电场强度也具有轴对称性。其次选择合适的高斯面，设空间任一点 P 至细棒电荷的距离为 r，以细棒为轴，半径为 r 作封闭的圆柱面 S，柱高 l，如图 8-16 所示。其中圆柱的上下底面分别为 S_1、S_2，侧面为 S_3。

根据高斯定理：

$$\oint \boldsymbol{E} \cdot \mathrm{d}\boldsymbol{S} = \frac{1}{\varepsilon_0} \sum_{i=1}^{n} q_i^{\text{in}}$$

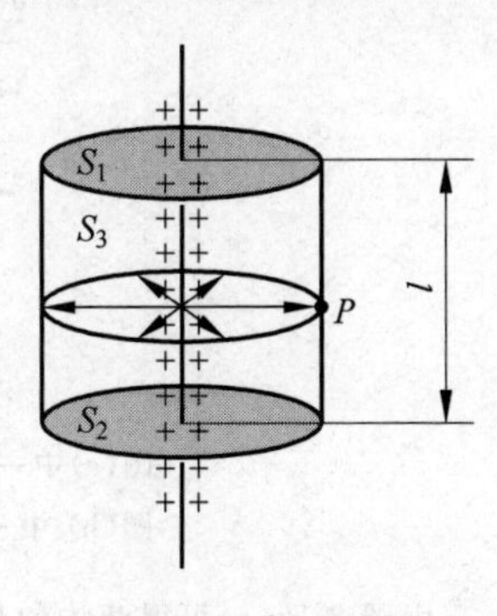

图 8-16　例 3 用图

可得

$$\int_{S_1} \boldsymbol{E} \cdot \mathrm{d}\boldsymbol{S} + \int_{S_2} \boldsymbol{E} \cdot \mathrm{d}\boldsymbol{S} + \int_{S_3} \boldsymbol{E} \cdot \mathrm{d}\boldsymbol{S} = \frac{1}{\varepsilon_0} \cdot \lambda l$$

由于上下底面 S_1、S_2 的法线方向与电场强度方向垂直，则穿过上下底面的电通量为 0；侧面 S_3 的外法线方向与电场强度方向一致。所以上式可简化为

$$\int_{S_3} E \mathrm{d}S = \frac{1}{\varepsilon_0} \cdot \lambda l$$

$$E \cdot 2\pi r l = \frac{1}{\varepsilon_0} \cdot \lambda l$$

即

$$E = \frac{\lambda}{2\pi\varepsilon_0 r}$$

$\boldsymbol{E}$ 的方向沿着径向的方向。

例 4　设空间有一个无限大均匀带电平面，单位面积上电荷面密度为 σ，求其场强的分布。

解　由于带电平面是均匀的无限大的，带电平面两侧附近的电场分布具有对称性，所以做高斯面如图 8-17 所示，此高斯面是一个圆柱面，它穿过无限大带电平面，且对带电平面是对称的。其中圆柱的上下底面分别为 S_1、S_2，侧面为 S_3，横截面积为 ΔS。

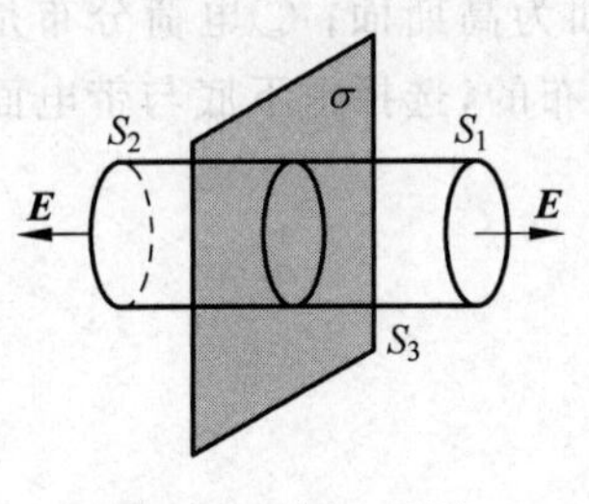

图 8-17　例 4 用图

根据高斯定理：

$$\oint \boldsymbol{E} \cdot \mathrm{d}\boldsymbol{S} = \frac{1}{\varepsilon_0} \sum_{i=1}^{n} q_i^{\text{in}}$$

可得

$$\int_{S_1} \boldsymbol{E} \cdot \mathrm{d}\boldsymbol{S} + \int_{S_2} \boldsymbol{E} \cdot \mathrm{d}\boldsymbol{S} + \int_{S_3} \boldsymbol{E} \cdot \mathrm{d}\boldsymbol{S} = \frac{1}{\varepsilon_0} \cdot \sigma \Delta S$$

由于侧面 S_3 的外法线方向与电场强度方向垂直。所以通过侧面 S_3 的电场强度通量为零。上下底面 S_1、S_2 的法线方向与电场强度方向一致，且底面上电场强度大小也相等，则穿过上下底面的电通量各为 $\sigma \Delta S$。所以上式可简化为

$$2E\Delta S = \frac{1}{\varepsilon_0} \cdot \sigma \Delta S$$

整理得

$$E = \frac{\sigma}{2\varepsilon_0}$$

结果表明，无限大均匀带电平面的电场强度 $\boldsymbol{E}$ 与场点到平面的距离无关，$\boldsymbol{E}$ 的方向与带电平面垂直。无限大带电平面的电场是匀强电场。

利用例 4 的结果，我们可求出两带等量异号电荷的无限大平行平面的电场强度。假设空间中有两带等量异号电荷的无限大平行平面 A 和 B，它们的电荷面密度分布为 $+\sigma$ 和 $-\sigma$。由上面的讨论可知，平面 A

和 B 所建立的电场强度分别为 $\boldsymbol{E}_A$ 和 $\boldsymbol{E}_B$，它们的大小相等，均为$\frac{\sigma}{2\varepsilon_0}$；而 $\boldsymbol{E}_A$ 和 $\boldsymbol{E}_B$ 的方向在两个平面之间是相同的，在两个平面之外是相反，如图 8-18(a)所示。由场强叠加原理知，两均匀带电平面的电场强度 $\boldsymbol{E}$ 可看成是两带电平面各自的 $\boldsymbol{E}_A$ 和 $\boldsymbol{E}_B$ 的矢量和，如图 8-18(b)所示。

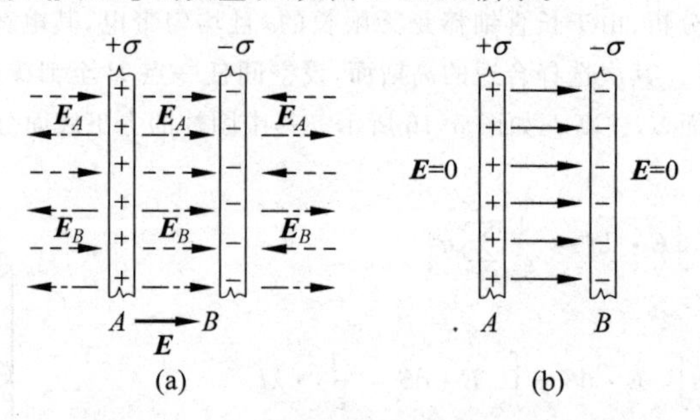

图 8-18 两无限大均匀带电平面的电场

图(a)中—-→为面 A 建立的电场强度；--→为面 B 建立的电场强度；

图(b) 中——→为两平行带电平面的合电场强度

由图 8-18(a)可得两均匀带电平面之外的电场强度为

$$\boldsymbol{E} = \boldsymbol{E}_A + \boldsymbol{E}_B = 0$$

而两带电平面之间的电场强度 $\boldsymbol{E}$ 的大小为

$$E = \frac{\sigma}{2\varepsilon_0} + \frac{\sigma}{2\varepsilon_0} = \frac{\sigma}{\varepsilon_0}$$

$\boldsymbol{E}$ 的方向由带正电的平面指向带负电的平面。由此我们可知，两无限大均匀带电平面之间的电场是均匀电场。在实际应用中，常把两带电平面之间的距离 d 取得很小，使它比平面的线度小很多。平行板电容器就是这样设计的，故平行板电容器内的电场可近似视为匀强电场。

由上面的例子，可以总结出带电体系必须具有一定的对称性，用高斯定理求电场强度才比较简便。而且高斯面的选取原则是使得待求的 E 能够提到高斯定理的积分号外，常见的高斯面的选取有以下三种：①电荷分布是球对称的，作同心球面为高斯面；②电荷分布是柱对称分布的，作同轴圆柱面为高斯面；③电荷分布是面对称分布的，选择上下底与带电面平行的柱面为高斯面。

8.4 电场的环路定理 电势

8.4.1 静电场的保守性——环路定理

如图 8-19 所示，空间有一场源点电荷，电量为 q，试探电荷 q_0 在 q 的电场中沿路径 L 由 a 移动到 b，这个过程中，q 对 q_0 的电场力所做的功为

$$A_{ab} = \int_a^b \boldsymbol{F} \cdot \mathrm{d}\boldsymbol{l} = \int_a^b q_0 \boldsymbol{E} \cdot \mathrm{d}\boldsymbol{l}$$

已知点电荷的电场强度为

$$\boldsymbol{E} = \frac{1}{4\pi\varepsilon_0} \frac{q}{r^2} \boldsymbol{e}_r$$

于是功 A_{ab} 可写为

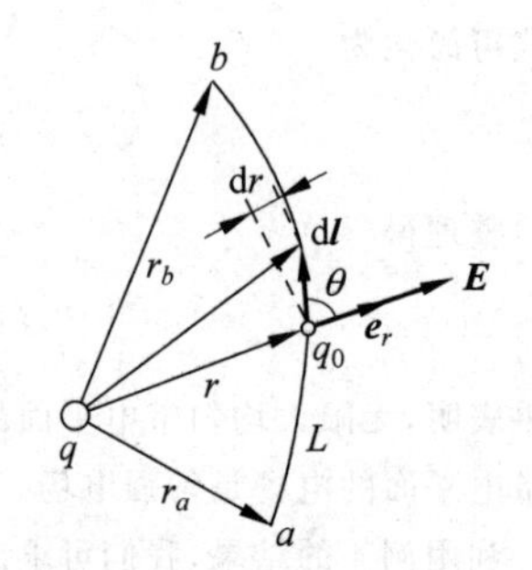

图 8-19 空间场源点电荷

$$A_{ab}=\int_a^b \frac{1}{4\pi\varepsilon_0}\frac{qq_0}{r^2}\boldsymbol{e}_r\cdot \mathrm{d}\boldsymbol{l}$$

由图 8-19 可看出，$\boldsymbol{e}_r\cdot \mathrm{d}\boldsymbol{l}=\mathrm{d}l\cos\theta=\mathrm{d}r$，式中 θ 是 $\boldsymbol{E}$ 与 $\mathrm{d}\boldsymbol{l}$ 之间的夹角，$\mathrm{d}r$ 是指位矢大小的变化量。于是，试探电荷 q_0 从 a 移动到 b 电场力所做的功为

$$A_{ab}=\frac{qq_0}{4\pi\varepsilon_0}\int_a^b \frac{1}{r^2}\mathrm{d}r=\frac{qq_0}{4\pi\varepsilon_0}\left(\frac{1}{r_a}-\frac{1}{r_b}\right) \tag{8-16}$$

式中，r_a 和 r_b 分别为 q_0 移动时起点和终点距点电荷 q 的距离。上式表明，在点电荷 q 的非匀强电场中，电场力对试探电荷 q_0 所做的功，只与其移动的起点和终点位置有关，与所经历的路程无关。

这个结论可以由叠加原理推广到任意点电荷系或带电体的电场，即

$$\begin{aligned}A&=\int_a^b q_0\boldsymbol{E}\cdot \mathrm{d}\boldsymbol{l}=\int_a^b q_0(\boldsymbol{E}_1+\boldsymbol{E}_2+\cdots+\boldsymbol{E}_n)\cdot \mathrm{d}\boldsymbol{l}\\&=\int_a^b q_0\boldsymbol{E}_1\cdot \mathrm{d}\boldsymbol{l}+\int_a^b q_0\boldsymbol{E}_2\cdot \mathrm{d}\boldsymbol{l}+\cdots+\int_a^b q_0\boldsymbol{E}_n\cdot \mathrm{d}\boldsymbol{l}\end{aligned}$$

上式中每一项都与路径无关，所以它们的代数和也必然和路径无关。由此得出如下结论：

在任何静电场中，电场力对电荷做功只与电荷起点、终点的位置有关，与电荷通过的路径无关。静电场做功的这个特点说明了静电力是**保守力**，静电场是**保守场**。

静电力是保守力这一特点还可以表述为：当电荷在静电场中绕任意闭合路径运动一周时，电场力对该电荷做功为零。即

$$A=\oint_L q_0\boldsymbol{E}\cdot \mathrm{d}\boldsymbol{l}=0$$

由于 q_0 不能为零，则

$$\oint_L \boldsymbol{E}\cdot \mathrm{d}\boldsymbol{l}=0 \tag{8-17}$$

式(8-17)表明，**在静电场中，电场强度 $\boldsymbol{E}$ 沿任意闭合路径的线积分为零。**$\boldsymbol{E}$ 沿任意闭合路径的线积分又叫做 $\boldsymbol{E}$ 的**环流**。故上式还可表述为：**在静电场中电场强度 $\boldsymbol{E}$ 的环流为零**，这叫做静电场的**环路定理**。环路定理说明静电场是保守场。

8.4.2　电势能　电势

在力学中，由于重力、弹性力这一类保守力具有做功与路径无关的特点，曾引进重力势能和弹性势能。从式(8-16)我们可以知道，电场力也是保守力，它对试探电荷所做的功也具有与路径无关的特性，所以，也可以引入相应的势能概念。

与物体在重力场中具有重力势能，并且可以用重力势能的改变量来量度重力所做的功一样，我们可以认为，电荷在静电场中的某一位置上具有一定的**电势能**，用 E_p 表示，并且静电场力对电荷所做的功就等于电荷电势能的改变量。如果用 $E_{\mathrm{p}A}$ 和 $E_{\mathrm{p}B}$ 分别表示试探电荷 q_0 在电场中 A 点和 B 点处的电势能，则试探电荷 q_0 从电场中的 A 点移动到 B 点时，静电场力对它做的功等于相应电势能增量的负值，即

$$W_{AB}=\int_A^B q_0\boldsymbol{E}\cdot \mathrm{d}\boldsymbol{l}=-(E_{\mathrm{p}B}-E_{\mathrm{p}A})=E_{\mathrm{p}A}-E_{\mathrm{p}B} \tag{8-18}$$

当电场力做正功时，$W_{AB}>0$，电势能减小；克服电场力做功时，$W_{AB}<0$，电势能增大。

电势能和重力势能一样,是一个相对的量,若要确定电荷在电场中某点的电势能的值,必须先选定电势能为零的参考点。一般情况下,电势能零点可以任意选择,如选择电荷在 B 点的电势能为零,即选定 $E_{pB}=0$,则由式(8-18)可得 A 点的电势能大小的绝对值为

$$E_{pA}=W_{AB}=\int_A^B q_0\boldsymbol{E}\cdot\mathrm{d}\boldsymbol{l}$$

上式表明,试探电荷 q_0 在电场中任意一点 A 的电势能在数值上等于把 q_0 由该点移动到电势能零点过程中电场力做的功。为了方便,通常把电势能零点选在无穷远处,即规定 $E_{p\infty}=0$,则 q_0 在 A 点的电势能为

$$E_{pA}=\int_A^\infty q_0\boldsymbol{E}\cdot\mathrm{d}\boldsymbol{l} \tag{8-19}$$

上式表明,试探电荷 q_0 在电场中任意一点 A 的电势能在数值上等于把 q_0 由 A 点移动到无穷远处时电场力所做的功。

在国际单位制中,电势能的单位是焦耳,符号为 J。应当指出,与任何形式的势能相同。电势能是试验电荷和电场的相互作用能,它属于试探电荷和电场组成的系统。

由式(8-19)可以看出,电势能 E_{pA} 不但与电场性质和 A 点的位置有关,而且还与试探电荷 q_0 有关,但是比值 $\frac{E_{pA}}{q_0}$ 只取决于电场分布和电势零点的选择,与试探电荷 q_0 无关。因此,可以用比值 $\frac{E_{pA}}{q_0}$ 来表征电场的性质。我们定义

$$V_A=\frac{E_{pA}}{q_0}=\int_A^\infty \boldsymbol{E}\cdot\mathrm{d}\boldsymbol{l} \tag{8-20}$$

为电场在 A 点的**电势**。即:**若规定无穷远处为电势零点,则电场中某点 A 的电势在数值上等于把单位正电荷从该点沿任意路径移到无穷远处时电场力所做的功。**

电势是标量,在国际单位制中,电势的单位是伏特,简称伏,符号为 V。

静电场中任意两点 A 和 B 电势值的差叫做 A、B 两点的电势差,也称为电压,用符号 U_{AB} 表示,即

$$U_{AB}=V_A-V_B=\frac{E_{pA}-E_{pB}}{q_0}=\frac{W_{AB}}{q_0}=\int_A^B \boldsymbol{E}\cdot\mathrm{d}\boldsymbol{l} \tag{8-21}$$

上式表明,静电场中,A、B 两点的电势差等于将单位正电荷由 A 点移到 B 点过程中电场力做的功。显然,电势差的大小与电势零点的选择无关。

有了电势差的定义之后,当任一电荷 q_0 从 A 点移动到 B 点时,电场力所做的功还可以表示为

$$W_{AB}=q_0(V_A-V_B)=q_0U_{AB} \tag{8-22}$$

顺便指出,在原子、核子物理中,电子、质子等粒子的能量也常用电子伏特作单位,符号为 eV。1eV 表示 1 个电子通过 1V 电势差时所获得的能量。电子伏特与焦耳之间的关系式为

$$1\mathrm{eV}=1.602\times10^{-19}\mathrm{J}$$

值得注意的是,电势零点的选择也是任意的。通常在场源电荷分布在有限空间时,取无穷远处为电势零点。但当场源电荷的分布广延到无穷远处时,不能再取无穷远处为电势零

点，因为会遇到积分不收敛的困难而无法确定电势。这时可在电场内另选任一合适的电势零点(详见 8.4.3 节例 4 所示)。在许多实际应用中，常取大地的电势为零。这样，任何导体接地后，就认为它的电势也为零。如某点相对大地的电势差为 220V，那么该点的电势就为 220V。在电子仪器中，常常取机壳或公共地线的电势为零，各点的电势值就等于它们与机壳(或公共地线)之间的电势差；只需测出这些电势差的数值，就能轻松判定仪器工作是否正常。

8.4.3　电势的计算

8.4.3.1　点电荷的电势

设在点电荷 q 的电场中，点 P 距点电荷 q 的距离为 r，由电势的定义式(8-20)和电场强度的定义式(8-3)可得点 P 的电势为

$$V=\int_r^{\infty}\boldsymbol{E}\cdot \mathrm{d}\boldsymbol{l}=\frac{q}{4\pi\varepsilon_0}\frac{1}{r} \tag{8-23}$$

上式表明，当 $q>0$ 时，电场中各点的电势都是正值，随 r 的增加而减小；当 $q<0$ 时，电场中各点的电势则是负值，而在无限远处的电势虽为零，但电势此时却最高。

8.4.3.2　电势的叠加原理

由电势的定义(8-20)和场强叠加原理(8-5)容易导出电势叠加原理。在点电荷系电场中点 A 的电势为

$$\begin{aligned}V_A&=\int_A^{\infty}\boldsymbol{E}\cdot \mathrm{d}\boldsymbol{l}=\int_A^{\infty}(\boldsymbol{E}_1+\boldsymbol{E}_2+\cdots+\boldsymbol{E}_n)\cdot \mathrm{d}\boldsymbol{l}\\&=\int_A^{\infty}\boldsymbol{E}_1\cdot \mathrm{d}\boldsymbol{l}+\int_A^{\infty}\boldsymbol{E}_2\cdot \mathrm{d}\boldsymbol{l}+\cdots+\int_A^{\infty}\boldsymbol{E}_n\cdot \mathrm{d}\boldsymbol{l}\\&=V_1+V_2+\cdots+V_n\end{aligned}$$

式中，$V_1,V_2,\cdots,V_n$ 分别为点电荷 $q_1,q_2,\cdots,q_n$ 独立激发的电场中点 A 的电势。由点电荷电势的计算式(8-23)可把上式写为

$$V_A=\sum_{i=1}^{n}\frac{1}{4\pi\varepsilon_0}\frac{q_i}{r_i} \tag{8-24}$$

上式表明，**点电荷系所激发的电场中某点的电势，等于各点电荷单独存在时在该点建立的电势的代数和**。

计算电势的常用方法有两种，第一种是由电势的定义求解。这种方法适用于 $\boldsymbol{E}$ 的分布已知或者容易求出的情况。其基本步骤如下：首先，确定电场强度 $\boldsymbol{E}$ 的分布；其次，选择零势点和积分路径，其原则是使计算尽量简单；最后，由电势的定义式 $V_A=\int_A^{\infty}\boldsymbol{E}\cdot \mathrm{d}\boldsymbol{l}$ 计算 V。注意 $\boldsymbol{E}$ 是积分路径上各点的总场强，如果路径上不同区域 $\boldsymbol{E}$ 的表达式不同，则应分段积分。如例 2～例 4。第二种方法是利用电势叠加原理，其步骤如下：首先，将带电体划分为许多电荷元 $\mathrm{d}q$，$\mathrm{d}q$ 可以是点电荷，也可以是其他典型带电体体积元电量，视具体问题具体分析；其次，选择零势点并写出 $\mathrm{d}q$ 在场点的电势 $\mathrm{d}V$；最后，由叠加原理求 V，如例 5。

对点电荷系

$$V=\sum_i V_i=\frac{1}{4\pi\varepsilon_0}\sum_i\frac{q_i}{r_i}$$

对电荷连续分布的带电体

$$V=\int \mathrm{d}V=\int\frac{\mathrm{d}q}{4\pi\varepsilon_0 r}$$

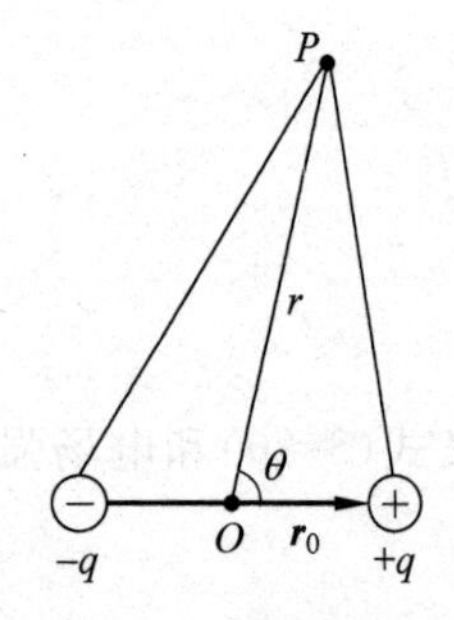

图 8-20 电偶极子

例 1 求电偶极子电场中的任一点的电势,电偶极子的电矩 $\boldsymbol{p}=q\boldsymbol{r}_0$。

解 如图 8-20 所示,令 $V_\infty=0$,则对任一场点 P,其电势为

$$V=\frac{q}{4\pi\varepsilon_0 r_-}-\frac{q}{4\pi\varepsilon_0 r_+}=\frac{q}{4\pi\varepsilon_0}\frac{r_+-r_-}{r_+r_-}$$

因为 $r\gg r_0$,所以 $r_+\approx r+\frac{l}{2}\cos\theta, r_-\approx r-\frac{l}{2}\cos\theta, r_+-r_-\approx l\cos\theta, r_+r_-\approx r^2$

得

$$V\approx\frac{q}{4\pi\varepsilon_0}\frac{l\cos\theta}{r^2}$$

式中,θ 为电偶极子中心 O 与场点 P 的连线和电偶极子轴的夹角,如图 8-20 所示。

例 2 设均匀带电球面半径为 R,总电量 Q,求其电场中的电势分布。

解 由高斯定理容易求得均匀带电球面的电场分布(参见 8.4.2 节例 1)

$$E=\begin{cases}0 & (r<R)\\ \dfrac{Q}{4\pi\varepsilon_0 r^2} & (r>R)\end{cases}$$

令 $V_\infty=0$,并沿径向积分。

对球面外场点有,$E_1=\dfrac{Q}{4\pi\varepsilon_0 r^2}\quad(r\geqslant R)$

$$V_1=\int_r^\infty \boldsymbol{E}_1\cdot\mathrm{d}\boldsymbol{l}=\int_r^\infty\frac{Q}{4\pi\varepsilon_0 r^2}\mathrm{d}r=\frac{Q}{4\pi\varepsilon_0 r}$$

对球面内场点,$E_2=0(r<R)$

$$\begin{aligned}V_2&=\int_r^R \boldsymbol{E}_2\cdot\mathrm{d}\boldsymbol{l}+\int_R^\infty \boldsymbol{E}_1\cdot\mathrm{d}\boldsymbol{l}\\&=\int_r^R 0\cdot\mathrm{d}l+\int_R^\infty\frac{Q}{4\pi\varepsilon_0 r^2}\mathrm{d}r\\&=\frac{Q}{4\pi\varepsilon_0 R}\end{aligned}$$

所以

$$V=\begin{cases}\dfrac{Q}{4\pi\varepsilon_0 r} & (r\geqslant R)\\ \dfrac{Q}{4\pi\varepsilon_0 R} & (r\leqslant R)\end{cases}$$

例 3 设均匀带电球体半径为 R,总电量为 Q,求其电场中的电势分布。

解 由高斯定理容易求得均匀带电球体的电场分布(参见 8.4.2 节例 2)

$$E=\begin{cases}\dfrac{Qr}{4\pi\varepsilon_0 R^3} & (r\leqslant R)\\ \dfrac{Q}{4\pi\varepsilon_0 r^2} & (r\geqslant R)\end{cases}$$

令 $V_\infty=0$,并沿径向积分。

对球体外场点有，$E_1=\dfrac{Q}{4\pi\varepsilon_0 r^2}(r\geqslant R)$

$$V_1=\int_r^{\infty}\boldsymbol{E}_1\cdot \mathrm{d}\boldsymbol{l}=\int_r^{\infty}\frac{Q}{4\pi\varepsilon_0 r^2}\mathrm{d}r=\frac{Q}{4\pi\varepsilon_0 r}$$

对球体内场点，$E_2=\dfrac{Qr}{4\pi\varepsilon_0 R^3}(r\leqslant R)$

$$\begin{aligned}V_2&=\int_r^{R}\boldsymbol{E}_2\cdot \mathrm{d}\boldsymbol{l}+\int_R^{\infty}\boldsymbol{E}_1\cdot \mathrm{d}\boldsymbol{l}\\&=\int_r^{R}\frac{Qr}{4\pi\varepsilon_0 R^3}\mathrm{d}r+\int_R^{\infty}\frac{Q}{4\pi\varepsilon_0 r^2}\mathrm{d}r\\&=\frac{Q}{4\pi\varepsilon_0 R^3}\int_r^{R}r\,\mathrm{d}r+\frac{Q}{4\pi\varepsilon_0}\int_R^{\infty}\frac{1}{r^2}\mathrm{d}r\\&=\frac{Q(3R^2-r^2)}{8\pi\varepsilon_0 R^3}\end{aligned}$$

所以

$$V=\begin{cases}\dfrac{Q}{4\pi\varepsilon_0 r} & (r\geqslant R)\\[2ex]\dfrac{Q(3R^2-r^2)}{8\pi\varepsilon_0 R^3} & (r\leqslant R)\end{cases}$$

例4 求电荷线密度为λ的无限长均匀带电直线电场中的电势分布。

解 无限长均匀带电直线的电场强度分布为

$$E=\frac{\lambda}{2\pi\varepsilon_0 r}$$

$\boldsymbol{E}$的方向与带电直线垂直。

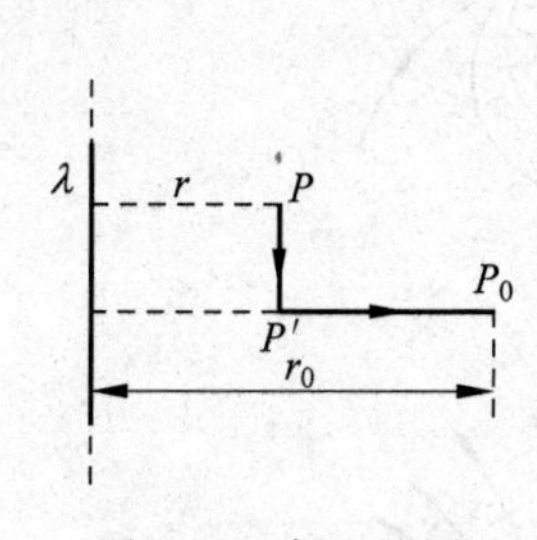

图8-21 例4用图

显然，如果以无穷远处($r=\infty$)或以带电直线本身($r=0$)为电势零点都将使电势计算失去意义。所以我们选择离带电直线距离为r_0的P_0点为电势零点，如图8-21所示中$P\to P'\to P_0$为积分路径。其中PP'段与带电直线平行因而与$\boldsymbol{E}$垂直，$P'P_0$段与带电直线垂直因而与$\boldsymbol{E}$平行。则距直线r处P点的电势为

$$\begin{aligned}V&=\int_P^{P_0}\boldsymbol{E}\cdot \mathrm{d}\boldsymbol{l}=\int_P^{P'}\boldsymbol{E}\cdot \mathrm{d}\boldsymbol{l}+\int_{P'}^{P_0}\boldsymbol{E}\cdot \mathrm{d}\boldsymbol{l}\\&=0+\int_r^{r_0}\frac{\lambda}{2\pi\varepsilon_0 r}\mathrm{d}r=\frac{\lambda}{2\pi\varepsilon_0}\ln\frac{r_0}{r}\end{aligned}$$

若取$r_0=1\mathrm{m}$，由于$\ln 1=0$，计算将最为简单，此时，

$$V=-\frac{\lambda}{2\pi\varepsilon_0}\ln r$$

例5 求半径为R，均匀带电q的圆环轴线上的电势分布。

解 建立如图8-22坐标系。设轴线上P点离环心O的距离为x，取无穷远处电势为零。在圆环上取点电荷$\mathrm{d}q$，它在P点产生的电势

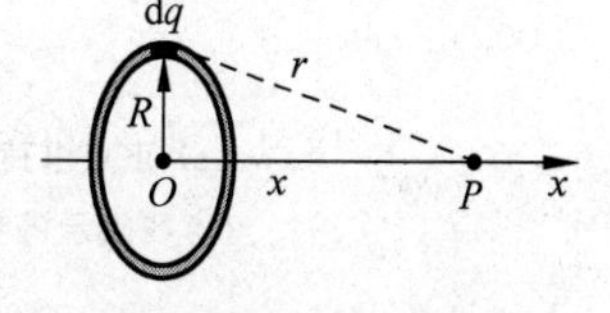

图8-22 例5用图

$$\mathrm{d}V=\frac{\mathrm{d}q}{4\pi\varepsilon_0 r}=\frac{\mathrm{d}q}{4\pi\varepsilon_0\sqrt{R^2+x^2}}$$

由电势叠加原理，圆环上所有电荷在P点产生的电势

$$V=\int \mathrm{d}V=\int_0^{q}\frac{\mathrm{d}q}{4\pi\varepsilon_0\sqrt{R^2+x^2}}=\frac{q}{4\pi\varepsilon_0\sqrt{R^2+x^2}}$$

环心处$x=0$，

$$V=\frac{q}{4\pi\varepsilon_0 R}$$

8.5 电场强度与电势的关系

8.5.1 等势面和电场线

前面我们引入电场线来形象地描绘电场中电场强度的分布。这里,我们将用等势面来形象地描绘电场中电势的分布,并进一步讨论两者的联系。

电势是标量场,通常静电场中各点的电势是逐点变化的。但是总有某些电势相等的点,由电势相等的各点所构成的曲面叫**等势面**。在电场中,电荷 q 沿等势面运动时,电场力对电荷不做功,即 $q\boldsymbol{E}\cdot \mathrm{d}\boldsymbol{l}=0$。由于 q、$\boldsymbol{E}$ 和 $\mathrm{d}\boldsymbol{l}$ 均不为零,故上式成立的条件是:电场强度 $\boldsymbol{E}$ 必须与 $\mathrm{d}\boldsymbol{l}$ 垂直,即某点的 $\boldsymbol{E}$ 与通过该点的等势面垂直。

前面我们曾用电场线的疏密程度来表示电场的强弱,这里我们也可以用等势面的疏密程度来表示电场的强弱。为此,对等势面的疏密作如下规定:**电场中任意两个相邻等势面之间的电势差都相等**。根据这样的规定,几种带电体的等势面和电场线如图 8-23 所示。

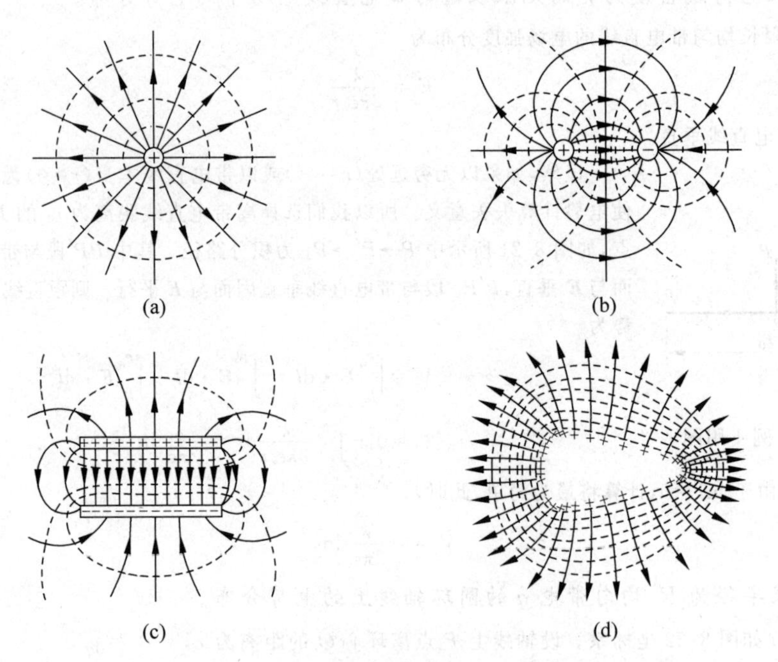

图 8-23 几种常见电场的等势面和电场线

(a) 正点电荷;(b) 电偶极子;(c) 正负带电板;(d) 不规则形状的带电体

(虚线表示等势面,实线表示电场线,每相邻两个等势面之间的电势差相等)

在实际问题中,由于电势差易于测量,所以常常是先测出电场中等电势的各点,并把这些点连起来,画出电场的等势面,再根据某点的电场强度与通过该点的等势面相垂直的特点而画出电场线,从而对电场有较全面的定性的直观了解。

*8.5.2 电场强度和电势梯度

电势定义式 $V_A = \int_A^{\infty} \boldsymbol{E} \cdot \mathrm{d}\boldsymbol{l}$ 反映了静电场中电势与电场强度的积分关系，在求出电场强度分布后可由该式求得电势分布。然而，在许多实际问题中，静电场的电势分布往往容易求得，要由电势分布求得电场强度分布，就必须了解电场强度与电势的微分关系。

在任意静电场中，取两个靠得很近的等势面，电势分别为 V 和 $V+\Delta V$。在两等势面上分别取点 a 和点 b，这两点靠得很近，间距为 Δl。因为这两点非常接近，它们之间的电场强度 $\boldsymbol{E}$ 可看作是不变的。现将一试探电荷 q_0 由 a 点移到 b 点，则电场力在此过程中所做的功为 $\mathrm{d}A = -q_0[(V+\Delta V)-V] = -q_0\Delta V$

另一方面

$$\mathrm{d}A = q_0(\boldsymbol{E} \cdot \Delta\boldsymbol{l}) = q_0(E\Delta l\cos\theta) = q_0 E_l \Delta l$$

其中，$E_l = E\cos\theta$ 为电场强度在 Δl 方向上的投影。

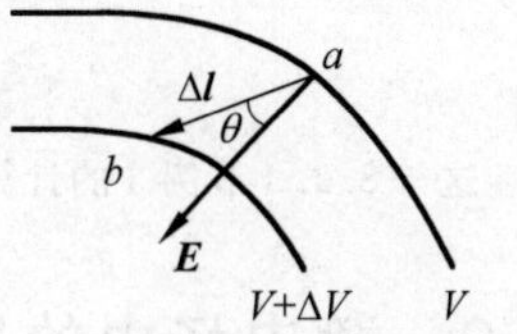

由上面两个公式得

$$-q_0\Delta V = q_0 E_l \Delta l$$

则

$$E_l = -\frac{\Delta V}{\Delta l} \tag{8-25}$$

图 8-24 电势和电场强度的关系

在式(8-25)中 $\frac{\Delta V}{\Delta l}$ 为电势沿 Δl 方向上电势的变化率。负号表明，当 $\frac{\Delta V}{\Delta l} < 0$ 时，$E_l > 0$，即沿着电场强度的方向，电势由高到低；逆着电场强度的方向，电势由低到高。

从式(8-25)可知，等势面密集处的电场强度大，等势面稀疏处的电场强度小。所以从等势面的分布可以定性地看出电场强度的强弱分布情况。

若把 Δl 取得极小，则 $\frac{\Delta V}{\Delta l}$ 的极限值可写作

$$\lim_{\Delta l \to 0} \frac{\Delta V}{\Delta l} = \frac{\mathrm{d}V}{\mathrm{d}l}$$

于是，式(8-25)为

$$E_l = -\frac{\mathrm{d}V}{\mathrm{d}l} \tag{8-26}$$

$\frac{\mathrm{d}V}{\mathrm{d}l}$ 是沿 l 方向的电势变化率，式(8-26)表明，**电场中某一点的电场强度沿任一方向的分量，等于这一点的电势沿该方向电势变化率的负值**。这就是**电场强度与电势的关系**。

显然，在直角坐标系中，V 是坐标系 x,y,z 的函数，电场强度 $\boldsymbol{E}$ 沿 x,y,z 三个方向的投影分别为

$$E_x = -\frac{\partial V}{\partial x},\quad E_y = -\frac{\partial V}{\partial y},\quad E_z = -\frac{\partial V}{\partial z}$$

$\boldsymbol{E}$ 的矢量表达式可以写成

$$\boldsymbol{E} = -\left(\frac{\partial V}{\partial x}\boldsymbol{i} + \frac{\partial V}{\partial y}\boldsymbol{j} + \frac{\partial V}{\partial z}\boldsymbol{k}\right)$$

在数学上,矢量$\frac{\partial}{\partial x}\boldsymbol{i}+\frac{\partial}{\partial y}\boldsymbol{j}+\frac{\partial}{\partial z}\boldsymbol{k}$称为电势的梯度,用 $\mathbf{grad}V$ 或∇V表示。因此,式(8-26)又可表示为

$$\boldsymbol{E}=-\mathbf{grad}V=-\nabla V$$

也就是说,**电场中某点的电场强度为该点的电势梯度的负值**。在 SI 制中电势梯度的单位为伏特每米($\mathrm{V\cdot m^{-1}}$)。

例 1 用电场强度与电势的关系,求均匀带电细圆环轴线上一点的电场强度。

解 在 8.4.3 节例 5 中,我们已求得在 x 轴上点 P 的电势为

$$V=\frac{q}{4\pi\varepsilon_0\sqrt{R^2+x^2}}$$

式中,R 为圆环的半径。由式(8-26)可得点 P 的电场强度为

$$E=E_x=-\frac{\mathrm{d}V}{\mathrm{d}x}=-\frac{\mathrm{d}}{\mathrm{d}x}\left[\frac{1}{4\pi\varepsilon_0}\frac{q}{(x^2+R^2)^{1/2}}\right]$$

$$=\frac{1}{4\pi\varepsilon_0}\frac{qx}{(x^2+R^2)^{3/2}}$$

这与 8.2.3 节例 3 的计算结果相同。

8.6 静电场中的导体

8.6.1 静电平衡

金属导体由大量的带负电的自由电子和带正电的结晶点阵构成。当金属导体不带电或者不受外电场影响时,导体中的自由电子只作微观的无规则热运动而没有宏观的定向运动。导体内正、负电荷均匀分布,不显电性。若将金属导体置于外电场中,导体中的自由电子在作无规则热运动的同时,还将在电场力的作用下作宏观定向运动,从而使导体中的电荷重新分布。即原来呈电中性的导体出现某些部位带正电,另一些部位带负电的情况,这种现象叫做**静电感应**。导体由于静电感应而带的电荷叫**感应电荷**。同时,导体中的感应电荷会形成阻碍自由电子定向运动的附加电场,这种附加电场又会影响导体内部及周围的电场分布。因此,当电场中有导体存在时,电荷分布和电场分布相互影响、相互制约。当导体中的自由电子没有定向运动时,我们称导体处于**静电平衡状态**。导体达到静电平衡状态所满足的条件叫**静电平衡条件**。

在静电平衡时,不仅导体内部没有电荷作定向运动,导体表面也没有电荷作定向运动,这就要求导体表面电场强度的方向应与表面垂直,假设导体表面处电场强度的方向与导体表面不垂直,则电场强度沿表面将有切向分量,自由电子受到与该切向分量相应的电场力的作用,将沿表面运动,这样就不是静电平衡状态了。所以,从场强角度看,导体静电平衡的条件是:

(1) 导体内部任何一点处的电场强度为零;

(2) 导体表面处电场强度的方向,都与导体表面垂直。

导体的静电平衡条件,也可用电势来表述。由于在静电平衡时,导体内部的电场强度为零,因此,如在导体内取任意两点 A 和 B,这两点间的电势差为 $U_{AB}=\int_{AB}\boldsymbol{E}\cdot\mathrm{d}\boldsymbol{l}=0$。这表

明，在静电平衡时，导体内任意两点间的电势是相等的。至于导体的表面，由于在静电平衡时，导体表面的电场强度 $\boldsymbol{E}$ 与表面垂直，电场强度沿表面的分量，即 $\boldsymbol{E}$ 的切向分量 E_t 为零，因此导体表面上任意两点的电势差也应为零，即 $U_{AB}=\int_{AB}\boldsymbol{E}\cdot \mathrm{d}\boldsymbol{l}=0$。故导体处于静电平衡时，导体表面为**一等势面**，导体上的电势处处相等，导体为**一等势体**。因此，从电势角度来看，导体的静电平衡条件亦可表述为：

(1) 导体是等势体；

(2) 导体表面是等势面。

8.6.2　静电平衡时导体上的电荷分布

处于静电平衡状态的导体，其上电荷分布具有以下特征：

1. 静电平衡导体内无净电荷，净电荷只分布于导体表面

这一特征可由高斯定理加以证明，下面分三种情况进行讨论。

1) 若导体是实心导体。如图 8-25 所示，设有一实心导体，在导体内部任取一小闭合曲面 S 为高斯面，静电平衡时，导体内部的电场强度 $\boldsymbol{E}=0$，所以通过高斯面 S 的电通量必为零。运用高斯定理有

$$\oint_S \boldsymbol{E}\cdot \mathrm{d}\boldsymbol{S}=\frac{1}{\varepsilon_0}\sum q_i=0$$

所以

$$\sum q_i=0$$

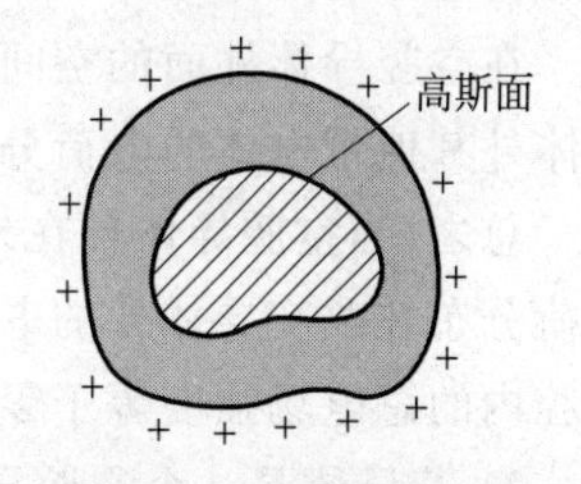

图 8-25　实心导体电荷分布在表面上

因为高斯面是任取的，所以可以得到如下结论：对于实心导体，其在静电平衡时，所带的电荷只能分布在导体的表面上，内部没有净电荷。

2) 若导体是一个空腔导体且空腔内无电荷，则在静电平衡下，无论自身是否带电，空腔导体具有下列性质：

(1) 空腔内部及导体内部电场强度处处为零，导体(包括空腔)是等势体；

(2) 空腔内表面不带任何电荷，所有电荷分布在导体外表面。

如图 8-26 所示，有一空腔导体，空腔内无电荷。在导体空腔内外表面之间取一高斯面，将导体空腔内表面包围起来，根据高斯定理有

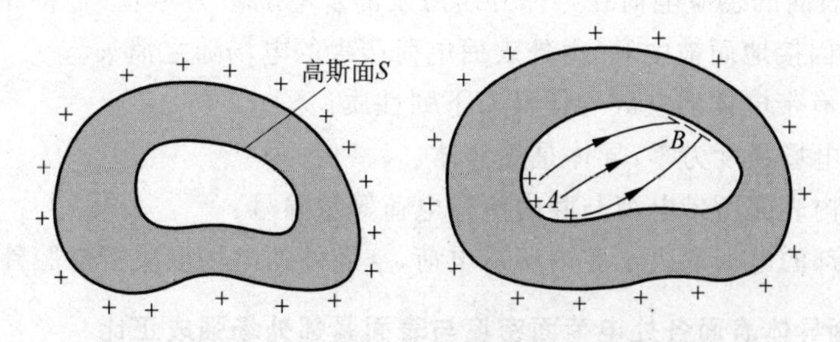

图 8-26　带电的空腔导体电荷只分布在导体的外表面

$$\oint_S \boldsymbol{E} \cdot \mathrm{d}\boldsymbol{S} = \frac{1}{\varepsilon_0}\sum q_i = 0$$

因为高斯面完全处于导体内部，静电平衡下导体内部电场强度处处为零，所以

$$\sum q_i = 0$$

且根据实心导体静电平衡下电荷分布的推导过程，我们知道导体内部不能有电荷，电荷只能分布在导体的表面上。所以，高斯面所包围的导体空腔内表面上电荷的代数和为零。但能否存在空腔内表面上有些地方有正电荷，而另一些地方有负电荷，正负电荷代数和为零的情况呢？如果空腔内表面某处 $\sigma>0$，而另一处 $\sigma<0$，空腔内必定有电场线从 $\sigma>0$ 处发出，并终止于 $\sigma<0$ 处。由于空腔内无电荷，电场线不会在空腔内终止，而导体内部电场强度处处为零，电场线也不能穿出导体。因此，由内表面正电荷发出的电场线将只能终止于内表面负电荷，电场沿这条电场线的线积分一定不为零，这条电场线的两端点之间有电势差。但它的两端点在同一导体上，静电平衡要求这两点电势相等。因此上述结论与静电平衡条件相违背，这说明静电平衡时导体空腔内表面上 σ 必须处处为零，空腔内各点的电场强度等于零，空腔内电势处处相等。

在空腔导体外面的空间总有电场存在，其电场分布由空腔导体外表面上的电荷分布及导体外其他带电体的电荷分布共同决定。

总之，当空腔导体处在外电场中时，空腔导体外的带电体只会影响空腔导体外表面上的电荷分布并改变导体外的电场分布，而且这些电荷的重新分布的结果，最终导致导体内部及空腔内的总电场强度等于零。

3) 若导体是一个空腔导体且空腔内有电荷。设有一空腔导体，在腔内部有带电体 $+q$，在导体空腔内外表面之间取一高斯面(与图 8-26 中高斯面的取法类似)，则静电平衡时，导体内部的电场强度为零，可知通过此高斯面的电场强度通量为零，因而高斯面所包围的电荷的代数和为零。故可知空腔的内表面有感生电荷 $-q$，根据电荷守恒定律，空腔的外表面必有感生电荷 $+q$。外表面的电荷(包括导体本身带有的电荷和感生电荷)将会在空腔外部空间产生电场。而腔内出现由带电体 $+q$ 及腔内表面上的电荷分布所决定的电场，这个电场与导体外其他带电体的分布无关。即导体空腔外的电荷(包括导体外表面上的电荷)对导体空腔内的电场即电荷分布没有影响。这时，即使空腔导体外不带电荷，空间也无其他带电体，空间仍有电场存在，它是由带电体 $+q$ 通过腔外表面感应出等量同号的电荷所激发的。电场全由空腔导体外表面上的电荷分布所决定，与腔内情况无关。腔内带电体放置的位置，只会改变腔内表面上电荷的分布，不会改变导体外表面上的电荷分布及腔外电场分布(即电荷 $+q$ 及空腔内表面的感应电荷在导体外所激发的合电场恒为零)。若将导体接地，则导体外表面上的电荷因接地而被中和，由外表面电荷产生的电场随之消失。

因此空腔内有带电体的空腔导体具有下列性质：

(1) 导体中电场强度为零，导体是等势体。

(2) 空腔的内表面所带电荷与腔内所带电荷等量异号。

(3) 空腔内部的电场取决于腔内所带电荷，空腔外的电场取决于空腔外的电荷。

2. 静电平衡导体表面各处电荷面密度与表面紧邻处场强成正比

导体表面是等势面，根据等势面与电场线相互垂直的性质，导体外紧靠表面处的电场方

向垂直于导体表面。设导体表面附近的电场强度为 $\boldsymbol{E}$，导体表面某处电荷面密度为 σ，过该处紧邻的 P 点作平行于导体表面的小面元 ΔS，以 ΔS 为底，导体表面过 P 点的法线为轴线作一封闭的扁圆筒 S，使 S 的另一底面 $\Delta S'$ 在导体内部，如图 8-27 所示。由于圆柱侧面与电场强度方向平行，电通量为零；导体内部电场强度为零，下底面的电通量也为零。通过整个闭合面的电通量就等于上底面的电通量。根据高斯定理，有

$$\oint_S \boldsymbol{E} \cdot \mathrm{d}\boldsymbol{S} = E\Delta S = \frac{\sigma \Delta S}{\varepsilon_0}$$

得

$$E = \frac{\sigma}{\varepsilon_0} \tag{8-27}$$

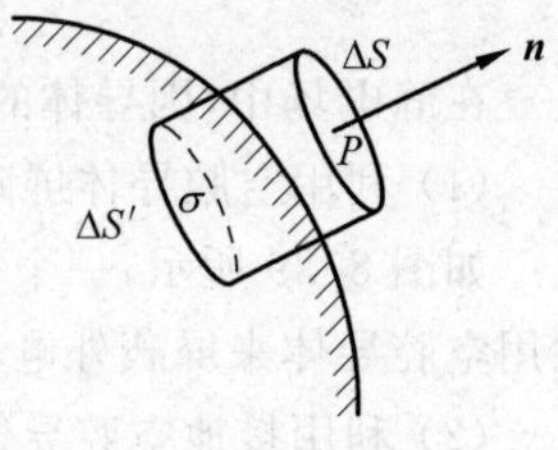

图 8-27　带电导体表面

上式表明，带电导体表面附近的电场强度大小与该处电荷面密度成正比，电场强度方向垂直于表面。当表面带正电荷时，$\boldsymbol{E}$ 的方向垂直表面向外；当表面带负电荷时，$\boldsymbol{E}$ 的方向则垂直表面指向导体。这一结论对孤立导体（孤立导体是指远离其他物体的导体，其他物体对其影响可以忽略不计）或处在外电场中的任意导体都普遍适用。值得注意的是，导体表面附近的电场强度 $\boldsymbol{E}$ 不只是由该表面处的电荷所激发，它是导体面上所有电荷以及周围其他带电体上的电荷所激发的合电场强度，外界的影响已经在 σ 中体现出来。

3. 孤立导体上电荷面密度与表面曲率有关

电荷在导体表面上的分布与导体本身的形状，以及带电体周围的环境有关。即使对于其附近没有其他导体和带电体，也不受任何外来电场作用的孤立导体来说，其表面电荷面密度 σ 与曲率半径 ρ 之间也不存在单一的函数关系。实验表明，表面凸起的地方曲率较大，电荷面密度 σ 较大；表面较平坦处曲率较小，电荷面密度 σ 较小；而表面凹陷处曲率为负，电荷面密度 σ 更小，甚至为零。如图 8-28 所示，与此相应，在导体尖端附近场强最大，平坦处次之，凹进去的地方电场最弱。

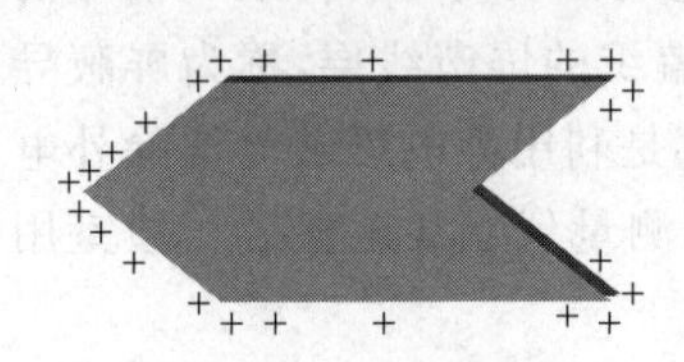

图 8-28　带电导体尖端附近的电场最强

当导体尖端上电荷过多时，它周围的电场强度很强，当达到一定量值时，空气中原有残留的电子或离子在这个强电场的作用下将发生剧烈运动，并获得足够大的动能与空气分子碰撞而产生大量的带电粒子。与尖端上电荷异号的带电粒子受尖端电荷的吸引而趋向尖端，与尖端上的电荷中和；与尖端上电荷同号的带电粒子受到排斥而从尖端附近飞开，这种现象叫做**尖端放电**。

在高电压设备中，为了防止因尖端放电而引起危险和漏电造成的损失，输电线的表面应是光滑的。具有高电压的零部件的表面也必须做得十分光滑并尽可能做成球面。与此相反，在很多情况下人们还利用尖端放电。比如，火花放电设备的电极往往做成尖端形状；避雷针就是根据尖端放电原理制造的。当雷电发生时，利用尖端放电原理，使强大的放电电流从与避雷针连接并良好接地的粗导线中流过，从而避免了建筑物遭受雷击的破坏。在离子撞击空气分子时，有时由于能量较小而不足以使分子电离，但会使分子获得一部分能量而处于高能状态。处于高能状态的分子是不稳定的，总要返回低能量的基态，在返回基态的过程中要以发射光子的形式将多余的能量释放出去，于是在尖端周围就会出现黯淡的光环，这种

现象称为**电晕**。例如,阴雨潮湿天气时常可在高压输电线表面附近看到淡蓝色辉光的电晕,其实是一种平稳的尖端放电现象。

8.6.3 静电屏蔽

在静电场中,因导体的存在使某些特定的区域不受电场影响的现象称为**静电屏蔽**。

(1) 利用空腔导体屏蔽外电场

如图 8-29 所示,一个空腔的导体放在静电场中,导体内部的电场强度为零,这样就可以利用空腔导体来屏蔽外电场,使空腔内的物体不受外电场的影响。

(2) 利用接地空腔导体屏蔽内电场

一个空腔导体内部带有电荷,放在静电场中,导体内部的电场强度为零,则内表面上将产生感应异号电荷,外表面将产生感应同号电荷。如图 8-30 所示,若把空腔外表面接地,则空腔外表面的电荷将和地面上的电荷中和,空腔外面的电场也就消失了。这样,空腔内的带电体对空腔外就不会产生任何影响。因而,接地的空腔导体可以隔离内、外电场的影响。

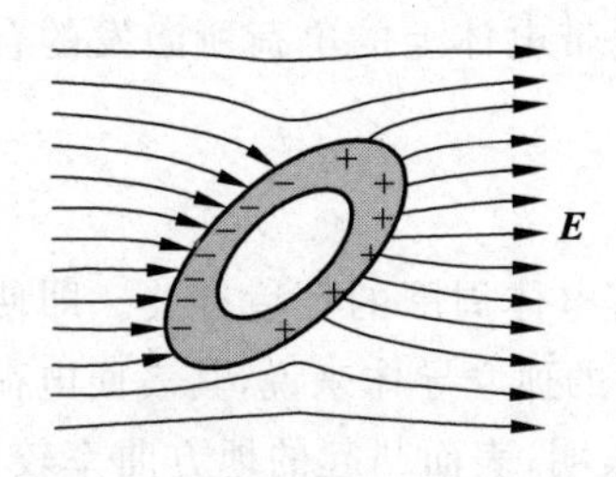

图 8-29 用空腔导体屏蔽外电场

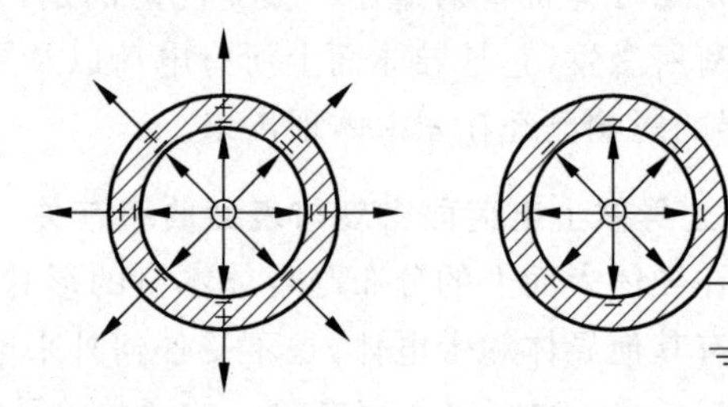

图 8-30 接地空腔导体的屏蔽作用

静电屏蔽在实际中应用很广。例如,用金属网或金属外壳把精密仪器罩住,就可以避免壳外电荷对仪器的影响,可以使壳外电荷在壳内空间激发的电场强度为零;传送弱信号的连接导线,为了避免外界的干扰,常在导线外包一层用金属丝编织的屏蔽线层,称为屏蔽导线;将弹药库罩以金属网,在高压带电作业时穿上均压服等,都是利用静电屏蔽以消除外电场的作用。为了避免某些高压设备的电场对外界的影响,常将测量仪器甚至整个实验室用接地的金属壳或金属网屏蔽起来。

8.7 静电场中的电介质

8.7.1 电介质的极化

电介质通常是指不导电的绝缘介质。在电介质内没有可以自由移动的电荷(自由电子)。一般情况下,外电场只能使电介质中性分子中的正、负电荷发生微观相对运动而不能使他们脱离分子在电介质中作宏观运动。介质分子中的正、负电荷不是集中于一点的,分子中全部负电荷的对外作用可以和一个单独的负电荷等效,这个等效负电荷的位置称为分子的负电荷中心。同理,每个分子的全部正电荷也有一个相应的正电荷等效中心。有的电介质分子中正、负电荷分布不对称。无外场时,分子中正、负电荷中心不重合,等效于一个电偶极子，具有固有电偶极矩。但是，由于热运动和相互碰撞，这些固有电偶极矩的取向杂乱无章，电介质宏观不显电性，整个电介质中分子电偶极矩的矢量和为零，我们称这样的电介质为**有极分子电介质**。如水(H_2O)、氯化氢(HCl)、二氧化硫(SO_2)、一氧化碳(CO)等都是有极分子电介质。若电介质分子中正、负电荷对称分布，无外电场时其正电荷中心与负电荷中心重合，分子的电偶极矩为零，我们把这种电介质称为**无极分子电介质**。如氢(H_2)、氦(He)、甲烷(CH_4)、氮气(N_2)、二氧化碳(CO_2)等都是无极分子电介质。

无极分子电介质在外电场作用下，正、负电荷受方向相反的电场力，正负电荷中心发生微小相对移动，形成电偶极子。这些电偶极子的方向都沿着外电场的方向，在电介质的表面将出现正负极化电荷，如图 8-31 所示。这种现象叫做无极分子电介质的**位移极化**。

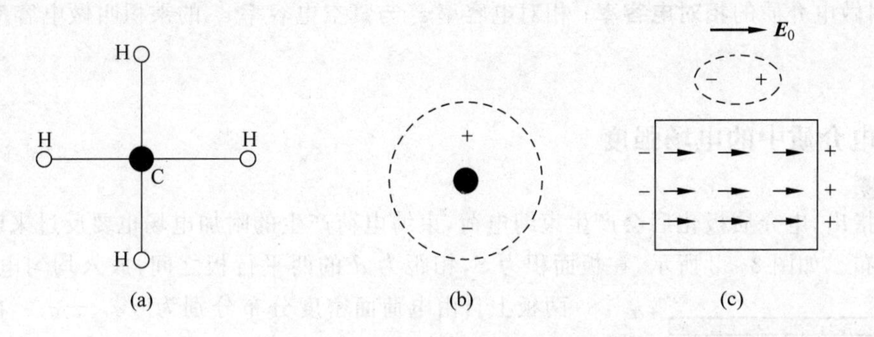

图 8-31　无极分子电介质的位移极化

(a) 甲烷的分子结构；(b) 无外电场时的无极分子；(c) 无极分子电介质的位移极化

有极分子电介质在外电场中，每个分子的等效电偶极子都受到电场力矩的作用转到外电场方向。但由于热运动，这种取向不可能完全整齐(外电场越强，固有电偶极矩排列越整齐)。这种现象叫做有极分子电介质的**取向极化**。如图 8-32 所示，应该指出，有极分子电介质也存在位移极化，只是比取向极化弱得多。

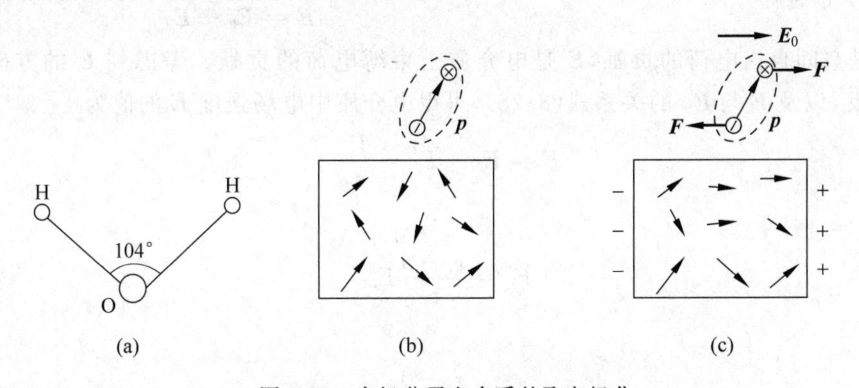

图 8-32　有极分子电介质的取向极化

(a) 水的分子结构；(b) 无外电场时的有极分子电介质；(c) 有极分子电介质的取向极化

虽然电介质受外电场作用的微观机制不同，但宏观效果是一样的。都是使电介质内分子电偶极矩的矢量和不再为零，同时在电介质端面上出现只有正电荷或只有负电荷的电荷层。如果电介质是非均匀的，电介质内部也会出现多余的正的或负的电荷。这种出现在电介质表面或内部但仍被束缚在分子中，不能随意转移的电荷叫做**束缚电荷**或称**极化电荷**。我们把在外电场作用下电介质内部或表面上出现束缚电荷的现象统称为**电介质的极化现象**。

8.7.2 电介质对电场的影响

从 8.3 节例题 4 的推论(见图 8-18)可知,面积为 S、相距为 d 的两平行板,两板各带有等量异号的电荷,若两板间为真空,则板间的电场强度为 $E_0=\sigma/\varepsilon_0$,其中 σ 为板上的电荷面密度。若保持两板上的电荷不变,并在两板间充满均匀的电介质,从实验测得两板间电介质中电场强度 E 仅是两板间为真空时电场强度 E_0 的 $1/\varepsilon_r$ 倍(一般 ε_r 为大于 1 的质数),即

$$E=\frac{E_0}{\varepsilon_r} \tag{8-28}$$

其中,ε_r 叫做电介质的**相对电容率**;相对电容率 ε_r 与真空电容率 ε_0 的乘积叫做电容率 ε,即 $\varepsilon=\varepsilon_0\varepsilon_r$。

8.7.3 电介质中的电场强度

上面指出,电介质极化后会产生束缚电荷,束缚电荷产生的附加电场也要反过来影响原电场的分布。如图 8-33 所示,在板面积为 S,相距为 d 的两平行板之间,放入均匀电介质,两板上自由电荷面密度分布分别为 $-\sigma_0$、$+\sigma_0$。在放入电介质以前,自由电荷在板间激发的电场强度 E_0 的值为 $E_0=\sigma/\varepsilon_0$。当两板间充满电介质后,如两极板上的 $\pm\sigma_0$ 保持不变,由于介质的极化,在它的两个垂直于 E_0 的表面上分别出现正、负极化电荷,其电荷密度为 σ'。极化电荷建立的电场强度 $E'=\sigma'/\varepsilon_0$。从图中可以看出,在有电介质存在时,总电场强度为

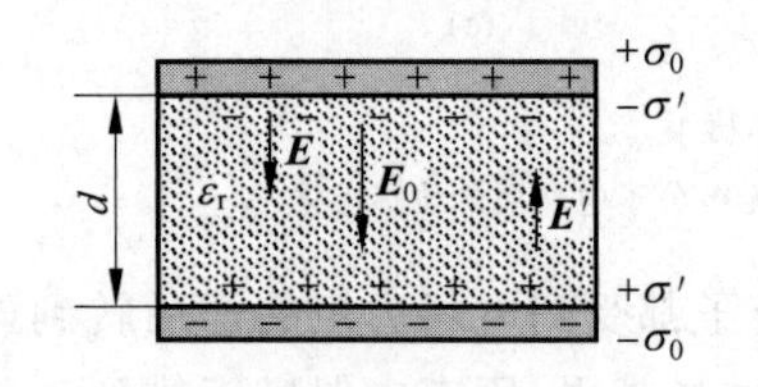

图 8-33 电介质中场强 $\boldsymbol{E}$ 是自由电荷场强 $\boldsymbol{E}_0$ 与极化电荷场强 $\boldsymbol{E}'$ 的叠加

$$\boldsymbol{E}=\boldsymbol{E}_0+\boldsymbol{E}'$$

其中,$\boldsymbol{E}_0$ 是空间自由电荷的贡献,$\boldsymbol{E}'$ 是电介质上束缚电荷的贡献。考虑到 $\boldsymbol{E}'$ 的方向与 $\boldsymbol{E}_0$ 的方向相反,以及 $\boldsymbol{E}$ 与 $\boldsymbol{E}_0$ 的关系式(8-28),可得电介质中电场强度 E 的值为

$$E=E_0-E'=\frac{E_0}{\varepsilon_r}$$

则有

$$E'=\frac{\varepsilon_r-1}{\varepsilon_r}E_0 \tag{8-29}$$

从而可得

$$\sigma'=\frac{\varepsilon_r-1}{\varepsilon_r}\sigma_0 \tag{8-30a}$$

由于 $Q_0=\sigma_0 S$、$Q'=\sigma' S$,故上式亦可写成

$$Q'=\frac{\varepsilon_r-1}{\varepsilon_r}Q_0 \tag{8-30b}$$

式(8-30a)给出了电介质中,极化电荷面密度 σ' 与自由电荷面密度 σ_0 和电介质的相对电容率 ε_r 之间的关系。由于电介质的 ε_r 总是大于 1 的,所以 σ' 总比 σ_0 要小。

由 $\sigma_0=\varepsilon_0 E_0$ 和 $E'=E_0/\varepsilon_r$,式(8-30a)可写成

$$\sigma' = (\varepsilon_r - 1)\varepsilon_0 E' \tag{8-31}$$

值得注意的是，以上这些讨论是电介质在静电场中极化的情形。在交变电场中，情形就有些不同。以有极分子为例，由于电偶极子的转向需要时间，在外电场变化频率较低时，电偶极子还来得及跟上电场的变化而不断转向，故 ε_r 的值和在恒定电场下的数值相比差别不大。但当频率大到某一程度时，电偶极子就来不及随电场的改变而转向，这时相对电容率 ε_r 就要下降。所以在高频条件下，电介质的相对电容率 ε_r 是和外电场的频率 f 有关的。

8.7.4 有电介质时的高斯定理

前面我们研究了真空中静电场的高斯定理，当静电场中有电介质存在时，在高斯面内不仅会有自由电荷，而且还会有极化电荷。我们以两平行带电平板中充满电介质为例来讨论。如图 8-34 所示，取一闭合的扁平圆柱面作为高斯面，高斯面的两端面与极板平行，其中一个端面在电介质内，端面的面积为 S。设极板上的自由电荷面密度为 σ_0，电介质表面上的极化电荷面密度为 σ'。对此高斯面来说，由高斯定理得

$$\oint_S \boldsymbol{E} \cdot \mathrm{d}\boldsymbol{S} = \frac{1}{\varepsilon_0}(Q_0 - Q') \tag{8-32}$$

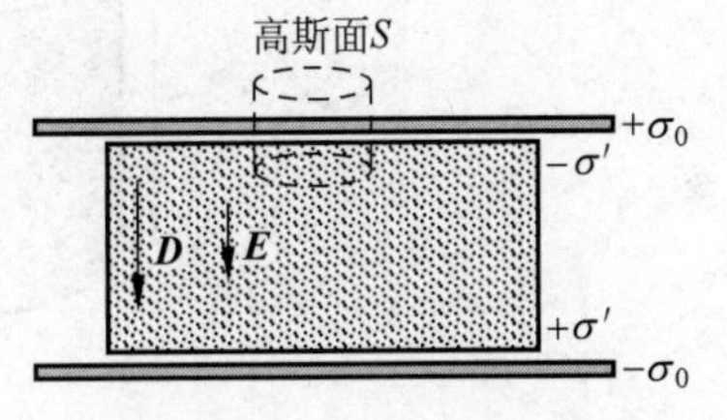

图 8-34　有电介质时的高斯定理

式中，$Q_0 = \sigma_0 S$，$Q' = \sigma' S$。由式(8-30b)可得 $Q_0 - Q' = Q_0/\varepsilon_r$，把它代入式(8-32)有

$$\oint_S \boldsymbol{E} \cdot \mathrm{d}\boldsymbol{S} = \frac{Q_0}{\varepsilon_0 \varepsilon_r}$$

或

$$\oint_S \varepsilon_0 \varepsilon_r \boldsymbol{E} \cdot \mathrm{d}\boldsymbol{S} = Q_0 \tag{8-33a}$$

如果令

$$\boldsymbol{D} = \varepsilon_0 \varepsilon_r \boldsymbol{E} = \varepsilon \boldsymbol{E} \tag{8-34}$$

其中，$\varepsilon_0 \varepsilon_r = \varepsilon$ 称为电介质的**电容率**。则式(8-33a)可写为

$$\oint_S \boldsymbol{D} \cdot \mathrm{d}\boldsymbol{S} = Q_0 \tag{8-33b}$$

式中，$\boldsymbol{D}$ 为**电位移**，而$\oint_S \boldsymbol{D} \cdot \mathrm{d}\boldsymbol{S}$ 则是通过任意闭合曲面 S 的**电位移通量**。$\boldsymbol{D}$ 的单位为 $\mathrm{C \cdot m^{-2}}$。

式(8-33b)虽是从两平行带电平板中充以均匀的各向同性的电介质得出的，但可以证明在一般情况下它也是正确的。所以，有电介质时的高斯定理可以表述为：**在静电场中，通过任意闭合曲面的电位移通量等于该闭合曲面内所包围的自由电荷的代数和**。其数学表达式为

$$\oint_S \boldsymbol{D} \cdot \mathrm{d}\boldsymbol{S} = \sum_{i=1}^{n} Q_{0i} \tag{8-35}$$

由式(8-35)可以看出，通过闭合曲面的电位移通量只和闭合曲面内的自由电荷有关。

在电场中放入电介质以后,电介质中电场强度的分布既和自由电荷分布有关,又和极化电荷分布有关,而极化电荷分布通常是很复杂的。现在引入电位移这一物理量后,有电介质的高斯定理的表达式(8-35)中只有自由电荷一项,所以用式(8-35)来处理电介质中电场的问题就比较简单。但是应注意,从表述有电介质时的电场规律来说,$\boldsymbol{D}$ 只是一个辅助矢量。在我们教学范围内,描述电场性质的物理量仍是电场强度 $\boldsymbol{E}$ 和电势 V。若把一试探电荷 q_0 放到电场中去,决定它受力的是电场强度 $\boldsymbol{E}$,而不是电位移 $\boldsymbol{D}$。

例 1 图 8-35 是由半径为 R_1 的长直圆柱导体和同轴的半径为 R_2 的薄导体圆筒组成,并在直导体与导体圆筒之间充以相对电容率为 ε_r 的电介质。设长直导体和圆筒单位长度上的电荷分别为 $+\lambda$ 和 $-\lambda$,求:(1)电介质中的电场强度和电位移;(2)电介质内、外表面的极化电荷面密度。

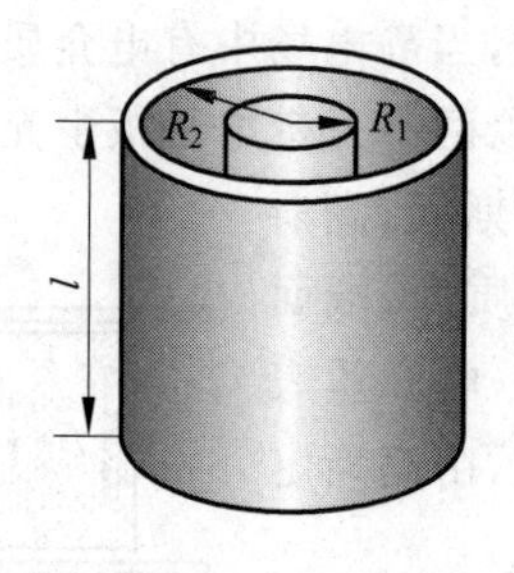

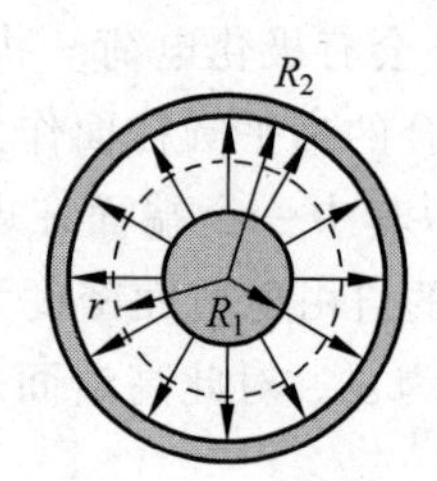

图 8-35 例 1 用图

解 (1) 由于电荷分布是均匀对称的,所以电介质中的电场分布也是柱对称的,电场强度的方向沿柱面的径矢方向。作一与圆柱导体同轴的柱形高斯面,其半径为 $r(R_1<r<R_2)$、长为 l。因为电介质中的电位移 $\boldsymbol{D}$ 与柱形高斯面的两底面的法线垂直,所以通过这两底面的电位移通量为零。根据电介质中的高斯定理,得

$$\oint_S \boldsymbol{D}\cdot \mathrm{d}\boldsymbol{S}=\lambda l,\quad 即\quad D2\pi rl=\lambda l$$

得

$$D=\frac{\lambda}{2\pi r}$$

由 $E=D/\varepsilon_0\varepsilon_r$,得电介质中的电场强度为

$$E=\frac{\lambda}{2\pi\varepsilon_0\varepsilon_r r}\quad (R_1<r<R_2)$$

(2) 由(1)中结果可知电介质两表面处的电场强度分别为

$$E=\frac{\lambda}{2\pi\varepsilon_0\varepsilon_r R_1}\quad (r=R_1)$$

和

$$E=\frac{\lambda}{2\pi\varepsilon_0\varepsilon_r R_2}\quad (r=R_2)$$

所以,由式(8-31)可得电介质两表面极化电荷面密度的值分布为

$$\sigma_1'=(\varepsilon_r-1)\varepsilon_0 E_1=(\varepsilon_r-1)\frac{\lambda}{2\pi\varepsilon_r R_1}$$

$$\sigma_2'=(\varepsilon_r-1)\varepsilon_0 E_2=(\varepsilon_r-1)\frac{\lambda}{2\pi\varepsilon_r R_2}$$

8.8　电容　电容器

8.8.1　电容器的电容

由两个带有等值异号电荷的导体以及它们之间的电介质所组成的系统，叫做**电容器**。导体称为极板或电极。当两极板 A、B 之间的电势差为 U 时，两极板所带的电荷分别为 $+Q$ 和 $-Q$。**电容器极板上电荷 Q 与两极板间的电势差 U 的比值，定义为电容器的电容 C**，即

$$C = \frac{Q}{U} \tag{8-36}$$

在国际单位制中，电容的单位是库仑每伏特，称为法拉（法拉第），符号为 F。在实际应用中法拉的单位太大，常用微法（μF），皮法（pF）等作为电容的单位，它们之间的关系为 $1\text{F} = 10^6\,\mu\text{F} = 10^{12}\,\text{pF}$。

例 1　求半径为 R 的孤立金属球的电容。

解　设金属球带电 Q，以无穷远处电势为零，金属球的电势为

$$U = \frac{Q}{4\pi\varepsilon_0 R}$$

由电容定义式(8-36)得

$$C = \frac{Q}{U} = 4\pi\varepsilon_0 R$$

可见，孤立导体的电容只由其本身的形状、大小决定，与其所带的电量无关。

电容器是现代电工技术和电子技术中的重要元件，其大小、形状不一，种类繁多。有大到比人还高的巨型电容器，也有小到肉眼无法看见的微型电容器。在超大规模集成电路中，1cm^2 中可以容纳数以万计的电容器，而随着纳米材料的发展，更微小的电容器将会出现，电子技术正日益向微型化发展。同时，电容器的大型化也日趋成熟，利用高功率电容器可以获得高强度的激光束，为实现人工控制热核聚变的良好前景提供了条件。常见的电容器有平行板电容器、球形电容器和圆柱形电容器，下面分别计算它们的电容。

计算电容器电容的一般步骤如下：

(1) 设每个电容器极板带电 Q；

(2) 求两极板间电场 $\boldsymbol{E}$ 的分布；

(3) 求两极板的电势差 $U = \int \boldsymbol{E} \cdot \mathrm{d}\boldsymbol{l}$；

(4) 由式(8-36)计算 C。

例 2　平板电容器。如图 8-36 所示，平板电容器由两个彼此靠得很近的平行极板 A、B 组成，两极板的面积均为 S，两极板间距为 d，极板间充满相对电容率为 ε_r 的电介质。求此平板电容器的电容。

解　设两极板 A、B 分别带有 $+Q$ 和 $-Q$ 的电荷，极板上的电荷面密度为 $\sigma = Q/S$。由电介质中的高斯定理可得极板间的电位移，即

$$\oint_S \boldsymbol{D} \cdot \mathrm{d}\boldsymbol{S} = \sigma S$$

得

$$D = \sigma$$

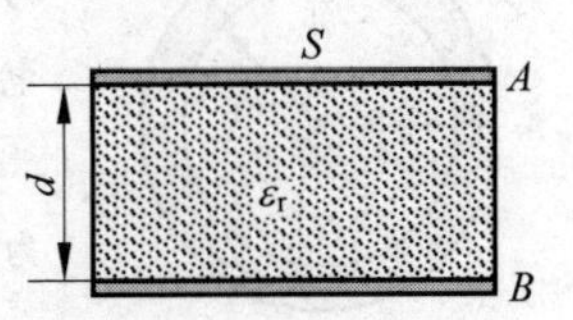

图 8-36　平行板电容器

$$E=\frac{\sigma}{\varepsilon_0\varepsilon_r}=\frac{Q}{\varepsilon_0\varepsilon_r S}$$

于是极板间的电势差为

$$U=\int_{AB}\boldsymbol{E}\cdot\mathrm{d}\boldsymbol{l}=Ed=\frac{Qd}{\varepsilon_0\varepsilon_r S}$$

由电容器电容的定义式(8-36),可得平板电容器的电容为

$$C=\frac{Q}{U}=\frac{\varepsilon_0\varepsilon_r S}{d}$$

可见平行板电容器的电容与极板面积成正比,与电介质的相对电容率成正比,与极板间的距离成反比。显然,通过增加极板面积来加大电容是有限制的。通常的做法是改变电容器的形状(如圆柱形电容器)和结构,以及寻找合适的相对电容率大的电介质材料,或者把电容器组合起来等。

例 3 圆柱形电容器。如图 8-37 所示,圆柱形电容器是由半径分别为 R_A 和 R_B 的两同轴圆柱导体面 A 和 B 所构成,且圆柱体的长度 l 比半径 R_B 大得多。两圆柱面之间充以相对电容率为 ε_r 的电介质。求此圆柱形电容器的电容。

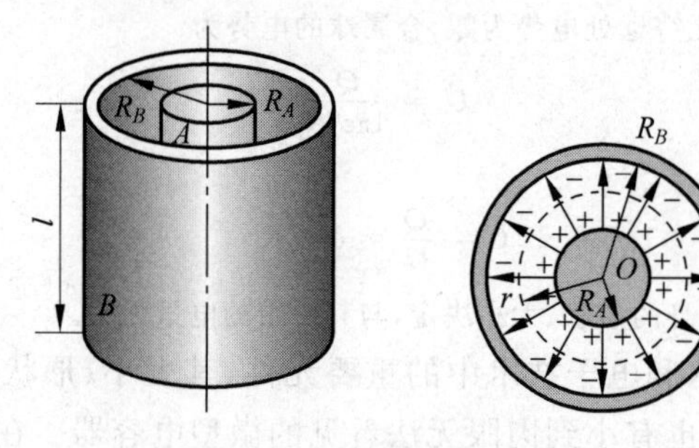

图 8-37 圆柱形电容器

解 因为 $l\gg R_B$,所以可以把 A、B 两圆柱面间的电场看成是无限长圆柱面的电场。设内、外圆柱面各带有 $+Q$ 和 $-Q$ 的电荷,则单位长度上的电荷 $\lambda=Q/l$。由电介质中的高斯定理可得极板间电场强度为(详见 8.7 节例 1)

$$E=\frac{\lambda}{2\pi\varepsilon_0\varepsilon_r r}=\frac{Q}{2\pi\varepsilon_0\varepsilon_r l}\cdot\frac{1}{r}$$

于是,两圆柱面间的电势差为

$$U=\int_l\boldsymbol{E}\cdot\mathrm{d}\boldsymbol{l}=\int_{R_A}^{R_B}\frac{Q}{2\pi\varepsilon_0\varepsilon_r l}\cdot\frac{\mathrm{d}r}{r}=\frac{Q}{2\pi\varepsilon_0\varepsilon_r l}\ln\frac{R_B}{R_A}$$

由式(8-36),可得圆柱形电容器的电容为

$$C=\frac{Q}{U}=\frac{2\pi\varepsilon_0\varepsilon_r l}{\ln\dfrac{R_B}{R_A}}$$

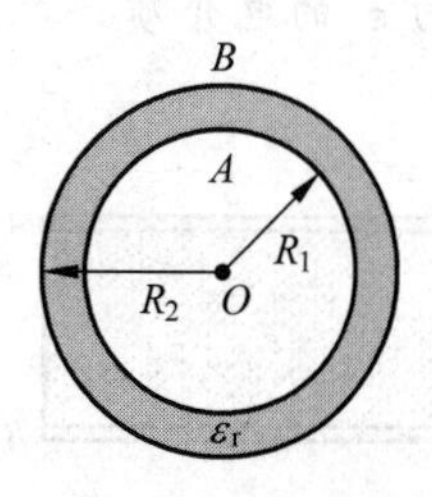

图 8-38 球形电容器

例 4 球形电容器。如图 8-38 所示,球形电容器是由半径分别为 R_1 和 R_2 的两个同心金属球壳 A、B 所组成,两球壳间充以相对电容率为 ε_r 的电介质。求此球形电容器的电容。

解 设 A、B 两球壳带电量分别为 $+Q$ 和 $-Q$,A、B 两球壳之间的电势差为 U。由电介质的高斯定理可求得两极板间的电场强度大小为

$$E=\frac{Q}{4\pi\varepsilon_0\varepsilon_r r^2}\quad(R_1<r<R_2)$$

两球壳之间的电势差为

$$U=\int_l \boldsymbol{E}\cdot \mathrm{d}\boldsymbol{l}=\frac{Q}{4\pi\varepsilon_0\varepsilon_r}\int_{R_1}^{R_2}\frac{\mathrm{d}r}{r^2}=\frac{Q}{4\pi\varepsilon_0\varepsilon_r}\left(\frac{1}{R_1}-\frac{1}{R_2}\right)$$

由式(8-36)，可得球形电容器的电容为

$$C=\frac{Q}{U}=4\pi\varepsilon_0\varepsilon_r\left(\frac{R_1R_2}{R_2-R_1}\right)$$

讨论：一个孤立的导体球可当作是球形电容器的一种特殊情况，即 $R_2\to\infty$ 的情况。若 $R_2\to\infty$，此时 B 球上的电荷 $-Q$ 将均匀地分布在一个无穷大的球面上，实际上可以认为该电荷分布已可忽略不计。此时 B 球在无穷远处，电势为零，A、B 两球之间的电势差就是 A 球的电势。则 A 球电势为

$$V=\frac{Q}{4\pi\varepsilon_0 R}$$

其中，R 即 A 球半径，孤立导体球的电容为

$$C=\frac{Q}{V}=4\pi\varepsilon_0 R$$

以上结论与例 1 的结果相同。

8.8.2　电容器的连接

电容器是常用的电学元件，其主要用途有：储存电荷；在交流电路中控制电流和电压；在发射机中产生振荡电流；在接收机中调谐；在整流电路中滤波；在电子线路中实现时间延迟等。电容器的两个非常重要的性能指标是它的电容值和耐压值。

使用电容器时，两极板上的电压不能超过所规定的耐压值。当单独一个电容器的电容值或耐压值不能满足实际需要时，可把几个电容器连接起来使用，电容器的基本连接方式有串、并联两种。

电容器串联时，串联的每一个电容器都带有相同的电量 q，而电压与电容成反比地分配在各个电容器上，因此整个串联电容器系统的总电容 C 的倒数为

$$\frac{1}{C}=\frac{U}{q}=\frac{U_1+U_2+\cdots+U_n}{q}=\frac{1}{C_1}+\frac{1}{C_2}+\cdots+\frac{1}{C_n}\tag{8-37}$$

电容器并联时，加在各电容器上的电压是相同的，电量与电容成正比地分配在各个电容器上，因此整个并联电容器系统的总电容为

$$C=\frac{q}{U}=\frac{q_1+q_2+\cdots+q_n}{U}=C_1+C_2+\cdots+C_n\tag{8-38}$$

8.9　静电场的能量

8.9.1　电容器的能量

一个电容器在没充电的时候是没有电能的，当电容器与电源相连时，电容器的两极板上会带上电荷，这个过程称为**电容器的充电**。当电容器与电源断开而与另一回路连通时，电容器两极板上的电荷会通过电路中和，这一过程叫做**电容器的放电**。如果电路中有使用电器，

如灯泡,则灯泡会发光,所消耗的能量是电容器释放的,而电容器的能量则是充电时由电源供给的。在充电过程中,外力要克服电荷之间的作用力而做功,把其他形式的能量转化为电能。

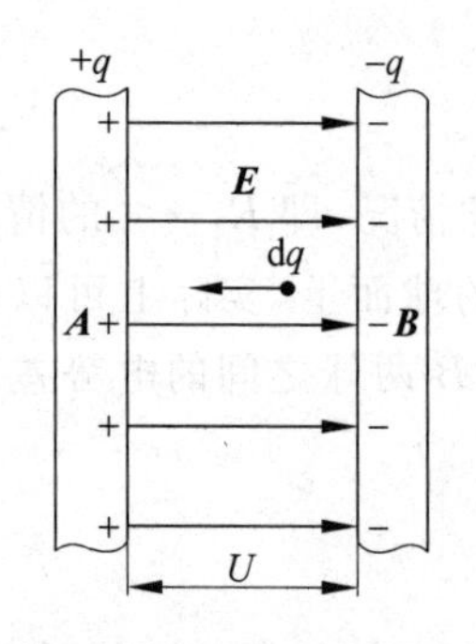

图 8-39 电容器充电对外力做功

这里我们以平行板电容器为例讨论静电场的能量,如图 8-39 所示,有一电容为 C 的平行板电容器正处于充电过程中,若某一时刻电容器极板电量为 q,两极板之间的电势差为 U。若此时继续把电荷 $\mathrm{d}q$ 由电容器负极板搬运到正极板,外力克服静电场力所做的功为

$$\mathrm{d}W = U\mathrm{d}q = \frac{1}{C}q\,\mathrm{d}q$$

在整个充电过程中,电容器上的电量由 0 变化到 Q,则外力做的总功为

$$W = \frac{1}{C}\int_0^Q q\,\mathrm{d}q = \frac{Q^2}{2C} = \frac{1}{2}QU = \frac{1}{2}CU^2 \tag{8-39a}$$

由能量守恒定律,这些功使得电容器的能量增加,也就是说在电容器充电过程中,外力通过克服静电场力做功,把非静电能转换为电容器的电能了。因此,一个电量为 Q,电压为 U 的电容器储存的电能应该写为

$$W_e = \frac{Q^2}{2C} = \frac{1}{2}QU = \frac{1}{2}CU^2 \tag{8-39b}$$

以上结果对各种结构的电容器均适用。

8.9.2 静电场的能量

在不随时间变化的静电场中,电荷和电场总是同时存在的。我们无法辨别电能是与电荷相关联还是与电场相关联。在后面章节的学习中,我们将会知道,随时间迅速变化的电场和磁场将以电磁波的形式在空间传播,电场可以脱离电荷而传播到很远的地方。大量事实证明,能量确实是定域在电场中的,因此如果某一空间具有电场,那么该空间就具有电场能量。电场强度是描述电场性质的物理量,电场的能量应以电场强度来表述。下面还是以平行板电容器为例,用电场强度 $\boldsymbol{E}$ 将电容器的能量表示出来。

设平行板电容器极板面积为 S,板间距离为 d,两板间充以电容率为 ε 的电介质,板间匀强电场的电场强度为 $\boldsymbol{E}$,则有

$$C = \frac{\varepsilon S}{d}, \quad U = Ed$$

那么

$$W_e = \frac{1}{2}CU^2 = \frac{1}{2}\varepsilon E^2 \cdot Sd = \frac{1}{2}\varepsilon E^2 \cdot V$$

其中,$V=Sd$ 为电容器极板间电场空间的体积。我们定义电场单位体积内储存的能量为**电场的能量密度**,用 w_e 表示,则

$$w_e = \frac{W}{V} = \frac{1}{2}\varepsilon E^2 = \frac{1}{2}DE \tag{8-40}$$

式(8-40)虽然是由平行板电容器这一特例导出来的，但是可以推广到一般情况。对非均匀电场和随时间变化的电场均适用。在非均匀电场中，我们取体积元 $\mathrm{d}V$，可用积分法计算整个电场的能量，即

$$W_e = \int_V w_e \mathrm{d}V = \int_V \frac{1}{2}\varepsilon E^2 \mathrm{d}V = \int_V \frac{1}{2}DE\mathrm{d}V \tag{8-41}$$

此积分应遍及电场所在的整个空间，若各区域 ε、$\boldsymbol{E}$ 不相同，则应分区域积分后再相加。

例 1　如图 8-40 所示，球形电容器的内、外半径分别为 R_1 和 R_2，所带电荷为 $\pm Q$。若在两球壳间充以电容率为 ε 的电介质，问此电容器储存的电场能量为多少？

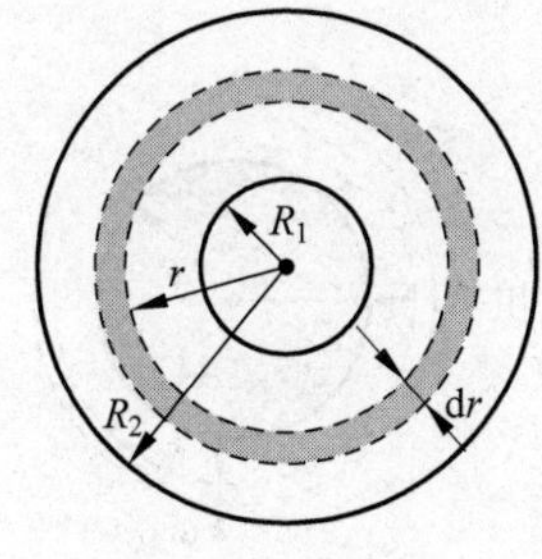

图 8-40　例 1 用图

解　若球形电容器极板上的电荷是均匀分布的，则球壳间电场亦是对称分布的。由高斯定理可求得球壳间电场强度为

$$\boldsymbol{E} = \frac{1}{4\pi\varepsilon}\frac{Q}{r^2}\boldsymbol{e}_r \quad (R_1 < r < R_2)$$

故球壳内的电场能量密度为

$$w_e = \frac{1}{2}\varepsilon E^2 = \frac{Q^2}{32\pi^2\varepsilon r^4}$$

取半径为 r，厚为 $\mathrm{d}r$ 的球壳，其体积元为 $\mathrm{d}V = 4\pi r^2\mathrm{d}r$，所以在此体积元内电场的能量为

$$\mathrm{d}W_e = w_e\mathrm{d}V = \frac{Q^2}{8\pi\varepsilon r^2}\mathrm{d}r$$

电场总能量为

$$W_e = \int \mathrm{d}W_e = \frac{Q^2}{8\pi\varepsilon}\int_{R_1}^{R_2}\frac{\mathrm{d}r}{r^2} = \frac{Q^2}{8\pi\varepsilon}\left(\frac{1}{R_1} - \frac{1}{R_2}\right)$$

例 2　计算均匀带电球体的静电能，球的半径为 R，带电量为 Q。为简单起见，设球内、外介质的介电常数均为 ε_0。

解法一　直接计算定域在电场中的能量。

均匀带电球体的电场分布已在 8.3 节的例 2 中求出，$\boldsymbol{E}$ 沿着球的半径方向，大小为

$$E = \begin{cases} \dfrac{Qr}{4\pi\varepsilon_0 R^3} & (r \leqslant R) \\[2ex] \dfrac{Q}{4\pi\varepsilon_0 r^2} & (r \geqslant R) \end{cases}$$

于是，利用式(8-41)可得静电场能量为

$$\begin{aligned} W_e &= \int_V \frac{1}{2}\varepsilon_0 E^2\mathrm{d}V = \frac{\varepsilon_0}{2}\int_0^R\left(\frac{Qr}{4\pi\varepsilon_0 R^3}\right)^2 4\pi r^2\mathrm{d}r + \frac{\varepsilon_0}{2}\int_R^{\infty}\left(\frac{Q}{4\pi\varepsilon_0 r^2}\right)^2 4\pi r^2\mathrm{d}r \\ &= \frac{Q^2}{8\pi\varepsilon_0 R^6}\int_0^R r^4\mathrm{d}r + \frac{Q^2}{8\pi\varepsilon_0}\int_R^{\infty}\frac{\mathrm{d}r}{r^2} = \frac{Q^2}{40\pi\varepsilon_0 R} + \frac{Q^2}{8\pi\varepsilon_0 R} = \frac{3Q^2}{20\pi\varepsilon_0 R} \end{aligned}$$

***解法二**　设想把带电球体分割成一系列半径为 r 的带电薄球壳(r 从零逐渐增大直至 R)，并相继把这些带电薄球壳移到一起累加后形成带电球体。当带电球体的半径为 r 时带有电量

$$q = \rho\left(\frac{4}{3}\pi r^3\right) = \frac{Qr^3}{R^3}$$

此时带电球体表面电势为

$$U(r) = \frac{q}{4\pi\varepsilon_0 r} = \frac{Qr^2}{4\pi\varepsilon_0 R^3}$$

这时增加一个厚度为 $\mathrm{d}r$ 的薄带电球壳，带电球增加的电量 $\mathrm{d}q$ 为

$$\mathrm{d}q = \rho 4\pi r^2\mathrm{d}r = \frac{3Qr^2}{R^3}\mathrm{d}r$$

把以上电量从无穷远处移到带电球处并累加到半径为 r 的带电球上,外界需克服电场力做功,即带电球半径增大 $\mathrm{d}r$ 时,带电球体增加的静电能为

$$\mathrm{d}W_e = U\mathrm{d}q = \frac{Qr^2}{4\pi\varepsilon_0 R^3}\frac{3Qr^2}{R^3}\mathrm{d}r = \frac{3Q^2r^4}{4\pi\varepsilon_0 R^6}\mathrm{d}r$$

所以,半径为 R 的均匀带电球体的静电能为

$$W_e = \int \mathrm{d}W_e = \int_0^R \frac{3Q^2r^4}{4\pi\varepsilon_0 R^6}\mathrm{d}r = \frac{3Q^2}{20\pi\varepsilon_0 R}$$

两种解法结果相同。

例 3 设半径为 R 的金属球,带电量为 Q,置于电容率为 ε 的无限大均匀电介质中,求此带电金属球电场的能量。

解 由高斯定理可知,球外距球心为 r 处的场强(金属球内电场为零)为

$$E = \frac{Q}{4\pi\varepsilon r^2}$$

如图 8-41 所示,以点 O 为球心,取半径为 r,厚度为 $\mathrm{d}r$ 的同心球壳,其体积为 $\mathrm{d}V=4\pi r^2\mathrm{d}r$,则该球壳的电场能为

$$\mathrm{d}W_e = w_e\mathrm{d}V = \frac{1}{2}\varepsilon E^2\mathrm{d}V = \frac{Q^2}{32\pi^2\varepsilon r^4}\cdot 4\pi r^2\mathrm{d}r = \frac{Q^2}{8\pi\varepsilon r^2}\mathrm{d}r$$

带电金属球的电场能为

$$W_e = \int \mathrm{d}W_e = \frac{Q^2}{8\pi\varepsilon}\int_R^\infty \frac{\mathrm{d}r}{r^2} = \frac{Q^2}{8\pi\varepsilon R}$$

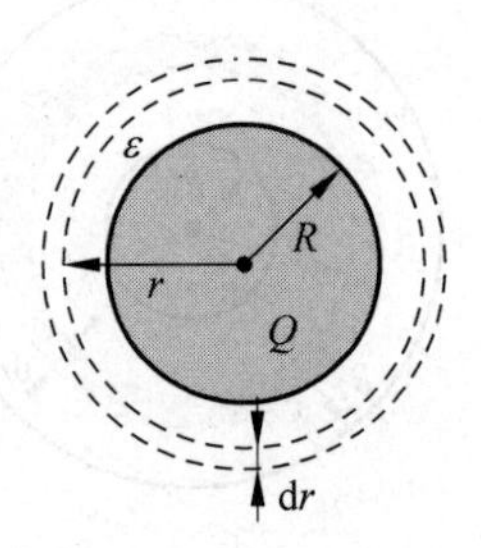

图 8-41 例 3 用图

8.10 稳恒电场

前面讨论的是相对于观察者静止的电荷周围的电场。在稳恒电流情况下,虽然电荷沿导线定向运动,但导体内电荷分布并不随时间变化,从而导体内、外电场分布不随时间变化。这样的电场具有与静电场相同的性质,我们称之为**稳恒电场**。

8.10.1 电流密度矢量

我们知道金属导体中的自由电子总是在不停地作无规则的热运动,而且它们沿任意方向运动的概率也是均等的,所以,导体在静电平衡时,其内部的电场强度 $\boldsymbol{E}=0$,此时导体内没有电荷作定向运动,故导体内不能形成电流。如果在导体两端加上电压,就可使导体内出现电场,这样导体内的自由电子除作无规则热运动外,还要在电场力的作用下作宏观的定向运动,形成了电流。

电流是由大量电荷的定向运动形成的。通常电荷的携带者可以是自由电子、质子、正负离子,这些带电粒子也称为载流子。由带电粒子定向运动形成的电流叫做**传导电流**,而带电物体作机械运动时形成的电流叫做**运流电流**。在金属导体内,载流子是自由电子,它作定向移动的方向是由低电势到高电势。但在物理学上,人们把正电荷从高电势向低电势移动的方向规定为电流的正方向,因而自由电子的移动方向与电流的正方向正好相反。

如图 8-42 所示,在截面积为 S 的一段导体中,有正电荷从左向右运动。若在时间间隔 $\mathrm{d}t$ 内,通过截面 S 的电荷为 $\mathrm{d}q$,则在导体中的**电流 I 为通过截面 S 的电荷随时间的变化率**,即

$$I=\frac{\mathrm{d}q}{\mathrm{d}t} \tag{8-42}$$

电流 I 的单位名称[①]是安培，符号为 A，$1\mathrm{A}=1\mathrm{C}\cdot\mathrm{s}^{-1}$。应当指出，电流虽然有正负方向，但它是标量，不是矢量。虽然人们在实际应用中常说“电流的方向”，只是一群“正电荷的流向”而已。

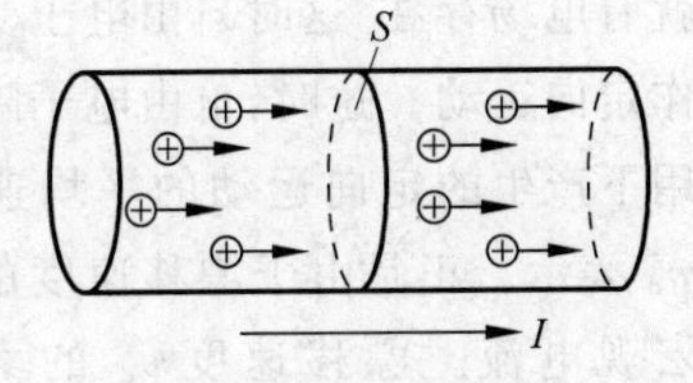

图 8-42　导体中的电流

当电流在大块导体中流动时，导体内各处的电流分布将是不均匀的。图 8-43 为半球形接地电极，图中仿照画电场线的办法用带有箭头的线段标示电流的流向，称为**电流线**，电流线的疏密程度表示电流的大小。为了更详细地描述导体内各点电流分布的情况，我们引入一个新的物理量——**电流密度 $\boldsymbol{j}$**。电流密度是矢量，它的方向和大小规定如下：**导体中任意一点电流密度 $\boldsymbol{j}$ 的方向为该点正电荷的运动方向；$\boldsymbol{j}$ 的大小等于在单位时间内，通过该点附近垂直于正电荷运动方向的单位面积的电荷**。从图中可以看到，在半球形电极附近的导体中，电流的分布是不均匀的：靠近电极，电流线密度大；远离电极，电流线密度小。各点电流线方向也不尽相同。

如图 8-44 所示，设想在导体中点 P 处取一面积元 $\Delta\boldsymbol{S}$，并使 $\Delta\boldsymbol{S}$ 的单位法线矢量 $\boldsymbol{e}_n$ 与正电荷的运动方向（即电流密度 $\boldsymbol{j}$ 的方向）间成 α 角。若在 Δt 时间内有正电荷 ΔQ 通过面积元 $\Delta\boldsymbol{S}$，那么按上述规定可得点 P 处电流密度的大小为

$$j=\frac{\Delta Q}{\Delta t\Delta S\cos\alpha}=\frac{\Delta I}{\Delta S\cos\alpha} \tag{8-43}$$

式中，$\Delta S\cos\alpha$ 为面积元 $\Delta\boldsymbol{S}$ 在垂直于电流密度方向的投影。上式还可写成

$$\Delta I=\boldsymbol{j}\cdot\Delta\boldsymbol{S} \tag{8-44}$$

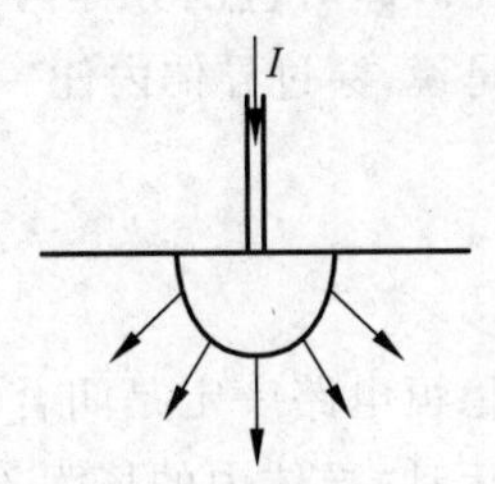

图 8-43　半球形电极附近导体（大地）电流分布

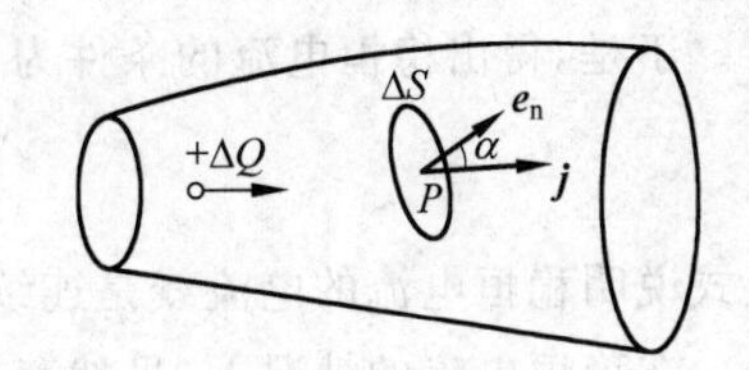

图 8-44　电流密度

通过导体任一有限截面 S 的电流为

$$I=\int_S\boldsymbol{j}\cdot\mathrm{d}\boldsymbol{S} \tag{8-45}$$

现以金属导体为例，简略讨论金属导体的电流和电流密度与自由电子数密度和漂移速度之间的关系。

从导电的机制看，金属中存在大量的自由电子和正离子。正离子构成金属的晶格，而自由电子则在晶格间作无规则的热运动，并不断地与晶格相碰撞。所以在通常情况下，电子不作有规则的定向运动，因而导体中没有电流形成。当导体两端存在电势差时，在导体的内部

① 电流的单位名称是为纪念法国物理学家安培（André-Marie Ampère，1775—1836）对电磁学的贡献而命名的。

就有电场存在,这时自由电子受到电场力的作用,沿着与电场强度 $\boldsymbol{E}$ 相反方向相对于晶格作定向运动。这时,自由电子除了热运动以外,还作定向运动。我们把自由电子在电场力作用下产生的定向运动的平均速度叫**漂移速度**,用符号 $\boldsymbol{v}_d$ 表示。正是由于漂移速度的存在,才在导体中形成宏观电流。漂移速度 $\boldsymbol{v}_d$ 的大小也叫漂移速率。如图 8-45 所示,设导体中自由电子数密度为 n,每个电子的漂移速度均为 $\boldsymbol{v}_d$。在导体内取一面积元 ΔS,且 ΔS 与 $\boldsymbol{v}_d$ 垂直。于是在时间间隔 Δt 内,在任一长为 $v_d\Delta t$、截面积为 ΔS 的柱体里的自由电子都要通过截面积 ΔS,即共有 $N=nv_d\Delta t\Delta S$ 个电子通过 ΔS。由于每个电子电荷的绝对值为 e,故在 Δt 时间内通过 ΔS 的电荷为 $\Delta q=env_d\Delta t\Delta S$,由式(8-42)和式(8-43)可得导体中 ΔS 处的电流和电流密度分别为

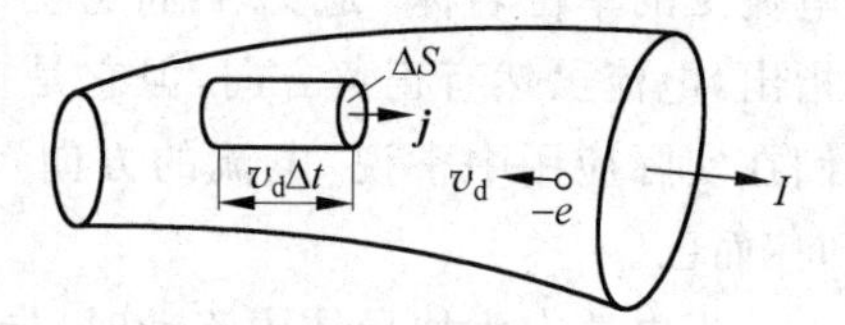

图 8-45 电流与电子漂移速度的关系

$$\Delta I = env_d\Delta S \tag{8-46}$$

$$j = env_d \tag{8-47}$$

以上两式均表明,金属导体中的电流和电流密度均与自由电子数密度和自由电子的漂移速率成正比。值得一提的是,这两个式子对一般导体或半导体也可适用,只不过把电子的电荷换成载流子的电荷 q,把自由电子的漂移速率换成载流子的平均定向运动速率 v 就可以了。

*8.10.2 稳恒电流与稳恒电场

导体内各处电流密度矢量 $\boldsymbol{j}$ 不随时间变化的电流叫做**稳恒电流**。由于 $\boldsymbol{j}$ 不随时间变化,由式(8-42)得,要求导体内电荷分布不随时间变化。即对包围导体内任一点的封闭曲面,单位时间内流入的电荷必须等于流出的电荷。就是说,穿过导体内任一封闭曲面的净电荷为零。于是,得出稳恒电流的条件为

$$\oint_S \boldsymbol{j}\cdot\mathrm{d}\boldsymbol{S} = 0 \tag{8-48}$$

上式说明稳恒电流的电流线是连续的闭合曲线,稳恒电路一定是闭合的或两端通向无穷远处。在稳恒电流的情况下,虽然存在电荷的定向运动,导体内的场强不等于零,但是导体内的电荷分布和导体内、外的电势分布不随时间变化,这样的电场叫做**稳恒电场**。稳恒电场具有与静电场相同的有源有势的性质。静电场的高斯定理和环路定理对稳恒电场仍然适用。不同的是:在静电场情况下,电荷固定不动,静电场一旦建立起来就不需要能量维持;而在稳恒电场情况下,电荷定向运动时电场力要做功,所以稳恒电场的存在一定伴随有能量的转化。下面我们讨论稳恒电场所需要的能量问题。

8.10.3 电源电动势

如图 8-46 所示,将充电后电容器的两极板 A、B 用导线连接,在静电场力 $\boldsymbol{F}_e$ 作用下,正电荷从极板 A 通过导线移到极板 B,并与极板 B 上的负电荷中和,两极板间的电势差逐渐减小,当两极板的电势差等于零时,电流也就停止。可见仅仅依靠静电力作用,电路中只能

形成短暂的非稳恒电流。如果要在电路中形成稳恒电流，就需要一种与静电力不同的外来力 $\boldsymbol{F}_k$（称非静电力）反抗静电力的作用，将流向负极 B 的正电荷再送回正极 A，以维持两极板有恒定的电势差。这种能提供非静电力的装置叫做**电源**。也就是说，电源的作用是提供非静电力来反抗静电力做功，将正电荷由负极经电源内部移到电源正极，同时将其他形式的能转变为电能。

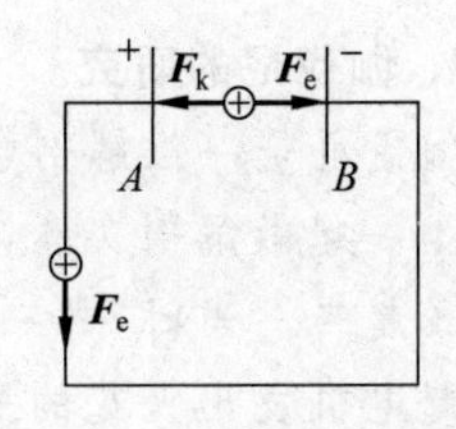

图 8-46　电源内的非静电力把正电荷从负极板移至正极板

为了表述不同电源转化能量的能力，人们引入了电动势这一物理量。我们定义**单位正电荷绕闭合回路一周时，非静电力所做的功为电源的电动势**。设单位正电荷所受的非静电力为非静电场强，用 $\boldsymbol{E}_k$ 表示，W 为非静电力所做的功，ε 表示电源电动势，那么

$$\boldsymbol{E}_k = \frac{\boldsymbol{F}_k}{q} \tag{8-49}$$

则电源电动势

$$\varepsilon = \frac{W}{q} = \oint \boldsymbol{E}_k \cdot \mathrm{d}\boldsymbol{l} \tag{8-50}$$

考虑到在闭合回路中，外电路的导线中只存在静电场，没有非静电场；非静电场强度 $\boldsymbol{E}_k$ 只存在于电源内部，故在外电路上有

$$\int_{\text{out}} \boldsymbol{E}_k \cdot \mathrm{d}\boldsymbol{l} = 0$$

所以，式(8-50)可改成为

$$\varepsilon = \oint \boldsymbol{E}_k \cdot \mathrm{d}\boldsymbol{l} = \int_{\text{in}} \boldsymbol{E}_k \cdot \mathrm{d}\boldsymbol{l} \tag{8-51}$$

式(8-51)表示电源电动势的大小等于把单位正电荷由负极经电源内部移到正极时非静电力所做的功。

电源电动势是标量。但为了讨论问题的方便，通常把电源内部电势升高的方向，即从负极经电源内部到正极的方向，规定为电动势的方向。电动势的单位和电势的单位相同。电源电动势的大小只取决于电源本身的性质。一定的电源具有一定的电动势，而与外电路无关。

阅读材料　八

动物电的研究和伏打电堆的发明

18 世纪末，电学从静电领域发展到电流领域，这是一大飞跃，它发端于动物电的研究，意大利学者伽伐尼（Aloisio Galavani，1737—1798）和伏打（也叫伏特）（Alessandro Volta，1745—1827）在这方面起了先锋作用。

1. 伽伐尼的研究

伽伐尼是一位解剖学教授,1780 年 9 月的一天,他在解剖青蛙时偶然发现电效应,他和学生一起做解剖实验,一名学生用手术刀轻轻触动了青蛙的小腿神经,这只青蛙立即痉挛了起来。当时,另一学生正在附近练习使用摩擦起电机。他注意到青蛙痉挛时,正好是起电机发出火花的那一瞬间。伽伐尼没有放过这一机会,立即研究起来。他早就知道,动物有某些特殊行为与电有关。例如,从古代人们就发现有两种会放电的鱼,叫电鳗和电鲼。莱顿瓶发明后,人们开始考虑电鳗的电效应可能与莱顿瓶类似。1772 年,英国的华尔士发现电鳗的放电是在背脊和胸腹的两点之间。解剖的结果是:在鱼体内有一长圆柱体,电就是从那里发出来的。伽伐尼认为,青蛙神经的痉挛,很可能就是来自青蛙自身的某种动物电所致,然而,这一现象和手术刀有什么关系?为什么正好在这时起电机也放电呢?

伽伐尼为了掌握青蛙痉挛的规律,安排了一系列实验。起先他只用刀尖触青蛙神经,然后只让起电机打电火花,都不能使蛙腿痉挛。接着,伽伐尼把青蛙用铜钩子挂在花园的铁栏杆上,结果发现在闪电来临时,青蛙也会痉挛。他在实验中澄清了,靠绝缘体或单一导体的刺激并不能引起蛙腿肌肉的痉挛;只有当使用两种不同金属连接而成的导体,把它的两端分别与青蛙肌肉和神经接触时,才会引起蛙腿的痉挛。伽伐尼又把青蛙放在铁桌上,用铜钩子碰青蛙腿,只要铜钩子另一端触及桌面,即使没有任何其他带电体在场,蛙腿也会痉挛。显然他已触及现象的本质,可是,由于动物电的观念先入为主,他坚持用动物电说明所有这些现象,使他无法做出正确的解释。伽伐尼在 1791 年发表了题为《肌肉运动中的电力》的著作之后,立即引起了广泛的注意,很多人投入到这项实验之中,展开了一场持久的争论。

2. 伏打的研究

在这些研究者中间,有一位意大利的自然哲学教授伏打,他细心重复了伽伐尼的实验,发现伽伐尼的神经电流说有问题。他拿来一只活的青蛙,用两种不同金属构成的弧叉跨接在青蛙身上,一端触青蛙的腿,一端触青蛙的脊背,青蛙就可以痉挛,如图 8-47 所示,用莱顿瓶经青蛙的身体放电,青蛙也发生痉挛,说明两种不同金属构成的弧叉和莱顿瓶的作用是一样的。换句话说,这些现象是外部电流作用的结果。

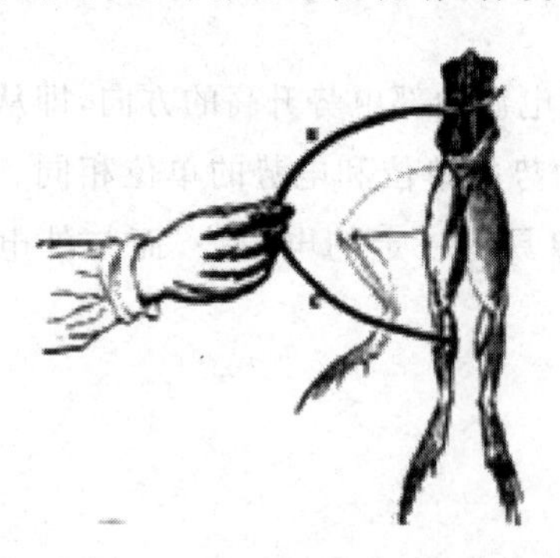

图 8-47 伏打用金属叉使蛙腿痉挛

后来,在伏打的外部电(金属接触说)和伽伐尼的内部电(神经电流说)之间展开了长期的争论。

为了阐明自己的观点,伏打继续进行了大量的实验。他用一只灵敏的金箔验电器比较各种金属的接触,从验电器箔片张开的角度显示电分离(即接触电势差)作用的大小,他按金属相互间的接触电动势把各种金属排列成表,其中有一部分是:锌—铅—锡—铁—铜—银—金—石墨。只要将表中任意两种金属接触,排在前面的金属必带正电,排在后面的必带负电。例如锌—铅=5,铅—锡=1,锡—铁=3,而锌—铁=9,正好等于5+1+3。于是,伏打提出了“递次接触定律”。这样,伏打一举就全面解释了伽伐尼和其他人做过的各种动物电实验。

伏打把锌片和铜片夹在用盐水浸湿的纸片中，重复地叠成一堆，形成了很强的电源，这就是著名的伏打电堆。他这样描述这种柱形的电堆：

"我把一块金属板，如银板，水平放在一张桌子上或一个基础上。在这块板上再放第二块板——锌板，再在这第二块板上放一层湿盘。接着又放一块银板，又置一块锌板，在其上我再放一块湿盘。就这样，我继续按同样的方法使银和锌配对，总是沿着相同的方向，也就是说，总是银在下、锌在上(反之亦然，只要按照我开始的一种做法就行)，再在这些金属对偶中插入湿盘。瞧，我继续堆砌，经过这样几步就砌成不会倒落的柱子了！"

伏打把锌片和铜片插入盐水或稀酸杯中(如图 8-48 的上部)，形成了另一种电源，叫做伏打电池。至于电池的原理，伏打则认为是由于金属接触的机械原因所导致的，一直到后来赫尔姆霍兹才指出这是错误的，而认为这是化学作用所引起的。在不同金属与电解质溶液间两两接触之后，溶液中的离子形成定向移动从而产生电流。1800 年伏打将十几年研究成果，写成一篇论文《论不同金属材料接触所激发的电》，寄给英国皇家学会，不幸受到当时皇家学会负责论文工作的一位秘书尼克耳孙有意的搁置，后来伏打以自己名义发表。伏打为了尊重伽伐尼的先驱性工作，在自己的著作中总是把伏打电池称为伽伐尼电池。所以，以他们两人名字命名的电池，实际上是一回事。

图 8-48　伏打电池和电堆

1800 年 11 月 20 日拿破仑在巴黎召见伏打，当面观看实验顿觉感动，立即命令法国学者成立专门的委员会，进行大规模的相关实验。同时也颁发 6000 法郎的奖金和勋章给伏打，发行了纪念金币，而伏打(伏特)也被作为电压的单位，直到现在我们还在引用。

伏打电堆(电池)的发明，提供了产生恒定电流的电源。使人们有可能研究电流的规律和电流的各种效应。从此，电学进入了一个飞速发展的时期——研究电流(电流学)和电磁效应(电磁学)的新时期。

本章提要

1. 库仑定律

$$\boldsymbol{F} = \frac{1}{4\pi\varepsilon_0}\frac{q_1 q_2}{r^2}\boldsymbol{e}_r$$

2. 电场强度

$$\boldsymbol{E} = \frac{\boldsymbol{F}}{q_0}$$

场强的叠加原理

$$\boldsymbol{E}=\sum_i \boldsymbol{E}_i$$

对电荷连续分布的带电体

$$\boldsymbol{E}=\int_V \mathrm{d}\boldsymbol{E}=\int_V \frac{1}{4\pi\varepsilon_0}\frac{\mathrm{d}q}{r^2}\boldsymbol{e}_r$$

a. 点电荷的电场强度

$$\boldsymbol{E}=\frac{1}{4\pi\varepsilon_0}\frac{q}{r^2}\boldsymbol{e}_r$$

b. 真空中无限长的均匀带电直线的电场强度大小为

$$E=\frac{\lambda}{2\pi\varepsilon_0 r}$$

方向：垂直于直线的平面上，沿以直线为中心的圆的半径方向。

c. 无限大的均匀带电平面的电场强度大小为

$$E=\frac{\sigma}{2\varepsilon_0}$$

方向：垂直于平面。

d. 均匀带电球面的电场强度

球内：$E=0$　　球外：$E=\dfrac{1}{4\pi\varepsilon_0}\dfrac{Q}{r^2}$

方向：沿球的半径方向。

e. 均匀带电球体的电场强度

球内：$E=\dfrac{Qr}{4\pi\varepsilon_0 R^3}$　　球外：$E=\dfrac{1}{4\pi\varepsilon_0}\dfrac{Q}{r^2}$

方向：沿球的半径方向。

3. 电通量

$$\Phi_e=\int_S \boldsymbol{E}\cdot \mathrm{d}\boldsymbol{S}$$

4. 高斯定理

$$\oint \boldsymbol{E}\cdot \mathrm{d}\boldsymbol{S}=\frac{1}{\varepsilon_0}\sum_{i=1}^{n} q_i^{\mathrm{in}}$$

环路定理

$$\oint_l \boldsymbol{E}\cdot \mathrm{d}\boldsymbol{l}=0$$

5. 电势

$$V_A=\int_A^{\infty} \boldsymbol{E}\cdot \mathrm{d}\boldsymbol{l}$$

电势差

$$U_{AB}=V_A-V_B=\int_A^B \boldsymbol{E}\cdot \mathrm{d}\boldsymbol{l}$$

电势叠加原理

$$V=\sum_i V_i$$

a. 点电荷的电势

设 $V_\infty=0$，$V=\dfrac{q}{4\pi\varepsilon_0}\dfrac{1}{r}$

b. 均匀带电球面的电势

设 $V_\infty=0$，球内及球面上：$V=\dfrac{Q}{4\pi\varepsilon_0 R}$　球外：$V=\dfrac{Q}{4\pi\varepsilon_0 r}$

电场力做功 $W_{AB}=q_0(V_A-V_B)$

6. 场强与电势的微分关系

$$\boldsymbol{E}=-\,\mathbf{grad}V=-\nabla V$$

7. 导体静电平衡的条件

(1) 导体内部电场强度处处为零(导体是等势体)

(2) 导体表面电场强度垂直于导体表面(导体表面是等势面)

8. 静电平衡时导体上的电荷分布

(1) 电荷只分布在导体表面

(2) 对空腔导体、空腔内无带电体时，电荷只分布在空腔导体的外表面；空腔内有带电体 q 时，导体内表面有感应电荷 $-q$，外表面有感应电荷 q。

(3) 孤立导体表面电荷密度与表面曲率有关：曲率大，电荷面密度大；曲率小，电荷面密度小；曲率为负时，电荷面密度最小。

(4) 导体表面电场强度

$$E=\frac{\sigma}{\varepsilon_0}$$

9. 电位移矢量(各向同性介质)

$$\boldsymbol{D}=\varepsilon_0\varepsilon_r\boldsymbol{E}=\varepsilon\boldsymbol{E}$$

介质中的高斯定理

$$\oint_S\boldsymbol{D}\cdot\mathrm{d}\boldsymbol{S}=\sum_{i=1}^{n}Q_{0i}$$

10. 电容器的电容

$$C=\frac{Q}{U}$$

平行板电容器

$$C=\frac{\varepsilon_0\varepsilon_r S}{d}$$

球形电容器

$$C=4\pi\varepsilon_0\varepsilon_r\left(\frac{R_1R_2}{R_2-R_1}\right)$$

圆柱形电容器

$$C=\frac{2\pi\varepsilon_0\varepsilon_r l}{\ln\dfrac{R_B}{R_A}}$$

并联电容器组

$$C=\sum_i C_i$$

串联电容器组

$$\frac{1}{C}=\sum_i \frac{1}{C_i}$$

11. 电容器的能量

$$W_e=\frac{Q^2}{2C}=\frac{1}{2}QU=\frac{1}{2}CU^2$$

电场能量密度

$$w_e=\frac{W}{V}=\frac{1}{2}\varepsilon E^2=\frac{1}{2}DE$$

电场能量

$$W_e=\int_V w_e \mathrm{d}V=\int_V \frac{1}{2}\varepsilon E^2 \mathrm{d}V=\int_V \frac{1}{2}DE\mathrm{d}V$$

12. 电流密度矢量

$$\boldsymbol{j}=en\boldsymbol{v}_d$$

电流强度

$$I=\int_S \boldsymbol{j}\cdot \mathrm{d}\boldsymbol{S}$$

稳恒电流条件

$$\oint_S \boldsymbol{j}\cdot \mathrm{d}\boldsymbol{S}=0$$

电源电动势

$$\varepsilon=\oint \boldsymbol{E}_k\cdot \mathrm{d}\boldsymbol{l}=\int_{in}\boldsymbol{E}_k\cdot \mathrm{d}\boldsymbol{l}$$

思考题

8.1 点电荷是否一定是很小的带电体？一个带电体被视为点电荷的条件是什么？

8.2 库仑定律的适用条件是什么？

8.3 什么是静电场？其基本性质如何？

8.4 试比较场源电荷和试探电荷两个概念。

8.5 试比较 $\boldsymbol{E}=\boldsymbol{F}/q_0$ 和 $\boldsymbol{E}=q\boldsymbol{r}/(4\pi\varepsilon_0 r^3)$ 的区别和联系？

8.6 什么是电偶极子？电偶极矩 $\boldsymbol{p}$ 的大小和方向如何？

8.7 说明电场强度、电场线、电通量的关系。穿过闭合曲面的电通量的正、负分布表示什么意义？

8.8 电场线能相交吗？

8.9 在高斯定理中，对高斯面的形状有无特殊要求？在应用高斯定理求解电场强度时，对高斯面的形状有无特殊要求？

8.10 怎样的电场分布，用高斯定理求电场强度才比较方便？

8.11 哪种特征是静电力成为保守力的原因？

8.12 你能从静电场环路定理出发说明电场线不可能是闭合曲线吗？

8.13　静电场的环路定理$\oint_l \boldsymbol{E} \cdot \mathrm{d}\boldsymbol{l} = 0$表述了静电场怎样的性质？

8.14　如何由静电场的等势面分布定性判断场中各处电场强度的大小和方向？

8.15　导体静电平衡的条件是什么？

8.16　处于静电平衡状态的导体具有哪些基本性质？

8.17　何为静电屏蔽？举例说明其应用。

8.18　试对导体静电感应和电介质的极化进行比较。

8.19　$\varepsilon_0,\varepsilon_r,\varepsilon$各表示什么意义？其相互关系如何？

8.20　在电容器中充入电介质后，其电容为什么会增大？

8.21　什么是电场能量密度？如何计算电场能量？

8.22　什么是电流密度？它和电场强度的关系是什么？

8.23　什么是稳恒电流？什么是稳恒电场？试对静电场和稳恒电场进行比较。

8.24　什么是电源电动势？试对电源电动势和电源路端电压进行比较。

习题

8.1　选择题

(1) 通过闭合曲面中某面元 $\mathrm{d}S$ 的电通量 $\mathrm{d}\Phi=\boldsymbol{E}\cdot\mathrm{d}\boldsymbol{S}=E\cos\theta\mathrm{d}S$，若规定其外法线 $\boldsymbol{e}_n>0$，则当电场线从闭合曲面向外穿出时（　　）。

A. $\mathrm{d}\Phi<0$　　B. $\mathrm{d}\Phi=0$　　C. $\mathrm{d}\Phi>0$　　D. 无法确定

(2) 下列说法正确的是：（　　）。

A. 闭合曲面上各点电场强度都为零时，曲面内一定没有电荷

B. 闭合曲面上各点电场强度都为零时，曲面内电荷的代数和必定为零

C. 闭合曲面的电通量为零时，曲面上各点的电场强度必定为零

D. 闭合曲面的电通量不为零时，曲面上任意一点的电场强度都不可能为零

(3) 下列说法正确的是：（　　）。

A. 电场强度都为零的点，电势也一定为零

B. 电场强度不为零的点，电势也一定不为零

C. 电势为零的点，其电场强度也一定为零

D. 电势在某一区域内为常量，则电场强度在该区域内必定为零

8.2　填空题

(1) 静电场力对试探电荷 q_0 所做的功只与 q_0 的________位置有关，而与路径无关。说明静电场力是________力。

(2) $V_A=\int_A^{\infty}\boldsymbol{E}\cdot\mathrm{d}\boldsymbol{l}$ 表示：设无穷远处电势为________时，静电场中 A 点的电势在数值上等于把单位正电荷从 A 点移至________处时，________力所做的功。

(3) 当导体处于静电平衡时，导体内部任何一点的电场强度为________；导体表面处电场强度方向都与导体表面________。

(4) 置于电场中的空腔导体将使腔内空间不受________的影响，而接地空腔导体将使

腔外空间不受________电场影响，这就是空腔导体的静电屏蔽作用。

(5) 在静电平衡时，导体所带电荷只能分布在导体的________上，导体内________。

(6) 通常把电源内部电势________的方向，即从负极经________到正极的方向定为电源电动势的方向。

(7) $\varepsilon = \int_{\text{in}} \boldsymbol{E}_{\text{k}} \cdot \mathrm{d}\boldsymbol{l}$ 表示电源电动势的大小等于把单位正电荷从负极经________移至正极时________力所做的功。

(8) 电源是提供________力对正电荷做功从而使导体两端维持________电势差的装置。

8.3 两个点电荷所带电荷之和为 Q，问它们各带电荷为多少时，相互间的作用力最大。

8.4 若电荷 Q 均匀地分布在长为 L 的细棒上。求证：(1) 在棒的延长线上，且离棒中心为 r 处的电场强度

$$E = \frac{1}{\pi\varepsilon_0} \frac{Q}{4r^2 - L^2}$$

(2) 在棒的中垂线上，离棒为 r 处的电场强度

$$E = \frac{1}{2\pi\varepsilon_0} \frac{Q}{\sqrt{4r^2 + L^2}}$$

若棒为无限长，(即 $L \to \infty$)，试将结果与无限长均匀带电直线的电场强度相比较。

8.5 带电细线弯成半径为 R 的半圆形，电荷线密度为 $\lambda = \lambda_0 \sin\varphi$，式中，$\lambda_0$ 为一常数，φ 为半径 R 与 x 轴所成的夹角，如习题 8.5 图所示。试求环心 O 处的电场强度。

8.6 如习题 8.6 图所示，一半径为 R 的半球面放在一匀强电场中，设电场强度方向恰好垂直半球面的截面，如图所示，若电场强度大小为 E，求其穿过球面的电通量。

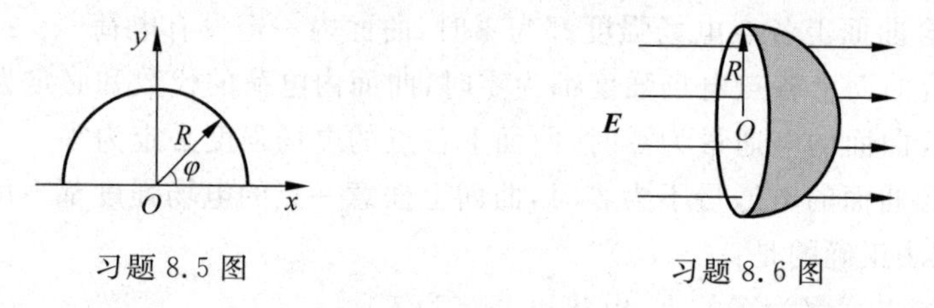

习题 8.5 图　　　　习题 8.6 图

8.7 两个带有等量异号电荷的无限长同轴圆柱面，半径分别为 R_1 和 R_2 $(R_1 < R_2)$，线电荷密度为 λ。求离轴线为 r 处电场强度：(1) $r < R_1$；(2) $R_1 < r < R_2$；(3) $r > R_2$。

8.8 两个无限大的平行平面都均匀带电，电荷的面密度分别为 σ_1 和 σ_2，试求空间各处电场强度。

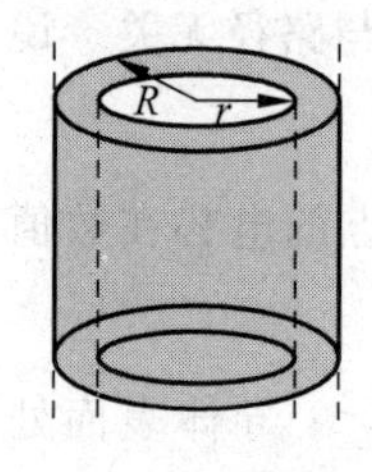

习题 8.9 图

8.9 如习题 8.9 图所示，一无限长带电圆柱壳，其截面的内外半径分别为 r、R，电荷均匀分布在柱壳上，单位长度带有电量为 λ，求其在空间产生的电场分布。

8.10 两个同心球面的半径分别为 R_1 和 R_2，各自带有电荷 Q_1 和 Q_2，求(1)各区域电势的分布，并画出分布曲线；(2)两球面上的电势差为多少？

8.11 真空中有一半径 $R = 0.1\text{m}$ 的均匀带电球面，带电量 $Q = 0.1\text{C}$。

求：(1)带电球面内的电场强度。(2)球面外 $r=0.2\text{m}$ 处的电场强度和电势的大小。

8.12 设半径为 $R=0.1\text{m}$ 的带电量 $Q=0.4\text{C}$ 的球体(电荷均匀分布)，求带电球体体外 $r=0.2\text{m}$ 处电场强度和电势的大小。

8.13 两个同心球面的半径分别为 $R_1=0.1\text{m}$，$R_2=0.3\text{m}$，各自带有等量异号电荷 $Q_1=0.1\text{C}$，$Q_2=-0.1\text{C}$，如习题 8.13 图所示。若 A 点、B 点距球心分别为 $r_A=0.2\text{m}$，$r_B=0.4\text{m}$，求：

(1) A 点和 B 点的电场强度大小 E_A 和 E_B；

(2) A 点的电势 V_A。

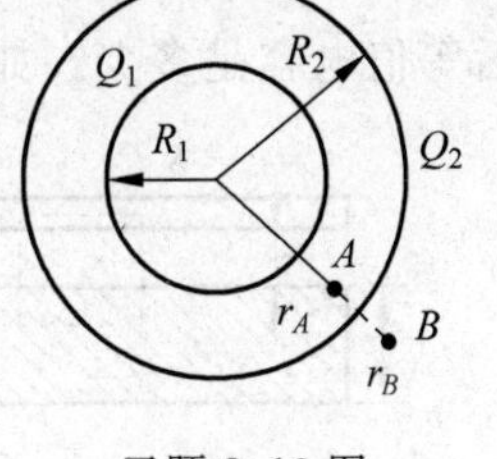

习题 8.13 图

8.14 真空中有一无限大均匀带电平面，其电荷面密度为 σ。

(1) 用高斯定理求出该带电平面两侧的电场强度大小。

(2) 若平行板电容器极板带电面密度为 $\pm\sigma$，由静电场力移送单位正电荷做功，求平行板电容器两极板间的电势差(极板间距为 d)。

8.15 一半径为 R 的无限长带电细棒，其内部的电荷均匀分布，电荷体密度为 ρ。现取棒表面为零电势，求空间电势分布并画出电势分布曲线。

8.16 电荷以相同的面密度分布在半径为 $r_1=10\text{cm}$ 和 $r_2=20\text{cm}$ 的两个同心球面上。设无限远处电势为零，球心处的电势为 $U_0=300\text{V}$。

(1) 求电荷面密度 σ；

(2) 若要使球心处的电势也为零，外球面上应放掉多少电荷？

8.17 一内半径为 a，外半径为 b 的金属球壳，带有电量 Q，在球壳空腔内距离球心 r 处有一点电荷 q。设无限远处为电势零点，试求：

(1) 球壳内外表面上的电荷；

(2) 球心 O 点处，由球壳内表面上电荷产生的电势；

(3) 球心 O 点处的总电势。

8.18 一导体球半径为 R_1，外罩一半径为 R_2 的同心导体薄球壳，外球壳所带总电荷为 Q，而内球的电势为 V_0。求此系统的电势和电场的分布。

8.19 在半径为 R_1 的金属球之外包有一层外半径为 R_2 的均匀电介质球壳，介质相对介电常数为 ε_r，金属球带电量为 Q，求：

(1) 电介质内、外的电场强度；

(2) 电介质层内、外的电势；

(3) 金属球的电势。

8.20 如习题 8.20 图所示，有一空气平板电容器极板面积为 S，间距为 d。用电压为 U 的电源给电容器充电。试求下列情况时电容器的电容、极板所带电荷和两极间的电场强度。

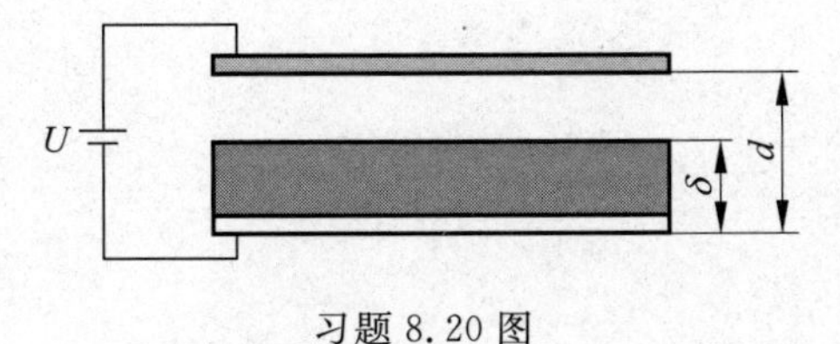

习题 8.20 图

(1) 充满电时;

(2) 然后平行插入一块面积相同,厚度为 $\delta(\delta<d)$,相对电容率为 ε_r 的介质板;

(3) 将介质板换为等大的导体板。

8.21 C_1 和 C_2 两电容器分别标明"200pF、500V"和"300pF、900V",把它们串联起来后等值电容是多少?如果两端加上 1000V 的电压,是否会击穿?

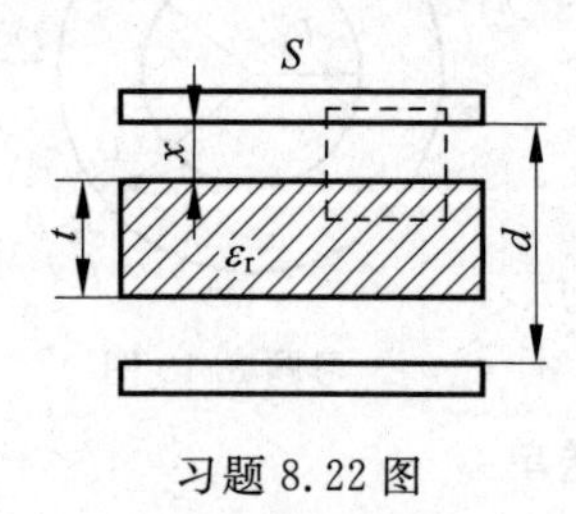

习题 8.22 图

8.22 如习题 8.22 图所示,平行板电容器两极板相距 d,面积为 S,电势差为 U,中间放有一层厚为 t 的电介质,相对介电常数为 ε_r,略去边缘效应,求:(1)电介质中的 E 和 D;(2)极板上的电量;(3)极板和电介质间隙中的电场强度;(4)电容器的电容。

8.23 在介电常数为 ε 的无限大各向同性均匀电介质中,有一半径为 R 的孤立导体球,若对它不断充电使其带电量达到 Q。试通过充电过程中外力做功,求证:带电导体球的静电能量为 $W_e=\frac{Q^2}{8\pi\varepsilon R}$。

8.24 半径为 $R_1=2.0$cm 的导体球,外套有一同心的导体球壳,壳的内、外半径分别为 $R_2=4.0$cm 和 $R_3=5.0$cm,当球内电荷 $Q=3.0\times10^{-8}$C 时,求:

(1) 整个电场储存的能量;

(2) 如果将导体壳接地,计算储存的能量;

(3) 此电容器的电容值。

第9章

恒定磁场

磁现象的发现要比电现象早得多。早在公元前，人们就已观测到天然磁石吸铁的现象，我国是最早认识并应用磁现象的国家。在战国时期(约公元前3世纪)，就有了“磁石”、“司南”等的记载；北宋时期(11世纪)，我国的科学家沈括发明了航海用的指南针，并发现了地磁偏角。直到1820年，丹麦的奥斯特发现了电流的磁效应(当电流通过导线时，引起导线近旁的小磁针偏转)才开拓了电磁学研究的新纪元，打开了电应用的新领域。1837年惠斯通、莫尔斯发明了电动机，1876年美国的贝尔发明了电话。到20世纪初，由于科学技术的进步和原子结构理论的建立和发展，人们进一步认识到磁现象起源于运动电荷，磁场也是物质的一种形式，磁力是运动电荷之间除静电力以外的相互作用力。迄今，无论科学技术、工程应用、人类生活都与电磁学有着密切关系。电磁学给人们开辟了一条广阔的认识自然、征服自然的道路。

本章从磁场的概念出发，并着重讨论恒定磁场的基本性质，以及恒定磁场与运动电荷、电流、磁介质的相互作用。

本章结构框图

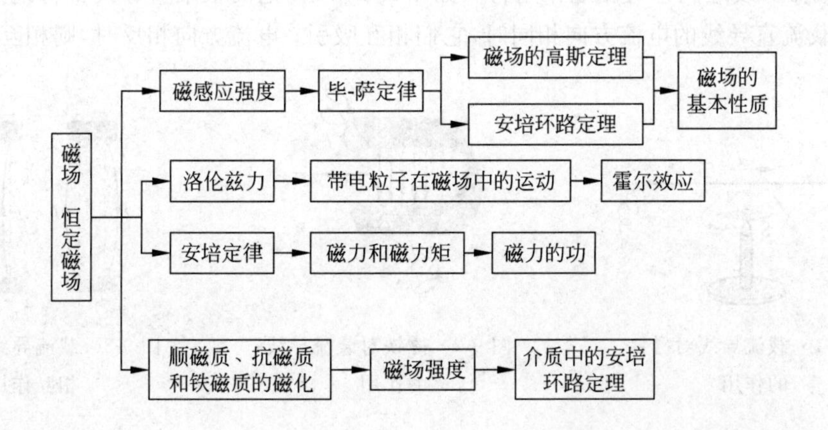

9.1 磁场

9.1.1 基本的磁现象

无论是天然磁石或是人工磁铁都有吸引铁、钴、镍等物质的性质,这种性质叫做**磁性**。条形磁铁及其他任何形状的磁铁都有两个磁性最强的区域,叫做**磁极**。将一条形磁铁从中间悬挂起来,其中指北的一极是北极(用N表示),指南的一极是南极(用S表示)。实验指出,极性相同的磁极相互排斥,极性相反的磁极相互吸引。由此可以推想,地球本身是一个大磁体,它的N极位于地理南极的附近,S极位于地理北极附近。这便是指南针(罗盘)的工作原理,我国古代这个重大发明至今在航海、地形测绘等方面仍有着广泛的应用。

天然磁铁和人造磁铁都称永磁铁。永磁铁不存在单一的磁极。磁铁的两个磁极,不可能分割成为独立存在的N极和S极。但我们知道,有独立存在的正电荷和负电荷,这是磁极和电荷的基本区别①。

在相当长的一段时间内,人们对磁现象和电现象的研究都是彼此独立进行的。直到1820年,奥斯特首先发现了电流的磁效应。后来安培发现放在磁铁附近的载流导线或载流线圈,也要受到力的作用而发生运动。进一步的实验还发现,磁铁与磁铁之间,电流与磁铁之间,以及电流与电流之间都有磁相互作用。主要表现在:

(1) 通过电流的导线(也叫载流导线)附近的磁针,会受到力的作用而偏转。如图9-1所示,我们将一根导线沿南北方向放置。下面放一可在水平面内自由转动的磁针。当导线中没有电流通过时,磁针在地球磁场的作用下沿南北取向。但当导线中通过电流时,磁针就会发生偏转。如图9-1所示,当电流的方向是从右到左时,则从上向下看去,磁针的偏转是沿顺时针方向的;当电流反向时,磁针的偏转方向也倒转过来。

(2) 放在蹄形磁铁两极间的载流导线,也会受力而运动。如图9-2所示,把一段水平的直导线悬挂在马蹄形磁铁两极间。通电流后,导线就会移动。

(3) 载流导线之间也有相互作用力。如图9-3所示,把两根细直导线平行地悬挂起来,当两平行载流直导线的电流方向相同时,它们相互吸引;电流方向相反时,则相互排斥。

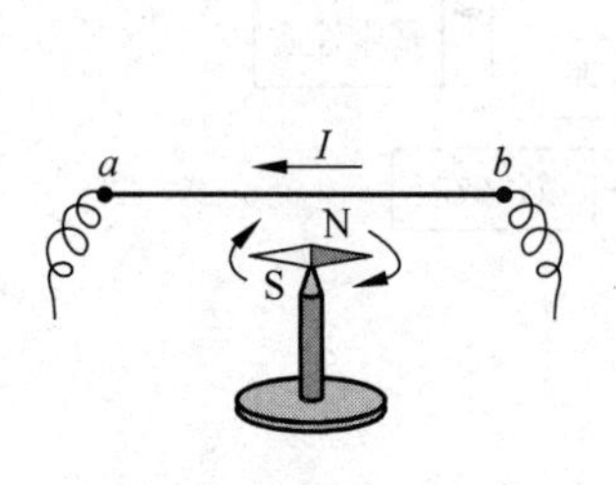

图9-1 载流导线对磁针的作用

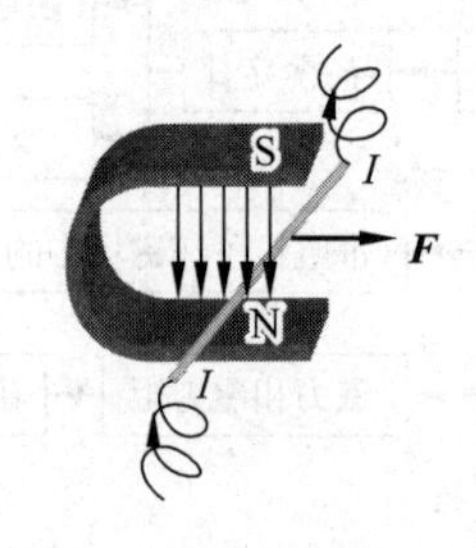

图9-2 磁铁对载流导线的作用

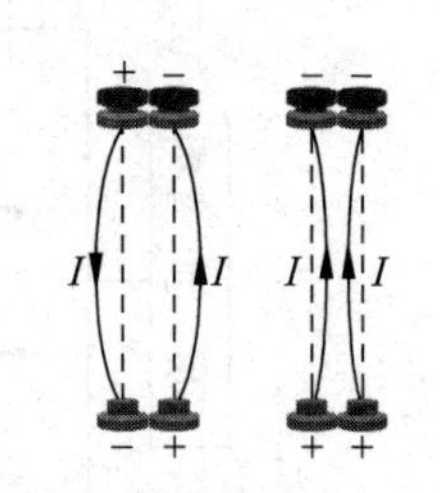

图9-3 载流导线间的相互作用

① 近代理论认为可能有单独磁极存在。这种具有磁南极或磁北极的粒子,叫做磁单极子。

(4) 通过磁极间的运动电荷也受到力的作用。如电子射线管,当阴极和阳极分别接到高压电源的正极和负极上时,电子流通过狭缝形成一束电子射线。如果我们在电子射线管外面放一块磁铁,可以看到电子射线的路径发生弯曲。

上述实验现象,启发人们去探寻磁现象的本质,使人们进一步认识到磁现象起源于电荷的运动,磁现象和电现象之间有着密切的联系。

9.1.2 磁场的性质

从静电场的研究中我们已经知道,在静止电荷周围空间存在着电场,静止电荷之间的相互作用力是通过电场来传递的;而电场的基本性质是它对于任何置于其中的其他电荷施加作用力。磁极或电流之间的相互作用也是这样,不过它通过另外一种场——磁场来传递。磁极或电流在自己周围的空间里产生一个磁场,而磁场的基本性质之一是它对于任何置于其中的其他磁极或电流施加作用力。用磁场的观点,我们就可以把上述关于磁铁和磁铁、磁铁和电流以及电流和电流之间相互作用的各个实验统一起来了,所有这些相互作用都是通过同一种场——磁场来传递的。以上所述可以概括成图 9-4 所示。

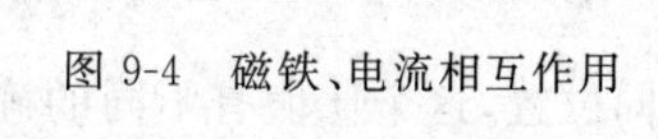

图 9-4 磁铁、电流相互作用

由于电流是大量电荷作定向运动形成的,所以,上述一系列事实说明,在运动电荷周围空间存在着磁场;在磁场中的运动电荷要受到磁场力的作用。

磁场不仅对运动电荷或载流导线有力的作用,它和电场一样,也具有能量。这正是磁场物质性的表现。磁场和电场一样,是客观存在的特殊形态的物质。

9.2 磁感强度

在静电场中,我们利用电场对静止电荷有电场力作用这一表现,引入电场强度 $\boldsymbol{E}$ 来定量地描述电场的性质。与此类似,我们利用磁场对运动电荷有磁场力作用这一表现,引入磁感应强度 $\boldsymbol{B}$ 来定量地描述磁场的性质。其中 $\boldsymbol{B}$ 的方向表示磁场的方向,$\boldsymbol{B}$ 的大小表示磁场的强弱。

运动电荷在磁场中的受力情况,如图 9-5 所示。

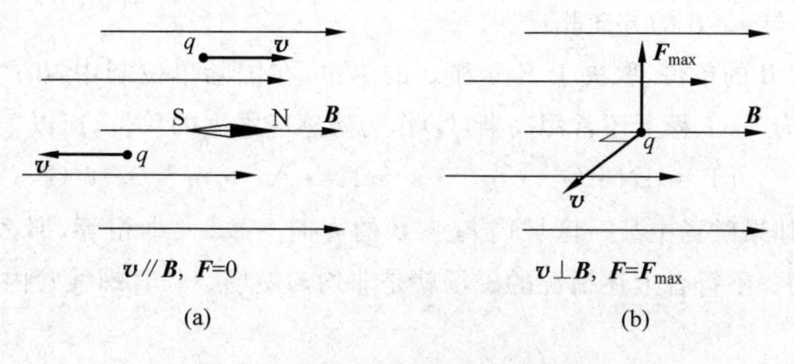

图 9-5 运动电荷在磁场中的受力

由大量实验可以得出如下结果。

(1) 运动电荷在磁场中所受的磁场力随电荷的运动方向与磁场方向之间的夹角改变而变化。当电荷运动方向与磁场方向平行时,它不受磁力作用,如图 9-5(a)所示。而当电荷运动方向与磁场方向垂直时,它所受磁场力最大,用 F_{max} 表示,如图 9-5(b)所示。

(2) 磁场力的大小正比于运动电荷的电量,即 $F \propto q$。如果电荷是负的,它所受力的方向与正电荷相反。

(3) 磁场力的大小正比于运动电荷的速率,即 $F \propto v$。

(4) 作用在运动电荷上的磁场力 $\boldsymbol{F}$ 的方向总是与电荷的运动方向垂直,即 $\boldsymbol{F} \perp v$。

由上述实验结果可以看出,运动电荷在磁场中受的力有两种特殊情况:当电荷运动方向与磁场方向平行时,$F=0$;当电荷运动方向垂直于磁场方向时,$F=F_{max}$。根据这两种情况,我们可以定义磁感应强度 $\boldsymbol{B}$ 的方向和大小如下。

在磁场中某点,若正电荷的运动方向与在该点的小磁针 N 极的指向相同或相反时,它所受的磁场力为零,我们把这个小磁针 N 极的指向方向规定为该点的磁感强度 $\boldsymbol{B}$ 的方向。

当正电荷的运动方向与磁场方向垂直时,它所受的最大磁场力 F_{max} 与电荷的电量 q 和速度 v 的大小的乘积成正比。但对磁场中某一定点来说,比值$\frac{F_{max}}{qv}$是一定的。对于磁场中的不同位置,这个比值有不同的确定值。我们把这个比值规定为磁场中某点的磁感应强度 $\boldsymbol{B}$ 的大小,即

$$B = \frac{F_{max}}{qv} \tag{9-1}$$

显然,磁场力 $\boldsymbol{F}$ 既与运动电荷的速度垂直,又与磁感强度 $\boldsymbol{B}$ 垂直,且相互构成右手螺旋系统,故它们之间的矢量关系式可写为

$$\boldsymbol{F} = q\boldsymbol{v} \times \boldsymbol{B} \tag{9-2}$$

如果 $\boldsymbol{v}$ 与 $\boldsymbol{B}$ 之间的夹角为 θ,那么 $\boldsymbol{F}$ 的大小为 $F=qvB\sin\theta$。显然,当 $\theta=0$ 或 $\theta=\pi$,即 $\boldsymbol{v}/\!/\boldsymbol{B}$(电荷运动方向与磁场方向平行时),$F=0$;当 $\theta=\frac{\pi}{2}$,即 $\boldsymbol{v}\perp\boldsymbol{B}$(电荷运动方向垂直于磁场方向)时,$F=F_{max}$。对于正电荷($+q$)来说,$\boldsymbol{F}$ 的方向与 $\boldsymbol{v}\times\boldsymbol{B}$ 的方向相同;而对于负电荷($-q$),$\boldsymbol{F}$ 的方向与 $\boldsymbol{v}\times\boldsymbol{B}$ 的方向相反。

磁感应强度 $\boldsymbol{B}$ 的单位,取决于 F、q 和 v 的单位,在国际单位制中,$\boldsymbol{B}$ 的单位是特斯拉,简称为特,符号为 T,工程上还常用高斯(G)作为磁感应强度的单位,所以

$$1\mathrm{T} = 1\mathrm{N}\cdot\mathrm{C}^{-1}\cdot\mathrm{m}^{-1}\cdot\mathrm{s} = 1\mathrm{N}\cdot\mathrm{A}^{-1}\cdot\mathrm{m}^{-1} = 10^4\mathrm{G}$$

应当指出,如果磁场中某一区域内各点 $\boldsymbol{B}$ 的方向一致、大小相等,那么,该区域内的磁场就叫**均匀磁场**。不符合上述情况的磁场就是非均匀磁场。长直螺线管内中部的磁场是常见的均匀磁场。

地球的磁场只有 0.5×10^{-4} T,一般永磁体的磁场约为 10^{-2} T。而大型电磁铁能产生 2T 的磁场,目前已获得的最强磁场是 31T。

9.3　毕奥-萨伐尔定律

9.3.1　毕奥-萨伐尔定律

在静电场中计算任意带电体在某点的电场强度 $\boldsymbol{E}$ 时，我们曾把带电体先分成无限多个电荷元 $\mathrm{d}q$，求出每个电荷元在该点的电场强度 $\mathrm{d}\boldsymbol{E}$，根据叠加原理把带电体上所有电荷元在同一点产生的 $\mathrm{d}\boldsymbol{E}$ 叠加，从而得到带电体在该点产生的电场强度 $\boldsymbol{E}$。现若要计算任意载流导线在某点产生的磁感强度 $\boldsymbol{B}$，与此类似，可以把流过某一线元矢量 $\mathrm{d}\boldsymbol{l}$ 的电流 I 与 $\mathrm{d}\boldsymbol{l}$ 的乘积 $I\mathrm{d}\boldsymbol{l}$ 称作电流元[①]。这样，我们就可以把载流导线分割成许多电流元 $I\mathrm{d}\boldsymbol{l}$，求出每个电流元在该点产生的磁感强度 $\mathrm{d}\boldsymbol{B}$，然后把该载流导线的所有电流元在同一点产生的 $\mathrm{d}\boldsymbol{B}$ 叠加，从而得到载流导线在该点产生的磁感应强度 $\boldsymbol{B}$。由于实际上不可能得到单独的电流元，因此也无法从实验中找到单独的电流元与其所产生的磁感强度之间的关系。19 世纪 20 年代，法国科学家毕奥、萨伐尔两人首次用实验方法得到长直载流导线所激发的磁场正比于电流 I，而反比于至导线的垂直距离 r。虽然不久在这个实验的基础上，拉普拉斯和安培又分别得出了电流元磁场的公式，但由于主要的实验工作是毕奥和萨伐尔完成的，所以通常就称该公式为毕奥-萨伐尔定律。

如图 9-6 所示，载流导线上有一电流元 $I\mathrm{d}\boldsymbol{l}$ 在真空中某点 P 处的磁感强度 $\mathrm{d}\boldsymbol{B}$ 的大小，与电流元的大小 $I\mathrm{d}l$ 成正比，与电流元 $I\mathrm{d}\boldsymbol{l}$ 到点 P 的矢量 $\boldsymbol{r}$ 间的夹角 θ 的正弦成正比，并与电流元到点 P 的距离 r 的二次方成反比，即

$$\mathrm{d}B = \frac{\mu_0}{4\pi}\frac{I\mathrm{d}l\sin\theta}{r^2} \tag{9-3a}$$

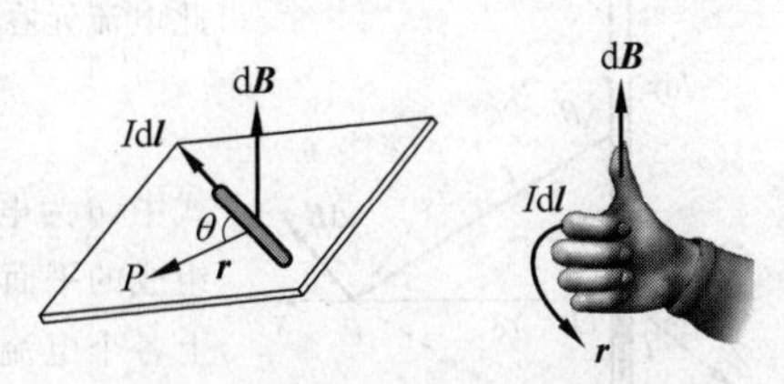

图 9-6　电流元的磁感强度的方向

式中，μ_0 叫做真空磁导率，其值为 $\mu_0 = 4\pi\times10^{-7}\,\mathrm{N\cdot A^{-2}}$，而 $\mathrm{d}\boldsymbol{B}$ 的方向垂直于 $\mathrm{d}\boldsymbol{l}$ 和 $\boldsymbol{r}$ 所组成的平面，并沿矢积 $\mathrm{d}\boldsymbol{l}\times\boldsymbol{r}$ 的方向，即 $I\mathrm{d}\boldsymbol{l}$ 经小于 180°的角转向 $\boldsymbol{r}$ 时的右螺旋前进方向。

若用矢量表示，则有

$$\mathrm{d}\boldsymbol{B} = \frac{\mu_0}{4\pi}\frac{I\mathrm{d}\boldsymbol{l}\times\boldsymbol{e}_r}{r^2} \tag{9-3b}$$

$\boldsymbol{e}_r$ 为沿矢量 $\boldsymbol{r}$ 的单位矢量。式(9-3b)就是毕奥-萨伐尔定律。由于 $\boldsymbol{e}_r = \dfrac{\boldsymbol{r}}{r}$，故毕奥-萨伐尔定律还可以写成

$$\mathrm{d}\boldsymbol{B} = \frac{\mu_0}{4\pi}\frac{I\mathrm{d}\boldsymbol{l}\times\boldsymbol{r}}{r^3} \tag{9-3c}$$

由叠加原理得知，**任意形状的载流导线在给定点 P 产生的磁场，等于各段电流元在该点产生的磁场的矢量和**，即

---

① 载流导线的微小线元称为电流元。电流元常用矢量 $I\mathrm{d}\boldsymbol{l}$ 表示，$\mathrm{d}\boldsymbol{l}$ 是矢量，表示在载流导线上沿电流方向所取的线元，I 为导线中的电流强度。

$$\boldsymbol{B}=\int_L \mathrm{d}\boldsymbol{B}=\frac{\mu_0}{4\pi}\int_L \frac{I\mathrm{d}\boldsymbol{l}\times\boldsymbol{r}}{r^3} \tag{9-4}$$

积分号下 L 表示对整个载流导线 L 进行积分。

前面我们曾指出,毕奥-萨伐尔定律是以毕奥和萨伐尔的实验为基础,又由拉普拉斯和安培经过科学抽象得到的,虽然它不能由实验直接证明,然而由这个定律出发得到的结果都很好地和实验相符合,从而间接地证实了毕奥-萨伐尔定律的正确性。此外,按照经典电子理论,导体中的电流是导体中大量自由电子作定向运动形成的,因此,可以认为电流激起的磁场实际上是运动电荷产生磁场的宏观表现。

下面应用毕奥-萨伐尔定律和磁场的叠加原理来讨论几种载流导体所激起的磁场。

9.3.2 毕奥-萨伐尔定律应用举例

1. 载流直导线的磁场

例 1 如图 9-7 所示,在真空中有一通有电流 I 的长直导线 CD,试求此长直导线附近任意一点 P 处的磁感强度 $\boldsymbol{B}$,已知 P 与长直导线间的垂直距离为 r_0。

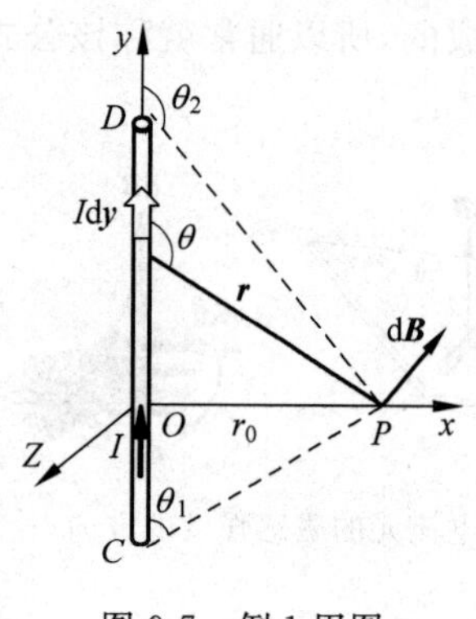

图 9-7 例 1 用图

解 建立坐标系如图 9-7 所示,其中 Ox 轴通过点 P,Oy 轴沿载流直导线 CD。在载流长直导线上取一电流元 $I\mathrm{d}y$,根据毕奥-萨伐尔定律,此电流元在 P 点所激起的磁感强度 $\mathrm{d}\boldsymbol{B}$ 的大小为

$$\mathrm{d}B=\frac{\mu_0}{4\pi}\frac{I\mathrm{d}y\sin\theta}{r^2}$$

式中,θ 为电流元 $I\mathrm{d}\boldsymbol{y}$ 与矢量 $\boldsymbol{r}$ 之间的夹角。$\mathrm{d}\boldsymbol{B}$ 的方向垂直于 $I\mathrm{d}\boldsymbol{y}$ 与 $\boldsymbol{r}$ 所组成的平面(即 Oxy 平面),沿负 z 轴方向。从图 9-7 中可以看出,直导线上各个电流元的 $\mathrm{d}\boldsymbol{B}$ 的方向都相同。因此点 P 的磁感强度的大小就等于各个电流元的磁感强度之和,用积分表示,有

$$B=\int \mathrm{d}B=\frac{\mu_0}{4\pi}\int_{CD}\frac{I\mathrm{d}y\sin\theta}{r^2}$$

从图 9-7 可以知道,y、r 和 θ 之间有如下关系:

$$y=r_0\cot(\pi-\theta)=-r_0\cot\theta,\quad r=r_0/\sin\theta$$

于是,

$$\mathrm{d}y=r_0\mathrm{d}\theta/\sin^2\theta$$

因而上式可以写成

$$B=\frac{\mu_0 I}{4\pi r_0}\int_{\theta_1}^{\theta_2}\sin\theta\mathrm{d}\theta$$

θ_1 和 θ_2 分别是直电流的始点 C 和终点 D 处电流流向与该处到点 P 的矢量 $\boldsymbol{r}$ 的夹角。由上式的积分得

$$B=\frac{\mu_0 I}{4\pi r_0}(\cos\theta_1-\cos\theta_2)$$

如果载流直导线可视为一"无限长"直导线,那么,可近似取 $\theta_1=0,\theta_2=\pi$。这样代入上式可得

$$B=\frac{\mu_0 I}{2\pi r_0}$$

这就是一可视为"无限长"载流直导线附近的磁感强度,它表明,其磁感强度与电流 I 成正比,与场点到导线的垂直距离成反比。可以指出,上述结论与毕奥-萨伐尔早期的实验结果是一致的。

进一步扩展一下，如果载流直导线可视为一“无限长”射线，那么，可取 $\theta_1=\pi/2,\theta_2=\pi$。这样代入上式可得 $B=\frac{\mu_0 I}{4\pi r_0}$；对直导线及其延长线上的点，$\theta=0$ 或 $\theta=\pi$，则 $dB=0, B=0$。

2. 圆形电流轴线上的磁场

例 2　如图 9-8 所示，设真空中，有一半径为 R 的圆形载流导线，通过的电流为 I，通常称作圆电流。试求通过圆心并垂直于圆形导线平面的轴线上任意点 P 处的磁感强度。

解　选取如图 9-8 所示的坐标轴，其中 Ox 轴通过圆心 O，并垂直圆形导线的平面。在圆上任取一电流元 $I\mathrm{d}\boldsymbol{l}$，这电流元到点 P 的矢量为 $\boldsymbol{r}$，它在点 P 所激起的磁感强度为

$$\mathrm{d}\boldsymbol{B}=\frac{\mu_0}{4\pi}\frac{I\mathrm{d}\boldsymbol{l}\times\boldsymbol{r}}{r^3}$$

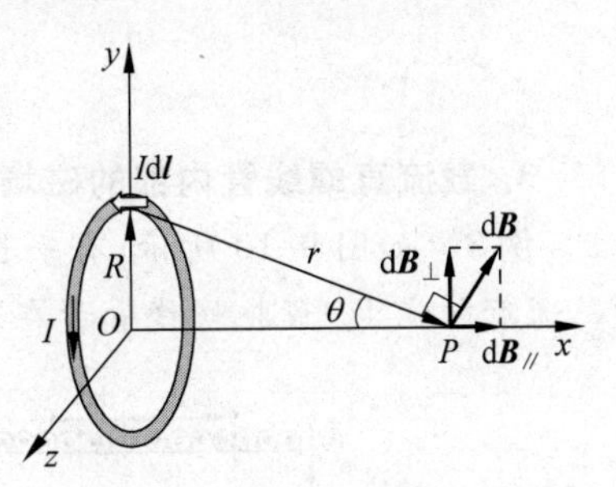

图 9-8　例 2 用图

由于 $I\mathrm{d}\boldsymbol{l}\perp\boldsymbol{r}$，所以 $\mathrm{d}\boldsymbol{B}$ 的值为

$$\mathrm{d}B=\frac{\mu_0 I\mathrm{d}l}{4\pi r^2}$$

而 $\mathrm{d}\boldsymbol{B}$ 的方向垂直于电流元 $I\mathrm{d}\boldsymbol{l}$ 与矢量 $\boldsymbol{r}$ 所组成的平面，令矢量 $\boldsymbol{r}$ 与 Ox 轴的夹角为 θ，因此，我们可以把 $\mathrm{d}\boldsymbol{B}$ 分解成两个分量：一个沿着 Ox 轴的分量 $\mathrm{d}B_{/\!/}=\mathrm{d}B\sin\theta$；另一个垂直于 Ox 轴的分量 $\mathrm{d}B_{\perp}=\mathrm{d}B\cos\theta$。考虑到圆形导线上任一直径两端的电流元对 Ox 轴的对称性，所有电流元在点 P 处的磁感强度分量 $\mathrm{d}B_{\perp}$ 的方向相反且大小相等，则垂直于 Ox 轴的磁感强度的总和应等于零，所以，点 P 处磁感强度的数值为

$$B=\int\mathrm{d}B=\int_l\mathrm{d}B\sin\theta=\int_l\frac{\mu_0 I\mathrm{d}l}{4\pi r^2}\sin\theta$$

由于

$$\sin\theta=R/\sqrt{R^2+x^2}$$

且对给定点 P 来说，r、I 和 R 都是常量，故有

$$B=\frac{\mu_0 I\sin\theta}{4\pi r^2}\int_0^{2\pi R}\mathrm{d}l=\frac{\mu_0 IR}{4\pi r^2\sqrt{R^2+x^2}}\cdot 2\pi R=\frac{\mu_0}{2}\frac{R^2 I}{(R^2+x^2)^{3/2}}$$

$\boldsymbol{B}$ 的方向垂直于圆形导线平面沿 Ox 轴正向。下面我们讨论两种特殊情况：

(1) 当 $x=0$ 时，圆心处 O 点的磁感强度 $\boldsymbol{B}$ 的数值为

$$B=\frac{\mu_0 I}{2R}$$

$\boldsymbol{B}$ 的方向垂直于圆形导线平面，沿 Ox 轴正向。

(2) 当 $x\gg R$，则有

$$B\approx\frac{\mu_0 IR^2}{2x^3}=\frac{\mu_0 I\pi R^2}{2\pi x^3}$$

上式中 $\pi R^2=S$ 为线圈的面积，上式可写成

$$B=\frac{\mu_0 IS}{2\pi x^3}$$

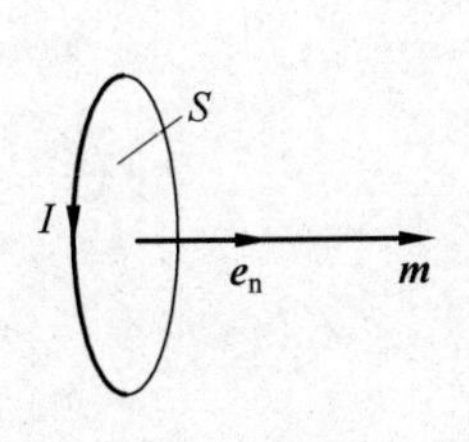

图 9-9　线圈电流

在静电场中，我们曾讨论电偶极子的电场，并引入电矩 $\boldsymbol{p}$ 这一物理量。与此相似，我们将引入磁矩 $\boldsymbol{m}$ 来描述载流线圈的性质。如图 9-9 所示，有一平面圆电流，其面积为 S，电流为 I，$\boldsymbol{e}_n$ 为圆电流平面的单位正法线矢量，它与电流 I 的流向遵守右手螺旋定则，即右手四

指顺着电流流动方向时,大拇指的指向为圆电流单位正法线矢量 $\boldsymbol{e}_n$ 的方向。我们定义圆电流的磁矩 $\boldsymbol{m}$ 为

$$\boldsymbol{m} = IS\boldsymbol{e}_n \tag{9-5}$$

$\boldsymbol{m}$ 的方向与圆电流的单位正法线矢量 $\boldsymbol{e}_n$ 的方向相同,$\boldsymbol{m}$ 的大小为 IS。应当指出,上式对任意形状的载流线圈都是适用的。

考虑到圆电流磁矩的矢量关系,例 2 中圆电流的磁感强度可写成如下矢量形式:

$$\boldsymbol{B} = \frac{\mu_0}{2\pi}\frac{\boldsymbol{m}}{x^3} = \frac{\mu_0}{2\pi}\frac{m}{x^3}\boldsymbol{e}_n$$

3. 载流直螺线管内部的磁场

例 3 如图 9-10 所示,有一长为 l,半径为 R 载流密绕长直螺线管,螺线管的总匝数为 N,通有电流 I。设把螺线管放在真空中,求管内轴线上一点处的磁感强度。

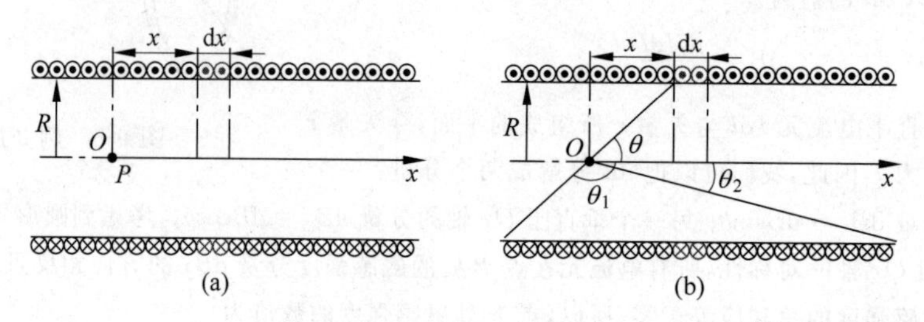

图 9-10 例 3 用图

解 由于长直螺线管上线圈是密绕的,所以每匝线圈可近似当作是闭合的圆形电流。于是,轴线上任意点 P 的磁感强度 $\boldsymbol{B}$,可认为是 N 个圆电流在该点各自激发的磁感强度的叠加。现取图 9-10(a)中轴线上的点 P 为坐标原点 O,并以轴线向右的方向为 Ox 轴正向。在螺线管上取长为 $\mathrm{d}x$ 的一小段,匝数为 $\frac{N}{l}\mathrm{d}x$,其中 $\frac{N}{l}=n$ 为单位长度的匝数(也叫匝数密度)。这一小段线圈相当于通有电流为 $In\mathrm{d}x$ 的圆形线圈。利用例 2 中的结论,可得它们在 Ox 轴上点 P 处的磁感强度 $\mathrm{d}\boldsymbol{B}$ 的值为

$$\mathrm{d}B = \frac{\mu_0}{2}\frac{R^2 In\mathrm{d}x}{(R^2+x^2)^{3/2}}$$

$\mathrm{d}\boldsymbol{B}$ 的方向沿 Ox 轴正向。考虑到螺线管上各小段载流线圈在 Ox 轴上点 P 所激发的磁感强度的方向相同,均沿 Ox 轴正向,所以整个载流螺线管在点 P 处的磁感强度,应为各小段载流线圈在该点磁感强度之和,即

$$B = \int \mathrm{d}B = \frac{\mu_0 nI}{2}\int_{x_1}^{x_2}\frac{R^2\mathrm{d}x}{(R^2+x^2)^{3/2}}$$

为便于积分,我们可以用角变量 θ 替换 x,θ 为点 O 到小段线圈的连线与 Ox 轴之间的夹角。从图 9-10(b)可以看出

$$x = R\cot\theta,\quad \sin\theta = R/\sqrt{(R^2+x^2)},\quad \mathrm{d}x = \frac{-R\mathrm{d}\theta}{\sin^2\theta}$$

把它们代入上式化简可得

$$B = -\frac{\mu_0 nI}{2}\int_{\theta_1}^{\theta_2}\sin\theta\,\mathrm{d}\theta = \frac{\mu_0 nI}{2}(\cos\theta_2 - \cos\theta_1)$$

式中,θ_1 和 θ_2 分别表示 O 点到螺线管两端的连线与轴之间的夹角。

下面讨论几种特殊情况:

(1) 若 $l \gg R$,即长直螺线管可看作是很细又很长的"无限长"的螺线管,此时可以取 $\theta_1 =$

$\pi, \theta_2 = 0$，则有

$$B = \mu_0 nI$$

$\boldsymbol{B}$ 的方向沿 Ox 轴正向。即无限长载流直螺线管轴线上各点的磁场是匀强磁场。

(2) 对长直螺线管的端点，如点 P 处于半"无限长"载流螺线管的一端，则 $\theta_1 = \frac{\pi}{2}, \theta_2 = 0$，或者 $\theta_1 = \pi, \theta_2 = \pi/2$，则可得螺线管两端的磁感强度的值均为

$$B = \frac{1}{2}\mu_0 nI$$

比较上述结果可以看出，半"无限长"螺线管轴线上端点的磁感强度恰是内部磁感强度的一半。长直螺线管内轴线上磁感强度的分布如图 9-11 所示。

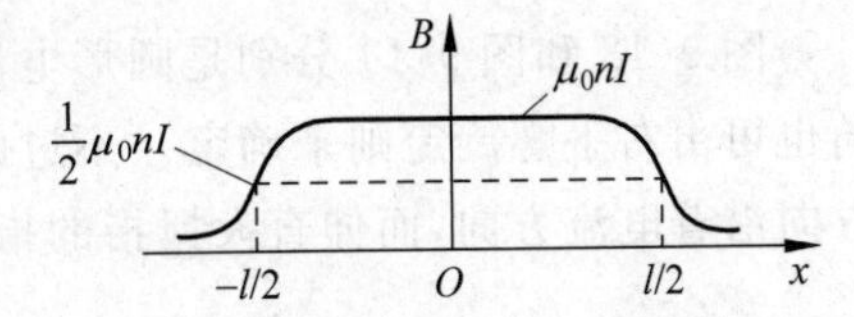

图 9-11　螺线管轴线上的磁场分布

由上面的例题我们可总结出利用毕奥-萨伐尔定律和磁场的叠加原理求磁感强度 $\boldsymbol{B}$ 分布的一般步骤如下：

(1) 建立适当的坐标系；

(2) 选取电流元 $I\mathrm{d}\boldsymbol{l}$；

(3) 由毕奥-萨伐尔定律或典型电流磁场公式，写出电流元 $I\mathrm{d}\boldsymbol{l}$ 的磁场 $\mathrm{d}\boldsymbol{B}$；

(4) 将 $\mathrm{d}\boldsymbol{B}$ 分解为分量式，对每个分量式积分，积分时注意利用对称性化简，统一积分变量和正确确定积分上下限；

(5) 求出总磁感强度的大小、方向，并对结果进行讨论。

9.4　磁通量　磁场的高斯定理

9.4.1　磁感线

为了形象地反映磁场的分布情况，就像在静电场中用电场线来表示静电场分布那样，我们也可以用磁感线来形象地描述磁场。规定磁感线上每一点的切线方向与该点的磁感强度 $\boldsymbol{B}$ 的方向一致；同时，为了用磁感线的疏密程度表示所在空间各点磁场的强弱，还规定：通过磁场中某点处垂直于 $\boldsymbol{B}$ 矢量的单位面积上的磁感线数目(磁感线密度)等于该点 $\boldsymbol{B}$ 的数值。因此，$\boldsymbol{B}$ 大的地方，磁感线就密集；$\boldsymbol{B}$ 小的地方，磁感线就稀疏。对均匀磁场来说，磁场中的磁感线相互平行，各处磁感线密度相等；对非均匀磁场来说，磁感线相互不平行，各处磁感线密度不相等。

磁场中的磁感线可借助小磁针或铁屑显示出来。如果在垂直于长直载流导线的玻璃板上撒上一些铁屑，这些铁屑将被磁场磁化，可以当作一些细小的磁针，它们在磁场中会形成如图 9-12(a)和(b)所示的分布图样。由载流长直导线的磁感线图形可以看出，磁感线的回转方向和电流之间的关系遵从右手螺旋定则，即用右手握住导线，使大拇指伸直并指向电流方向，这时其他四指弯曲的方向，就是磁感线的回转方向如图 9-12(c)所示。

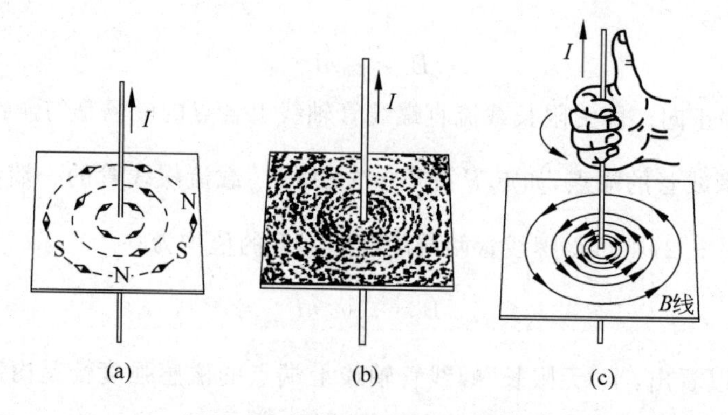

图 9-12 载流长直导线的磁感线

图 9-13 和图 9-14 分别是圆形电流和载流长直螺线管的磁感线图形,它们的磁感线方向也可由右手螺旋定则来确定。不过此时需用右手握住螺线管(或圆电流),使四指弯曲的方向沿着电流方向,而伸直大拇指的指向就是螺线管内(或圆电流中心处)磁感线的方向。

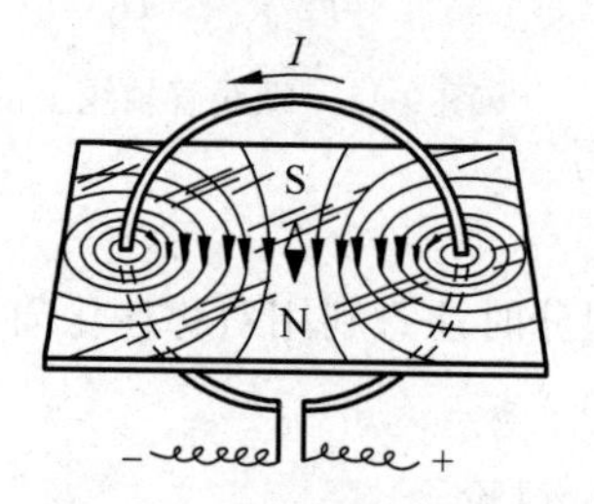

图 9-13 圆电流的磁感线

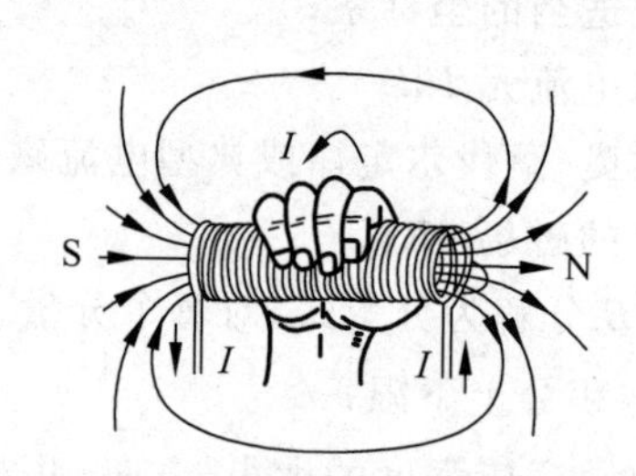

图 9-14 螺线管电流的磁感线

由以上几种典型的载流导线磁感线的图形可以看出,磁感线具有如下特性:

(1) 磁感线是无始无终的涡旋状的闭合曲线(或两端伸向无穷远处);磁感线的这个特性和静电场中的电场线不同,静电场中的电场线始于正电荷,终止于负电荷。

(2) 每条闭合磁感线都与载流回路相互套连(每条磁感线至少围绕一根载流导线);

(3) 任何两条磁感线不相交,这是由于磁场中任一点的磁场方向都是唯一确定的。磁感线的这一特性和电场线一样,任何两条电场线也不相交。

9.4.2 磁通量

通过磁场中某一曲面的磁感线的总条数叫做通过该面的**磁通量**,用符号 Φ_m 表示。

如图 9-15(a)所示,在磁感强度为 $\boldsymbol{B}$ 的匀强磁场中,取一面积元矢量 $\boldsymbol{S}$,其大小为 S,其方向用它的单位法线矢量 $\boldsymbol{e}_n$ 来表示,有 $\boldsymbol{S}=S\boldsymbol{e}_n$,在图中与 $\boldsymbol{B}$ 之间的夹角为 θ。按照磁通量的定义,通过面 S 的磁通量为

$$\Phi_m = BS\cos\theta \tag{9-6a}$$

用矢量来表示,上式写为

$$\Phi_m = \boldsymbol{B}\cdot\boldsymbol{S} = \boldsymbol{B}\cdot\boldsymbol{e}_n S \tag{9-6b}$$

在非均匀磁场中,通过积分计算穿过任意曲面 S 的磁通量,如图 9-15(b)所示,在曲面

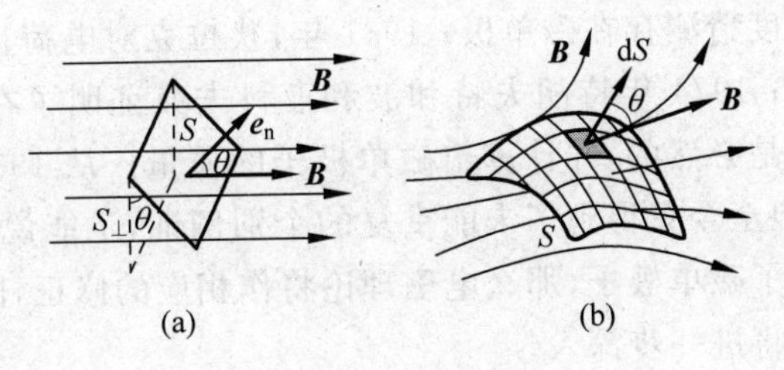

图 9-15　磁通量

S 上取一面积元矢量 $\mathrm{d}\boldsymbol{S}$，它所在处的磁感强度 $\boldsymbol{B}$ 与单位法线矢量 $\boldsymbol{e}_n$ 之间的夹角为 θ，则通过面积元的磁通量为

$$\mathrm{d}\Phi_m = B\mathrm{d}S\cos\theta = \boldsymbol{B}\cdot\mathrm{d}\boldsymbol{S}$$

而通过某一有限曲面的磁通量 Φ_m 就等于通过这些面积元 $\mathrm{d}\boldsymbol{S}$ 上的磁通量 $\mathrm{d}\Phi_m$ 的总和，即

$$\Phi_m = \int_S \mathrm{d}\Phi_m = \int_S B\cos\theta\,\mathrm{d}S = \int_S \boldsymbol{B}\cdot\mathrm{d}\boldsymbol{S} \tag{9-7a}$$

通过闭合曲面的磁通量是

$$\Phi_m = \oint_S \boldsymbol{B}\cdot\mathrm{d}\boldsymbol{S} \tag{9-7b}$$

在 SI 制中，磁通量的单位是韦伯，符号为 Wb，$1\mathrm{Wb}=1\mathrm{T}\cdot\mathrm{m}^2$。

9.4.3　磁场的高斯定理

对于闭合曲面来说，人们规定其单位正法线矢量 $\boldsymbol{e}_n$ 的方向垂直于曲面向外。依照这个规定，当磁感线从曲面内穿出时（$\theta<\pi/2$，$\cos\theta>0$），磁通量是正的，而当磁感线从曲面外穿入时（$\theta>\pi/2$，$\cos\theta<0$），磁通量是负的。由于磁感线是无头无尾的闭合曲线，因此对任意闭合曲面来说，有多少条磁感线进入闭合曲面，就一定有多少条磁感线穿出闭合曲面。换句话说，**通过任意闭合曲面的磁通量必等于零**，即

$$\oint_S B\cos\theta\,\mathrm{d}S = 0$$

或

$$\oint_S \boldsymbol{B}\cdot\mathrm{d}\boldsymbol{S} = 0 \tag{9-8}$$

式(9-8)称为**磁场的高斯定理**。此式与静电场的高斯定理$\left(\oint_S \boldsymbol{E}\cdot\mathrm{d}\boldsymbol{S} = \sum q/\varepsilon_0\right)$在形式上相似，但两者有着本质上的区别。由于自然界有单独存在的自由正电荷或自由负电荷，因此通过任意闭合曲面的电场强度通量可以不为零；但在自然界中至今尚未发现有单独磁极存在，所以通过任意闭合曲面的磁通量必为零。换句话说：静电场的高斯定理表示穿过封闭曲面的电场强度通量与曲面内包围的电量成正比，反映了电场线发自正电荷，止于负电荷，静电场是有源场的特性。而磁场的高斯定理反映了磁感线闭合成环的特性，说明不存在类似正、负电荷那样的磁单极子，磁场是**无源场**。

磁场的高斯定理可由毕奥-萨伐尔定律出发进行严格证明。虽然高斯定理得出了不存在磁单极子的结论，但人类对磁单极子的探索从来没有停止过。早在 20 世纪初，汤姆孙就

从电磁运动对称性的角度猜测存在磁单极；1931 年，狄拉克对电荷量子化的研究从理论上预言了磁单极子的存在；1974 年特胡夫特和波利亚科夫又证明了在带有自发破缺的规范场理论中存在磁单极子是必然的，并计算出磁单极子的质量。从 1931 年以来，人们还不断用实验寻找磁单极子，但至今只得到了未能重复的个别例证，不能说肯定找到了磁单极子。如果在实验中真的找到了磁单极子，那么电磁理论将作相应的修正，同时人类对宇宙起源和物质间相互作用的认识将进一步深入。

9.5 安培环路定理

9.5.1 安培环路定理

静电场的环路定理指出：电场线是有头有尾的，电场强度 $\boldsymbol{E}$ 沿任意闭合路径的积分等于零，即 $\oint_L \boldsymbol{E}\cdot d\boldsymbol{l}=0$，它说明了静电场是保守场、有势场。下面通过无限长载流直导线这一特例来计算恒定磁场中磁感应强度 $\boldsymbol{B}$ 沿任一闭合路径的环流，以进一步说明磁场的特性。

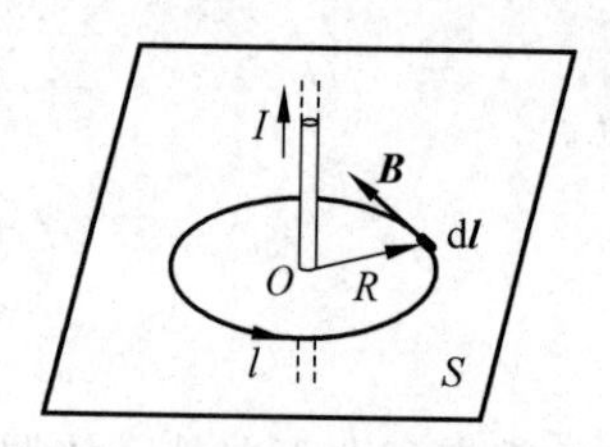

图 9-16 无限长载流直导线 $\boldsymbol{B}$ 的环流

如图 9-16 所示，取一平面 S 与载流直导线垂直，并以这平面与导线的交点 O 为圆心，在平面上作一半径为 R 的圆周，环路方向与电流方向成右手螺旋关系。由 9.3.2 节例 1 的结论可知，在这圆周上任意一点的磁感强度 $\boldsymbol{B}$ 的大小均为

$$B=\frac{\mu_0 I}{2\pi R}$$

式中，I 为载流直导线中的电流强度，由于圆周上每一点 $\boldsymbol{B}$ 的方向与线元 $d\boldsymbol{l}$ 的方向相同，即 $\boldsymbol{B}$ 与 $d\boldsymbol{l}$ 之间的夹角 $\theta=0°$。如此，$\boldsymbol{B}$ 沿上述圆周的积分为

$$\oint_L \boldsymbol{B}\cdot d\boldsymbol{l}=\oint_L B\cos\theta\, dl=\oint_L \frac{\mu_0 I}{2\pi R}dl=\frac{\mu_0 I}{2\pi R}\oint_L dl$$

上式右端的积分值为圆周的周长 $2\pi R$，所以

$$\oint_L \boldsymbol{B}\cdot d\boldsymbol{l}=\mu_0 I \tag{9-9a}$$

上式表明，**在恒定磁场中，磁感强度 $\boldsymbol{B}$ 沿闭合路径的线积分，等于此闭合路径所包围的电流与真空磁导率的乘积**。$\boldsymbol{B}$ 沿闭合路径的线积分又叫做 $\boldsymbol{B}$ 的环流。

如果积分绕行方向不变，而电流方向反过来，则上述积分将变成负值，即

$$\oint_L \boldsymbol{B}\cdot d\boldsymbol{l}=-\mu_0 I=\mu_0(-I)$$

式(9-9a)是从特例得出的，如果 $\boldsymbol{B}$ 的环流是沿任意闭合路径，而且其中不止一个电流，那么也可以证明：**在真空的稳恒磁场中，磁感强度 $\boldsymbol{B}$ 沿任一闭合路径的积分(即 $\boldsymbol{B}$ 的环流)的值，等于 μ_0 乘以该闭合路径所包围的各电流的代数和**，即

$$\oint_L \boldsymbol{B}\cdot d\boldsymbol{l}=\mu_0\sum_{i=1}^{n} I_i \tag{9-9b}$$

这就是**真空中磁场的环路定理**，也称**安培环路定理**。它是电流与磁场之间的基本规律之一。

式中对积分路径 L 内电流的正负，我们这样规定：当穿过回路 L 的电流方向与回路的绕行方向符合右手螺旋法则时，I 为正，反之，I 为负。由式(9-9b)可以看出，不管闭合路径外面的电流分布如何，只要闭合路径内没有包围电流，或者所包围电流的代数和等于零，总有 $\oint_L \boldsymbol{B}\cdot \mathrm{d}\boldsymbol{l}=0$。但是，应当注意，$\boldsymbol{B}$ 的环流为零一般并不意味着闭合路径上各点的磁感强度都为零。

安培环路定理反映了稳恒电流的磁场与静电场的一个截然不同的性质：静电场的环流 $\oint_L \boldsymbol{E}\cdot \mathrm{d}\boldsymbol{l}=0$，因而可以引进电势这一物理量来描述电场。但对稳恒电流的磁场来说，一般情况下 $\oint_L \boldsymbol{B}\cdot \mathrm{d}\boldsymbol{l}\neq 0$，因此不存在标量势。环流不为零的矢量场称为有旋场，故磁场是有旋场(或涡旋场)，是非保守力场。而静电场的环流为零，所以静电场是保守场、无旋场。

9.5.2　安培环路定理的应用

安培环路定理虽然对稳恒电流的磁场均成立，但在一般情况下，式(9-9b)左边的积分不容易求出。只有在电流分布具有某些对称性，从而磁场分布也具有某些对称性的情况下，才能找到恰当的闭合路径 L(称之为安培环路)，使式(9-9b)左边积分号中的 $\boldsymbol{B}$ 能够从积分号内提出，从而方便地求出磁感强度 $\boldsymbol{B}$。下面运用安培环路定理来求解具有某些对称性的电流的磁场。

*__例1__　环形载流螺线管内的磁场分布。

如图9-17为一螺绕环，环内为真空，环内、外半径分别为 R_1 和 R_2。环上均匀地密绕有 N 匝线圈，线圈中的电流为 I。

图9-17　例1用图

(a) 螺绕环；(b) 螺绕环内的磁场

解　由于环上的线圈绕得很密集，环外的磁场很微弱，可以略去不计，磁场几乎全部集中在螺绕环内。此时，呈对称分布的电流使磁场也具有对称性，导致环内的磁感线形成同心圆，且同一圆周上各点的磁感强度 $\boldsymbol{B}$ 的大小相等，方向处处和环面平行。现通过环内任一点 P，以半径 R 作一圆形闭合路径如图9-17(b)所示。显然闭合路径上各点的磁感强度方向都和闭合路径相切，各点 $\boldsymbol{B}$ 的值都相等，并且圆形闭合路径内电流的流向和此圆形闭合路径构成右手螺旋关系。

根据安培环路定理，有

$$\oint_L \boldsymbol{B}\cdot \mathrm{d}\boldsymbol{l}=B2\pi R=\mu_0 NI$$

可得

$$B=\frac{\mu_0 NI}{2\pi R}$$

如果令 L 表示闭合回路的长度，那么，$L=2\pi R$，则上式可写成

$$B=\mu_0\frac{NI}{L}$$

当环形螺线管截面的直径比螺绕环的直径小很多时，即 $2R\gg d$ 时，管内的磁场可近似看成是均匀的，L 可认为是环形螺线管的平均长度，所以 $n=\frac{N}{L}$ 即为单位长度上的线圈匝数，因此

$$B=\mu_0 nI$$

例 2 无限长载流圆柱导体内外磁场的分布。

在 9.3.2 节例 1 中，我们用毕奥-萨伐尔定律计算了无限长载流直导线的磁场，当时认为通过导线的电流是线电流，而实际上，导线都有一定的半径，流过导线的电流分布在整个截面内。设半径为 R 的圆柱形导体中，电流沿轴向流动，且电流在截面积上的分布是均匀的。如果圆柱形导体很长，可以按无限长载流导线考虑，那么在导体的中部，磁场的分布可视为是对称的。下面用安培环路定理来求圆柱体内外的磁感强度①。

如图 9-18 所示，有一无限长圆柱体半径为 R，沿轴向通有电流 I，电流在截面上均匀分布。

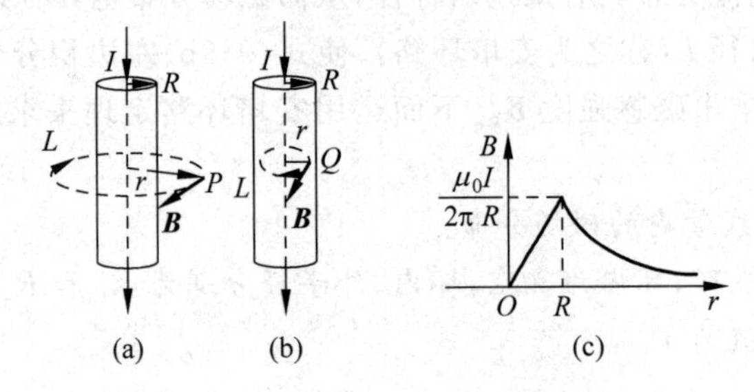

图 9-18 例 2 用图

解 设点 P 离圆柱体轴线的垂直距离为 r，且 $r>R$。通过点 P 作半径为 r 的圆，圆面与圆柱体的轴线垂直，如图 9-18(a)所示。由于对称性，在以 r 为半径的圆周上，$\boldsymbol{B}$ 的值相等，方向都是沿圆的切线，故 $\boldsymbol{B}\cdot \mathrm{d}\boldsymbol{l}=B\mathrm{d}l$，根据安培环路定理有

$$\oint_L \boldsymbol{B}\cdot \mathrm{d}\boldsymbol{l}=\oint_L B\mathrm{d}l=B\oint_L \mathrm{d}l=B2\pi r=\mu_0 I$$

得

$$B=\frac{\mu_0 I}{2\pi r}\quad (r>R)$$

把上式与无限长载流直导线的磁场相比较可以看出，无限长载流圆柱体外的磁感强度与无限长载流直导线的磁场强度是相同的。

再计算圆柱体内距轴线垂直距离为 r 处($r<R$)的磁感强度，如图 9-18(b)所示，通过点 Q 作半径为 r 的圆，圆面与圆柱体的轴线垂直。由于磁场的对称性，圆周上各点 $\boldsymbol{B}$ 的值相等，方向均与圆周相切。根据安培环路定理有

$$\oint_L \boldsymbol{B}\cdot \mathrm{d}\boldsymbol{l}=B2\pi r=\mu_0\sum I_i$$

---

① 正常情况下像铜、铝这类金属导体的磁化率是很小的，所以，在一般情况下，它们因磁化而产生的附加磁场比电流的磁场弱得多，因此，这类导体的磁化效应可略去不计。

式中，$\sum I_i$ 是以 r 为半径的圆所包围的电流。如果圆柱体内电流密度是均匀的，则通过截面积 πr^2 的电流 $\sum I_i = \frac{I}{\pi R^2}\pi r^2$，于是上式可改写为

$$\oint_L \boldsymbol{B} \cdot \mathrm{d}\boldsymbol{l} = B2\pi r = \mu_0 \frac{Ir^2}{R^2}$$

得

$$B = \frac{\mu_0 Ir}{2\pi R^2} \quad (r < R)$$

由上述结果可见，在圆柱体内，磁感强度 $\boldsymbol{B}$ 的大小与离轴线的距离 r 成正比；而在圆柱体外，$\boldsymbol{B}$ 的大小与离轴线的距离 r 成反比。图 9-18(c)给出了 $\boldsymbol{B}$ 的值随 r 变化的情形。

例 3　长直载流螺线管内的磁场分布。

设有一长直螺线管，每单位长度上密绕 n 匝线圈，通过每匝的电流强度为 I，求管内某点 P 的磁感应强度。

解　首先进行对称性分析。可以证明：由于螺线管相当长，管内中央部分的磁场是均匀的，方向与螺线管轴线平行，管外侧的磁场沿着与轴线垂直的圆周方向且与管内磁场相比很微弱，可忽略不计。即

$$\boldsymbol{B}_{外} = 0$$

如图 9-19 所示，过点 P 作一矩形回路 $abcda$，以顺时针绕向为正，则由安培环路定理得

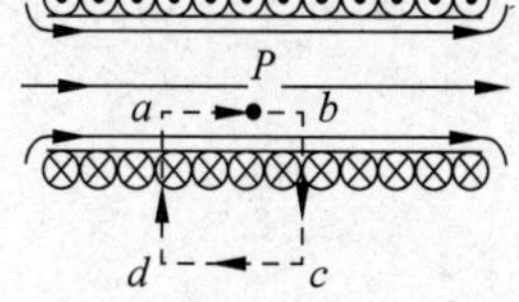

图 9-19　长直螺线管内磁场的计算示意图

$$\oint_L \boldsymbol{B} \cdot \mathrm{d}\boldsymbol{l} = \int_a^b \boldsymbol{B} \cdot \mathrm{d}\boldsymbol{l} + \int_b^c \boldsymbol{B} \cdot \mathrm{d}\boldsymbol{l} + \int_c^d \boldsymbol{B} \cdot \mathrm{d}\boldsymbol{l} + \int_d^a \boldsymbol{B} \cdot \mathrm{d}\boldsymbol{l}$$
$$= \int_a^b \boldsymbol{B} \cdot \mathrm{d}\boldsymbol{l} = B\overline{ab} = \mu_0 \sum I_i$$

在 cd 段积分为零时因为 $\boldsymbol{B}_{外}=0$，在 bc 和 da 段积分为零是因为其管内部分与磁场方向垂直。又可知闭合回路 $abcda$ 所包围的电流强度的代数和为$\overline{ab}nI$，则

$$B\overline{ab} = \mu_0 \overline{ab}nI$$
$$B = \mu_0 nI$$

可以看出，上式与 9.3.2 节例 3 的结果完全相同，但应用安培环路定理推导上式，比较简便。

由以上例题，我们总结出用安培环路定理求解磁场分布的步骤为：

(1) 进行对称性分析。

(2) 选取恰当的闭合路径 L 为安培环路，以便 $\oint_L \boldsymbol{B} \cdot \mathrm{d}\boldsymbol{l}$ 中待求的 $\boldsymbol{B}$ 可以标量形式从积分号内提出；选取安培环路的一般方法是使 L 上过待求 $\boldsymbol{B}$ 的场点部分的 $\boldsymbol{B}$ 大小相等，方向与 $\mathrm{d}\boldsymbol{l}$ 平行；辅助线部分的 $\boldsymbol{B}=0$ 或 $\boldsymbol{B}\perp \mathrm{d}\boldsymbol{l}$。

(3) 求 L 内包围的电流的代数和 $\sum I_i$。

(4) 由 $\oint_L \boldsymbol{B} \cdot \mathrm{d}\boldsymbol{l} = \mu_0 \sum_{i=1}^{n} I_i$，求出 $\boldsymbol{B}$ 的大小，说明其方向。

9.6　磁场对运动电荷及电流的作用

前面我们介绍了电流激发磁场的毕奥-萨伐尔定律，以及磁场的两个基本定理：磁场的高斯定理和安培环路定理。这一节我们将讨论磁场对运动电荷及电流的作用。主要内容

有：磁场对运动电荷的作用力——洛伦兹力，以及带电粒子在电场和磁场中运动的一些例子；磁场对载流导线作用力的基本规律——安培定律；磁场对载流线圈作用的磁力矩。

9.6.1 洛伦兹力

从静电场的讨论中，我们知道若电场中点 P 的电场强度为 $\boldsymbol{E}$，则处于该点的电荷为 $+q$ 的带电粒子所受的电场力为

$$\boldsymbol{F}_e = q\boldsymbol{E}$$

在 9.2 节中定义磁感强度 $\boldsymbol{B}$ 时，已经讨论过磁场对运动电荷的作用。运动电荷所受的磁场力又称为洛伦兹力。如图 9-20 所示，若点 P 处的磁感强度为 $\boldsymbol{B}$，且电荷为 $+q$ 的带电粒子以速度 $\boldsymbol{v}$ 通过点 P，那么，由式(9-2)可知，作用在带电粒子上的洛伦兹力为

$$\boldsymbol{F}_m = q\boldsymbol{v} \times \boldsymbol{B} \tag{9-10}$$

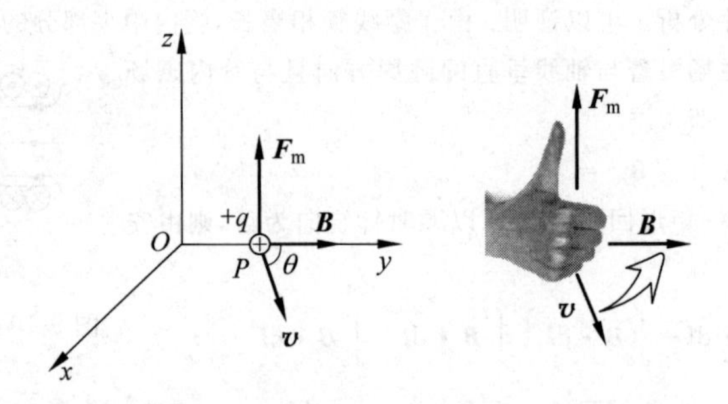

图 9-20 洛伦兹力

洛伦兹力 $\boldsymbol{F}_m$ 的方向垂直于运动电荷的速度 $\boldsymbol{v}$ 和磁感强度 $\boldsymbol{B}$ 所组成的平面，且符合右手定则：即以右手四指由 $\boldsymbol{v}$ 经小于 180°的角度弯向 $\boldsymbol{B}$，此时，拇指的指向就是正电荷所受洛伦兹力的方向。当电荷为 $+q$ 时，$\boldsymbol{F}_m$ 的方向与 $\boldsymbol{v}\times\boldsymbol{B}$ 的方向相同；当电荷为 $-q$ 时，$\boldsymbol{F}_m$ 的方向与 $\boldsymbol{v}\times\boldsymbol{B}$ 的方向相反。

在普遍情况下，带电粒子若既在电场又在磁场中运动，那么作用在带电粒子上的力应为电场力 $q\boldsymbol{E}$ 和洛伦兹力 $q\boldsymbol{v}\times\boldsymbol{B}$ 之和，即

$$\boldsymbol{F} = q\boldsymbol{E} + q\boldsymbol{v} \times \boldsymbol{B}$$

9.6.1.1 带电粒子在磁场中的运动

设有一匀强磁场，磁感强度为 $\boldsymbol{B}$，一电量为 q，质量为 m 的粒子以速度 $\boldsymbol{v}$ 进入磁场，磁场中粒子受到洛伦兹力，其运动方程为 $\boldsymbol{F}_m=q\boldsymbol{v}\times\boldsymbol{B}$。下面分三种情况进行讨论。

(1) $\boldsymbol{v}$ 与 $\boldsymbol{B}$ 平行或反平行

当带电粒子的运动速度 $\boldsymbol{v}$ 与 $\boldsymbol{B}$ 同向或反向时，作用于带电粒子的洛伦兹力等于零。由式 $\boldsymbol{F}_m=q\boldsymbol{v}\times\boldsymbol{B}$ 可知，速度恒矢量，故带电粒子仍作匀速直线运动，不受磁场的影响。

(2) $\boldsymbol{v}$ 与 $\boldsymbol{B}$ 垂直

当带电粒子以速度 $\boldsymbol{v}$ 沿垂直于磁场的方向进入一匀强磁场 $\boldsymbol{B}$ 中，如图 9-21 所示。此时洛伦兹力 $\boldsymbol{F}_m$ 的方向始终与速度 $\boldsymbol{v}$ 垂直，故带电粒子将在 $\boldsymbol{F}_m$ 与 $\boldsymbol{v}$ 所组成的平面内作匀速圆周运动。洛伦兹力即向心力，其运动满足运动方程

$$qvB = m\frac{v^2}{R}$$

可求得轨道半径(又称回旋半径)

$$R = \frac{mv}{qB} \tag{9-11}$$

由上式可知,对于一定的带电粒子$\left(\frac{q}{m}一定\right)$,当它在匀强磁场中运动时,其轨道半径 R 与带电粒子的速度值成正比。

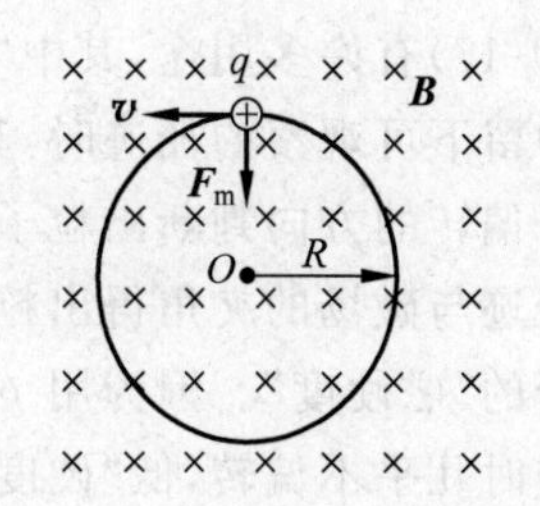

图 9-21　带电粒子在匀强磁场中运动

由式(9-11)还可求得粒子在圆周轨道上绕行一周所需的时间(周期)为

$$T = \frac{2\pi R}{v} = \frac{2\pi m}{qB} \tag{9-12}$$

T 的倒数即粒子在单位时间内绕圆周轨道转过的圈数,称为带电粒子的回旋频率,用 f 表示为

$$f = \frac{1}{T} = \frac{qB}{2\pi m} \tag{9-13}$$

以上两式表明,带电粒子在垂直于磁场方向的平面内作圆周运动时,其周期 T 和回旋频率 f 只与磁感强度 $\boldsymbol{B}$ 及粒子本身的质量 m 和所带的电量 q 有关,而与粒子的速度及回旋半径无关。也就是说,同种粒子在同样的磁场中运动时,快速粒子在半径大的圆周上运动,慢速粒子在半径小的圆周上运动,但它们绕行一周所需的时间都相同。这是带电粒子在磁场中作圆周运动的一个显著特征。回旋加速器就是根据这一特征设计制造的。

(3) $\boldsymbol{v}$ 与 $\boldsymbol{B}$ 斜交成 θ 角

当带电粒子的运动速度 $\boldsymbol{v}$ 与磁场 $\boldsymbol{B}$ 成 θ 角时,可将 $\boldsymbol{v}$ 分解为与 $\boldsymbol{B}$ 垂直的速度分量 $v_{\perp} = v\sin\theta$ 和与 $\boldsymbol{B}$ 平行的速度分量 $v_{/\!/} = v\cos\theta$。根据上面的讨论可知,在垂直于磁场的方向,由于具有分速度 $v_{\perp}$,磁场力将使粒子在垂直于 $\boldsymbol{B}$ 的平面内作匀速圆周运动。而平行于磁场的方向上,磁场对粒子没有作用力,粒子以速度分量 $v_{/\!/}$ 作匀速直线运动。这两种运动合成的结果,使带电粒子沿以 $\boldsymbol{B}$ 方向为轴线的等螺距螺旋线运动。如图 9-22 所示,此时其螺旋线的半径为

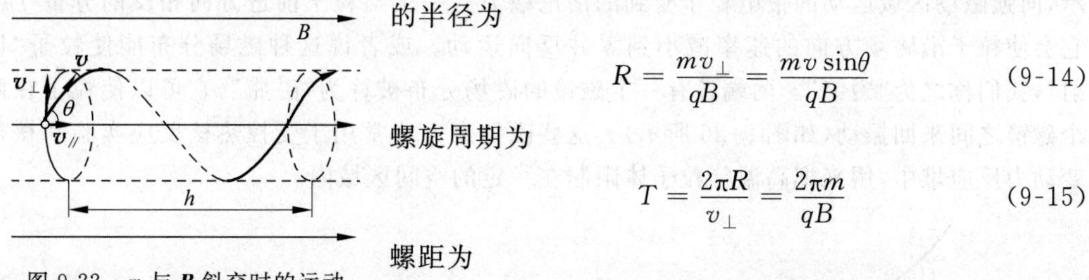

图 9-22　$\boldsymbol{v}$ 与 $\boldsymbol{B}$ 斜交时的运动

$$R = \frac{mv_{\perp}}{qB} = \frac{mv\sin\theta}{qB} \tag{9-14}$$

螺旋周期为

$$T = \frac{2\pi R}{v_{\perp}} = \frac{2\pi m}{qB} \tag{9-15}$$

螺距为

$$h = Tv_{/\!/} = \frac{2\pi m}{qB}v\cos\theta \tag{9-16}$$

将式(9-14)稍加变形,可以得到对于非相对论性粒子($v \ll c$)和相对论性粒子($v \sim c$)都适用的形式

$$R = \frac{p_{\perp}}{qB} \tag{9-17}$$

式(9-17)有许多用途,其中之一是用于分析气泡室照片如图 9-23 所示。当基本粒子在气泡室中留下可观察的径迹时,其电量总是等于基本电荷 e。若已知磁感应强度 B,我们可以由粒子偏转的方向判断出粒子所带电荷的符号,由粒子轨道的曲率半径 R 测定出 $p_{\perp}$,而由粒子径迹与磁场的夹角得出粒子的总动量 P。有时,我们把运动带电粒子的 $p_{\perp}/q$ 的值称为粒子的"磁硬度"。因为用 $p_{\perp}/q$ 可以衡量使粒子轨道弯曲的难易,高"硬度"的粒子通过气泡室时几乎不偏转,低"硬度"的粒子则可以在气泡室内作全圆形的偏转。

如图 9-24 所示,有一束速度大小近似相等,发散角 θ 很小的带电粒子从磁场中的某点 A 进入纵向匀强磁场,则

$$v_{/\!/} = v\cos\theta \approx v$$

$$v_{\perp} = v\sin\theta \approx v\theta$$

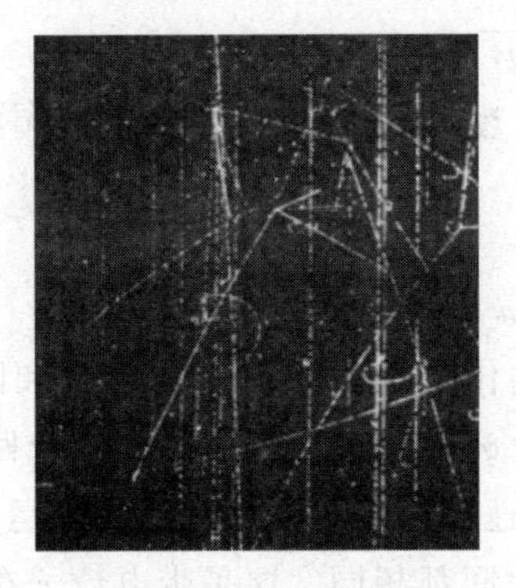

图 9-23 气泡室径迹

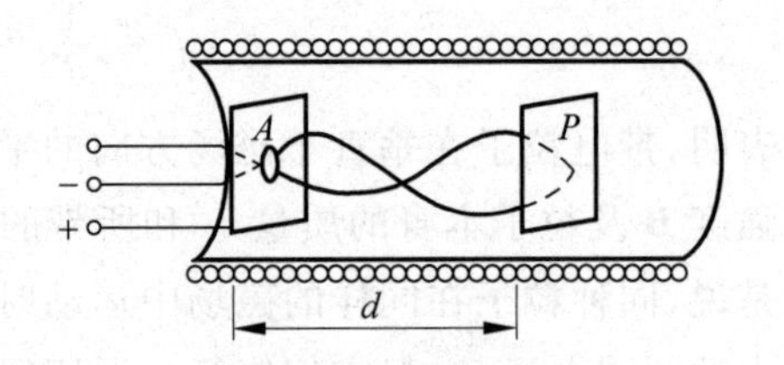

图 9-24 磁聚焦的原理

由于横向速度 $v_{\perp}$ 大小不同(略有差异),而纵向速度 $v_{/\!/}$ 却近似相等。这样这些带电粒子将在磁场中作半径不同的螺旋线运动。但它们的螺距却是近似相等的,即经距离 d 后都相交于屏上同一点 P。这个现象与光束通过光学透镜聚焦的现象很相似,故称之为磁聚焦现象。磁聚焦在电子光学中有着广泛的应用,特别是电子显微镜之中。

在非匀强磁场中,速度 $\boldsymbol{v}$ 与磁场 $\boldsymbol{B}$ 夹任意角的带电粒子也要作螺旋线运动,但其半径与螺距都将不断变化。我们也可以利用非匀强磁场来约束带电粒子的运动。如图 9-25 所示,向强磁场区域运动的带电粒子受到的洛伦兹力有一个与粒子前进方向相反的分量 $f_{轴}$,它会使粒子沿磁场方向的速率减小到零并反向运动。或者说这种磁场分布能使粒子"反射",我们称之为"磁镜"。两端各有一个磁镜的磁场分布被称为"磁瓶",它可以使粒子在两个磁镜之间来回振动(如图 9-26 所示)。这些磁约束方法常用于受控热核反应实验和核聚变动力反应堆中,用来把高温等粒子体限制在一定的空间区域内。

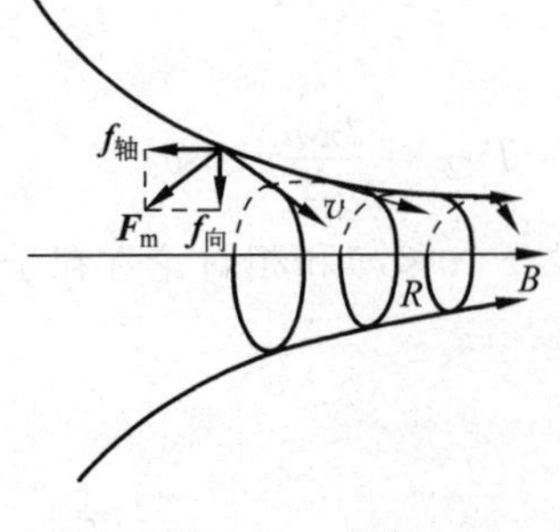

图 9-25 磁镜

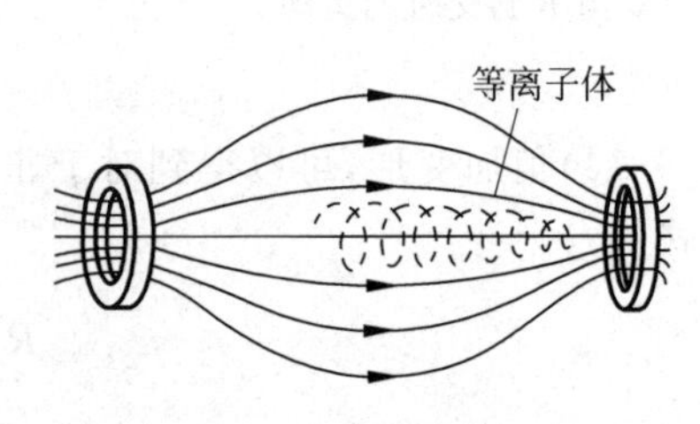

图 9-26 磁瓶

下面利用这个道理来讨论地磁场对宇宙中高能带电粒子的约束作用。如图 9-27 所示，地球的磁场是一个不均匀磁场，从赤道到两磁极，磁感强度是逐渐增大的，在空间形成一个天然的“磁瓶”。当宇宙射线中的高能电子和质子进入地球不均匀磁场范围内，就将被地磁场所捕获，并在地磁南北极之间来回振荡，形成范艾仑辐射带。辐射带分两层，外层辐射带距地面约 6000km 处，捕获高能电子；内层辐射带距离地面为 400～800km 处，捕获高能质子。带电粒子在辐射带中来回振荡，互相碰撞。地球不均匀磁场对宇宙中高能粒子的约束作用，保护了地球上包括人类在内的所有生物的生存空间。但有时，由于太阳表面状况的变化（如黑子活动），地磁场分布会受到严重影响，而使大量带电粒子在两极附近漏掉。绚丽的极光就是这些漏出的粒子进入大气层时形成的。

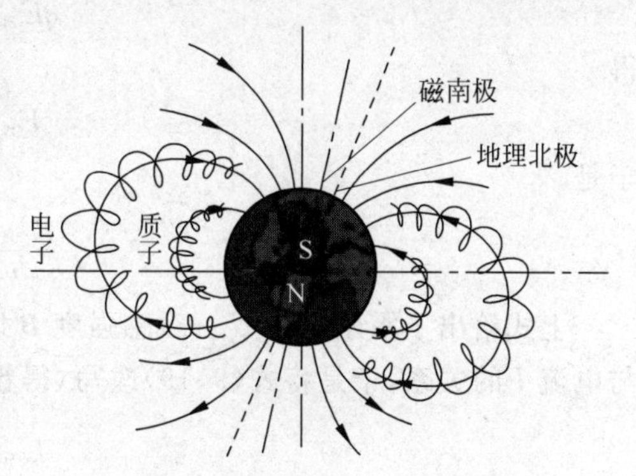

图 9-27　地磁场对来自宇宙空间高能带电粒子的约束作用

9.6.1.2　霍尔效应

1879 年，霍尔发现在均匀磁场中置一矩形截面的载流导体，若电流方向与磁场方向垂直，则在导体上既垂直于电流又垂直于磁场的方向上出现电势差。这个现象称为**霍尔效应**，所产生的横向电势差 U_{H} 称为霍尔电势差。

由经典电子论可以解释霍尔电势差产生的原因。如图 9-28 所示，把一块宽为 b，厚为 d 的导体板放在磁感强度为 $\boldsymbol{B}$ 的磁场中，并在导体板中通以电流 I，设金属导体的载流子电量为 q，载流子密度为 n，其漂移速率为 v_{d}，则

$$I = qnv_{\mathrm{d}}bd$$

$$v_{\mathrm{d}} = \frac{I}{qnbd}$$

向左漂移的载流子在磁场 $\boldsymbol{B}$ 中受洛伦兹力，方向如图 9-28 所示。即

$$F_{\mathrm{m}} = qv_{\mathrm{d}}B$$

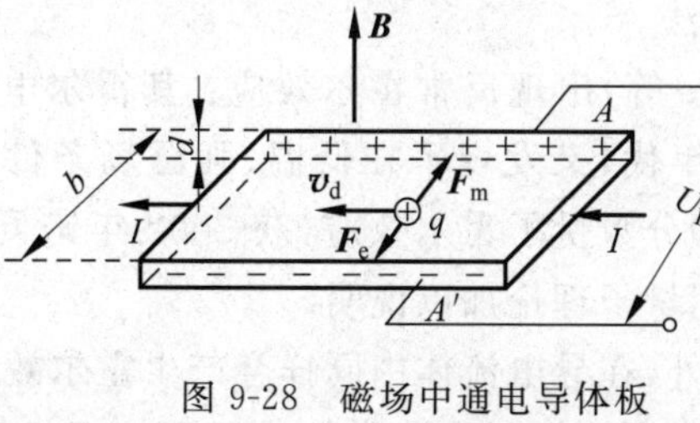

图 9-28　磁场中通电导体板

在洛伦兹力的作用下，导体板内的载流子将向 A 端移动，从而使 A、A' 两侧面上分别有正、负电荷的积累。这样，便在 A、A' 之间建立起电场强度为 $\boldsymbol{E}$ 的电场，于是，载流子就要受到一个与洛伦兹力方向相反的电场力 F_{e}。随着 A、A' 上电荷的积累，F_{e} 也在不断增大。当电场力增大到正好等于洛伦兹力时，就达到了平衡。这时导体板 A、A' 两侧面之间的横向电场称为霍尔电场 E_{H}，此时它与霍尔电压 U_{H} 之间的关系为

$$E_{\mathrm{H}}=\frac{U_{\mathrm{H}}}{b} \tag{9-18}$$

由于平衡时电场力与洛伦兹力相等,有

$$qE_{\mathrm{H}}=qv_{\mathrm{d}}B$$

得

$$E_{\mathrm{H}}=v_{\mathrm{d}}B$$

于是

$$\frac{U_{\mathrm{H}}}{b}=v_{\mathrm{d}}B \tag{9-19}$$

上式给出了霍尔电压 U_{H},磁感强度 $\boldsymbol{B}$ 以及载流子漂移速度 v_{d} 之间的关系。考虑到 v_{d} 与电流 I 的关系,于是将式(9-19)改写,得霍尔电压为

$$U_{\mathrm{H}}=\frac{IB}{nqd} \tag{9-20a}$$

对于一定材料,载流子数密度 n 和电荷 q 都是一定的。如令 $R_{\mathrm{H}}=\frac{1}{nq}$,霍尔电压还可写成

$$U_{\mathrm{H}}=R_{\mathrm{H}}\frac{IB}{d} \tag{9-20b}$$

其中 R_{H} 称为**霍尔系数**。霍尔系数由导体中载流子密度和载流子电量决定。

以上我们讨论了载流子带正电的情况,所得霍尔电压和霍尔系数都是正的。如果载流子带负电,那么在电流和磁场方向不变的情况下,产生的霍尔电压和霍尔系数便是负的。所以从霍尔电压的正负,可以判断载流子带的是正电还是负电。

在金属导体中,由于自由电子数密度很大,因而金属导体的霍尔系数很小,相应的霍尔电压也就很弱。在半导体中,载流子数密度要低得多,因而半导体的霍尔系数比金属导体大得多,所以半导体能产生很强的霍尔效应。

霍尔效应应用广泛,方向相同而载流子种类不同的电流在磁场中引起的霍尔电势差指向相反这一点可应用于半导体的测试,以确定半导体是P型还是N型。利用式(9-20b)还可以计算导体中载流子密度。我们还可以通过霍尔电势差来测量磁场的磁感应强度 $\boldsymbol{B}$,这是常用的较准确的测量 $\boldsymbol{B}$ 的方法。

有的金属(如Be、Zn、Cd、Fe等)出现反常霍尔效应:其霍尔电势差极性与载流子为正电荷的情况相同。20世纪80年代,又发现了在低温、强磁场条件下的整数量子霍尔效应(获1985年诺贝尔物理学奖)和分数量子霍尔效应(获2002年诺贝尔物理学奖),这些现象用经典电子论无法解释,只能用量子理论加以说明。

除了在固体中的霍尔效应外,在导电流体中同样会产生霍尔效应。如图9-29是磁流体发电机原理示意图。在燃烧室中利用燃料(油、煤气或原子能反应堆)燃烧的热能加热气体使之成为等离子体,其温度约为3000K(为了加速等离子体的形成,往往在气体中加入少量钾或铯等容易电离的物质)。然后使这种高温等离子体(导电流体)以约1000m/s的高速进入发电通道,发电通道的上、下两面有磁极以产生磁场 $\boldsymbol{B}$,其两侧安有电极。则在高速 $\boldsymbol{v}$ 流动着的导电流体中,正、负带电粒子的运动方向与磁场垂直,由于受洛伦兹力的作用,正、负带电粒子将分别向垂直于 $\boldsymbol{v}$ 和 $\boldsymbol{B}$ 的两个相反方向偏转,结果在发电通道两侧的电极上产生

电势差。如果不断提供高温高速的等离子体，便能在电极上连续输出电能。这就是磁流体发电的基本原理。磁流体发电具有效率高、污染少和启动迅速等优点。但磁流体发电目前还存在某些技术问题有待解决，如发电通道效率低，通道和电极的材料都要求耐高温、耐腐蚀、耐化学烧蚀等，许多国家正在积极开展研究，目前已经从实验室规模向实用阶段发展。

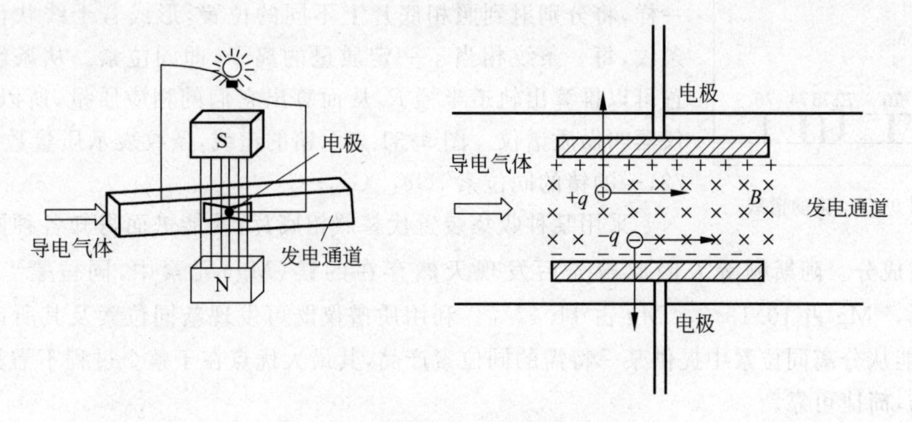

图 9-29　磁流体发电机原理示意图

9.6.1.3　质谱仪

质谱仪是用物理方法分析同位素的仪器，是由英国化学家和物理学家阿斯顿(F. W. Aston，1877—1945)在 1919 年创制的，当年用它发现了氯和汞的同位素。以后几年内又发现了许多种同位素，特别是一些非放射性的同位素。为此，阿斯顿于 1922 年获得诺贝尔化学奖。阿斯顿仅拥有学士学位，他的成才主要得力于在长期的实验室平凡工作中力求进取的精神和毅力。

图 9-30 是一种质谱仪的示意图。从离子源(图中未画出)产生带电量为 $+q$ 的正离子，以速度 v 经过狭缝 S_1 和 S_2 之后，进入速度选择器。设速度选择器中 P_1、P_2 两平行板之间的均匀电场的电场强度为 $\boldsymbol{E}$，而垂直纸面向外的均匀磁场的磁感强度为 $\boldsymbol{B}$。正离子同时受到电场力和磁场力的作用。当正离子在 P_1、P_2 之间所受的电场力 $\boldsymbol{F}_e = q\boldsymbol{E}$ 和磁场力 $\boldsymbol{F}_m = q\boldsymbol{v}\times\boldsymbol{B}$ 的大小相等、方向相反，即 $q\boldsymbol{E} = q\boldsymbol{v}\times\boldsymbol{B}$ 时，可得

$$v = \frac{E}{B}$$

显然，对于给定的 $\boldsymbol{E}$ 和 $\boldsymbol{B}$，只有正离子的速度满足 $v = E/B$ 时，它们才能径直穿过 P_1、P_2 而从狭缝 S_3 射出。

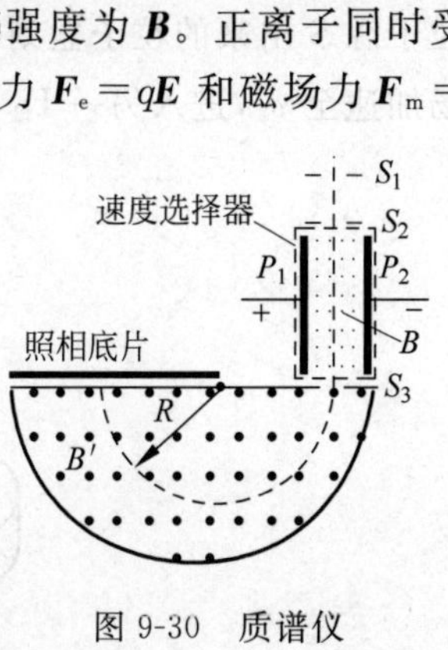

图 9-30　质谱仪

正离子由 S_3 射出后，进入另一个磁感强度为 $\boldsymbol{B}'$ 的匀强磁场区域，磁场的方向也是垂直纸面向外的，但在此区域中没有电场。这时正离子在磁场力作用下，将以半径 R 作匀速圆周运动。若离子的质量为 m，则有

$$qvB' = m\frac{v^2}{R}$$

所以

$$m=\frac{qB'R}{v}$$

由于$\boldsymbol{B}'$和离子的速度v是已知的,且假定每个离子的电荷都是相等的,从上式可以看出,离子的质量和它的轨道半径成正比。

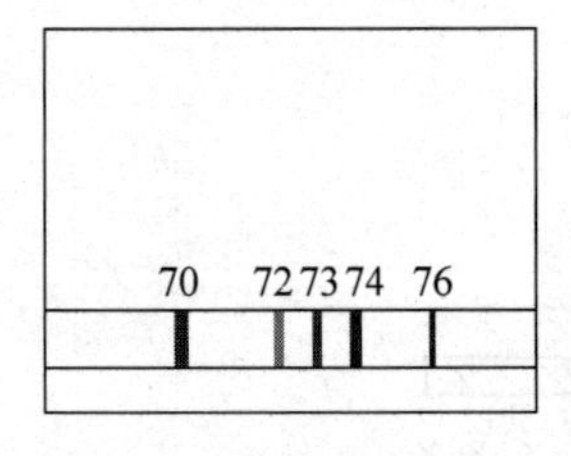

图 9-31 锗的谱线

如果这些离子中有不同质量的同位素,它们的轨道半径就不一样,将分别射到照相底片上不同的位置,形成若干线状谱的细条纹,每一条纹相当于一定质量的离子,即同位素。从条纹的位置可以推算出轨道半径R,从而算出它们的相应质量,所以,这种仪器叫做质谱仪。图 9-31 表示锗的谱线,条纹表示质量数为 70,72,…的锗的同位素^{70}Ge,^{72}Ge,…。

采用某种收集装置代替照相底片,就能进而得知各种同位素的相对成分。阿斯顿等人因此曾先后发现天然存在的镁(Mg)元素中,同位素^{24}Mg 占 78.7%,^{25}Mg 占 10.13%,^{26}Mg 占 11.17%。利用质谱仪既可发现新同位素及其所占百分比,也能从分离同位素中提供某一特需的同位素产品,其最大优点在于整个过程不需其他物质参与,简捷可靠。

9.6.1.4 回旋加速器

在研究原子核的结构时,需要有几百万、几千万甚至几千亿电子伏能量的带电粒子来轰击它们,使它们产生核反应。要使带电粒子获得这样高的能量,一种可能的途径是在电场和磁场的共同作用下,使粒子经过多次加速来达到目的。第一台回旋加速器是美国物理学家劳伦斯(E. O. Lawrence,1901—1958)于 1932 年研制成功的,可将质子和氘核①加速到 1MeV(10^6eV)的能量。为此,1939 年劳伦斯获诺贝尔物理学奖。下面简述回旋加速器的工作原理。

如图 9-32 是回旋加速器原理图。它由装在真空容器内的两个 D(D_1 和 D_2)形盒组成,用于加速粒子的交变电场限制在窄缝处,磁场$\boldsymbol{B}$与 D 形盒垂直,粒子源S在窄缝中部。从粒子源S出来的粒子立刻被电场加速至v_1进入一个D_1区回旋半圈,重返窄缝,再被反向电场加速至v_2,进入另一D_2区回旋。由于粒子速率v不断增大,故回旋半径

$$r=\frac{mv}{qB}$$

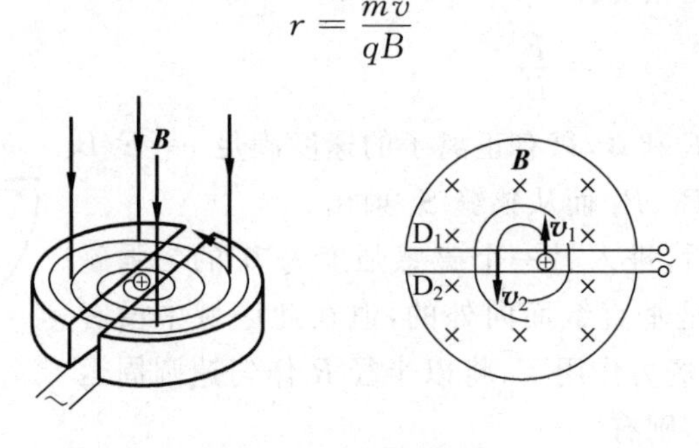

图 9-32 回旋加速器

① 氘核(deuteron)是重氢的原子核^{2}H,它含有结合紧密的质子和中子各一个。

也不断变大。只要交变电源的频率保证为

$$f=\frac{1}{T}=\frac{qB}{2\pi m}$$

粒子每次进入窄缝都会受到加速，最后达到 D 形盒边沿处输出时，其速度就达到最大值

$$v_{\max}=\frac{qRB}{m}$$

其中，R 为 D 形盒的半径。在 $v_{\max}\ll c$ 的条件下(即非相对论情形)，输出粒子的动能为

$$E_{\mathrm{k}}=\frac{1}{2}mv^{2}=\frac{q^{2}B^{2}R^{2}}{2m}$$

可见，要使粒子获得更大的输出能量，就要加大磁场 $\boldsymbol{B}$ 和 D 形盒的尺寸 R(一般，只能做到 B 值为 10^4 高斯数量级，D 形盒半径 R 在 1m 左右)。但是，粒子速度达到很大值时，相对论效应就不能忽略，即粒子质量与速度 v 值有关

$$m=\frac{m_0}{\sqrt{1-\frac{v^2}{c^2}}}$$

式中，m_0 为粒子的静止质量，c 为真空中光速。可以看出随粒子运动速度的增大，回旋周期

$$T=\frac{2\pi m}{qB}$$

也不断增大(变慢)，以至回旋频率与电源频率越来越不同步，而无法保证同步加速。改进办法是使电源的周期得到自动调整，使之与粒子的回旋周期同步，这就是后来的“同步回旋加速器”。它采用的变频频率为

$$f=\frac{1}{T}=\frac{qB}{2\pi m_0}\sqrt{1-\frac{v^2}{c^2}}$$

目前欧洲最大的同步加速器可以加速质子的能量达到 4000 亿电子伏特。1988 年在兰州近代物理研究所建成了我国最大的重离子加速器，标志着我国的回旋加速器技术已进入国际先进行列。然而由 $E_{\mathrm{k}}=\frac{1}{2}mv_{\max}^{2}=\frac{q^{2}B^{2}R^{2}}{2m}$ 可知，要获得同样的输出动能，静止质量 m_0 小的粒子，就要求最后输出的速度越大，因此相对论效应也就越明显，对 B 值及“同步加速”的要求也越高，故这种加速器仅适合于加速较重的粒子，如质子、α 粒子等，而且能量也不会很高(100MeV 以内)。

9.6.2　安培定律

磁场对载流导线的作用力即磁力，通常称为安培力。其基本规律是安培由大量实验结果总结出来的，故称为**安培定律**。内容如下：

位于磁场中某点处的电流元 $I\mathrm{d}\boldsymbol{l}$ 将受到磁场的作用力 $\mathrm{d}\boldsymbol{F}$，$\mathrm{d}\boldsymbol{F}$ 的大小与电流强度 I，电流元的长度 $\mathrm{d}l$，磁感强度 $\boldsymbol{B}$ 的大小及 $I\mathrm{d}\boldsymbol{l}$ 与 $\boldsymbol{B}$ 的夹角 θ[θ 或用 $(I\mathrm{d}\boldsymbol{l},\boldsymbol{B})$ 表示]的正弦成正比。即

$$\mathrm{d}F=kBI\,\mathrm{d}l\sin\theta$$

$\mathrm{d}\boldsymbol{F}$ 的方向垂直于 $I\mathrm{d}\boldsymbol{l}$ 与 $\boldsymbol{B}$ 所组成的平面，指向按右螺旋法则决定。如图 9-33 所示，式中 k 为比例系数，取决于各量所用的单位。在 SI 制中，$k=1$，则上式写成

$$\mathrm{d}F = BI\,\mathrm{d}l\sin\theta \tag{9-21}$$

写成矢量式为

$$\mathrm{d}\boldsymbol{F} = I\mathrm{d}\boldsymbol{l}\times\boldsymbol{B} \tag{9-22}$$

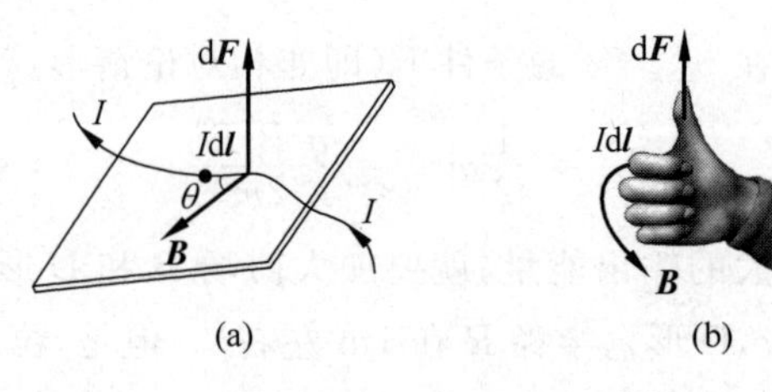

图 9-33　右手螺旋法则

计算一给定载流导线在磁场中所受到的安培力时，必须对各个电流元所受的力 $\mathrm{d}\boldsymbol{F}$ 求矢量和，即

$$\boldsymbol{F} = \int_L \mathrm{d}\boldsymbol{F} = \int_L I\mathrm{d}\boldsymbol{l}\times\boldsymbol{B} \tag{9-23}$$

注意，如果载流导线上各个电流元所受磁场力 $\mathrm{d}\boldsymbol{F}$ 的方向各不相同，式(9-23)的矢量积分不能直接计算。这时应选取适当的坐标系，先将 $\mathrm{d}\boldsymbol{F}$ 沿各坐标分解成分量，然后对各个分量进行标量积分，即

$$\begin{cases} F_x = \int \mathrm{d}F_x \\ F_y = \int \mathrm{d}F_y \\ F_z = \int \mathrm{d}F_z \end{cases} \tag{9-24}$$

最后再求出合力。

由于单独的电流元不能获取，因此无法用实验直接证明安培定律。但是用式(9-23)，我们可以计算各种形状的载流导线在磁场中所受的安培力，结果都与实验相符合。例如，长为 l 的直导线通有电流 I，位于磁感强度为 $\boldsymbol{B}$ 的匀强磁场中，若电流方向与 $\boldsymbol{B}$ 的夹角为 θ，如图 9-34(a)所示，因为各电流元所受的磁力的方向一致，可采用标量积分，所以这段载流直导线所受的安培力的大小为

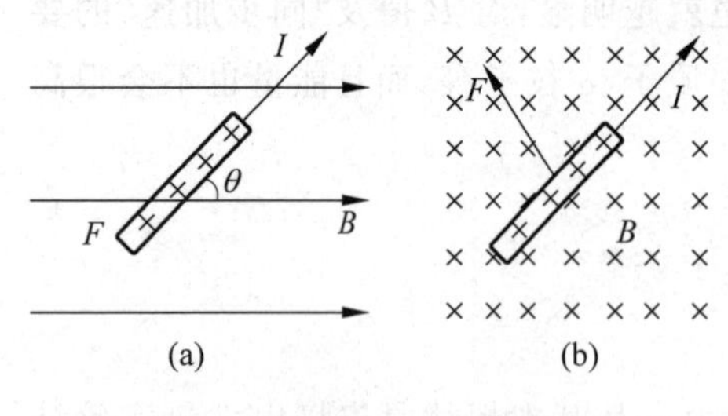

图 9-34　均匀磁场中一段载流直导线所受的安培力

$$F = \int_0^l IB\sin\theta\,\mathrm{d}l = IBl\sin\theta$$

$\boldsymbol{F}$ 的方向垂直于纸面向内。当导线电流方向与磁场方向平行时，导线所受安培力为零；当导线电流方向与磁场方向垂直时，导线所受的力最大，$F_{\max}=BIl$，$\boldsymbol{F}$ 的方向既与磁场垂直又与导线垂直，如图 9-34(b)所示。

由安培定律出发可以计算载流导线在磁场中所受的磁场力。其步骤如下：

(1) 在载流导线上取电流元 $I\mathrm{d}\boldsymbol{l}$；

(2) 由安培定律得到电流元所受安培力 $\mathrm{d}\boldsymbol{F}=I\mathrm{d}\boldsymbol{l}\times\boldsymbol{B}$；

(3) 由叠加原理：载流导线所受的磁场力等于各电流元所受安培力的矢量和。于是

$$\boldsymbol{F}=\int_L \mathrm{d}\boldsymbol{F}=\int_L I\,\mathrm{d}\boldsymbol{l}\times\boldsymbol{B}$$

例 1 载有电流 I_1 的长直导线旁边有一与长直导线垂直的共面导线，载有电流 I_2，其长度为 l，近端与长直导线的距离为 d，如图 9-35 所示。求 I_1 作用在 l 上的力。

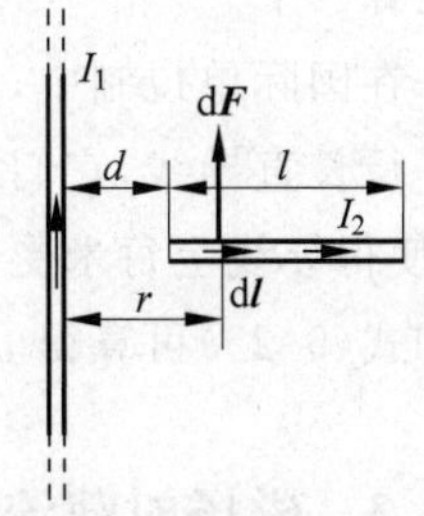

解 在 l 上取 $\mathrm{d}\boldsymbol{l}$，它与长直导线距离为 r，电流 I_1 在此处产生的磁场方向垂直向内，大小为

$$B=\frac{\mu_0 I_1}{2\pi r}$$

$\mathrm{d}\boldsymbol{l}$ 受力为

$$\mathrm{d}\boldsymbol{F}=I_2\,\mathrm{d}\boldsymbol{l}\times\boldsymbol{B}$$

方向垂直导线 l 向上，大小为

$$\mathrm{d}F=\frac{\mu_0 I_1 I_2\,\mathrm{d}l}{2\pi r}=\frac{\mu_0 I_1 I_2\,\mathrm{d}r}{2\pi r}$$

图 9-35 例 1 用图

所以，I_1 作用在 l 上的力方向垂直导线 l 向上，大小为

$$F=\int \mathrm{d}F=\int_d^{d+l}\frac{\mu_0 I_1 I_2\,\mathrm{d}r}{2\pi r}=\frac{\mu_0 I_1 I_2}{2\pi}\ln\frac{d+l}{d}$$

***例 2** 半径为 R 的半圆弧导线放在磁感强度为 $\boldsymbol{B}$ 的均匀磁场中，导线平面与 $\boldsymbol{B}$ 垂直，导线中通有电流 I，求磁场作用于半圆弧导线的力。

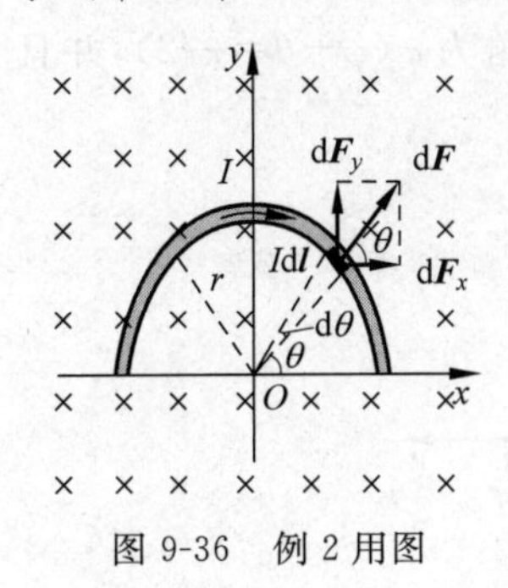

图 9-36 例 2 用图

解 建坐标系如图 9-36 所示。在 θ 处取角元 $\mathrm{d}\theta$，截取圆弧导线上电流元 $I\mathrm{d}\boldsymbol{l}$，其所受磁场力大小为

$$\mathrm{d}F=IB\,\mathrm{d}l$$

方向如 9-36 图，与 x 轴成 θ 角向上。将 $\mathrm{d}F$ 在 Oxy 系中分解，由于对称性，半圆弧导线所受安培力的 x 向分量叠加时全部抵消。y 向分量为

$$\mathrm{d}F_y=\sin\theta\,\mathrm{d}F=IB\sin\theta\,\mathrm{d}l=IBr\sin\theta\,\mathrm{d}\theta$$

则半圆弧导线所受安培力大小为

$$F=\int \mathrm{d}F_y=IBr\int_0^{\pi}\sin\theta\,\mathrm{d}\theta=2IBr$$

方向沿 y 轴正向。

例 3 如图 9-37 所示，设在真空中，有两根相距为 d 的无限长平行直导线，分别通以电流 I_1 和 I_2，且电流的流向相同，试求单位长度的导线所受的安培力为多少？

解 在载流导线 2 上取电流元 $I_2\mathrm{d}\boldsymbol{l}_2$。由 9.3.2 节例 1 的结论可知，无限长直线电流 I_1 在电流元 $I_2\mathrm{d}\boldsymbol{l}_2$ 所在处的磁感强度 $\boldsymbol{B}_{12}$ 的大小为

$$B_{12}=\frac{\mu_0 I_1}{2\pi d}$$

而 $\boldsymbol{B}_{12}$ 的方向与导线 1 和导线 2 所在的平面垂直，如图 9-37 中所示。于是，根据安培定律(9-22)，作用在电流元 $I_2\mathrm{d}\boldsymbol{l}_2$ 上的安培力 $\mathrm{d}\boldsymbol{F}_{12}$ 的大小为

$$\mathrm{d}F_{12}=B_{12}I_2\,\mathrm{d}l_2\sin\theta$$

由于 $I_2\mathrm{d}\boldsymbol{l}_2$ 与 $\boldsymbol{B}_{12}$ 垂直，故 $\sin\theta=1$，所以上式为

$$\mathrm{d}F_{12}=B_{12}I_2\,\mathrm{d}l_2=\frac{\mu_0}{2\pi}\frac{I_1 I_2}{d}\mathrm{d}l_2$$

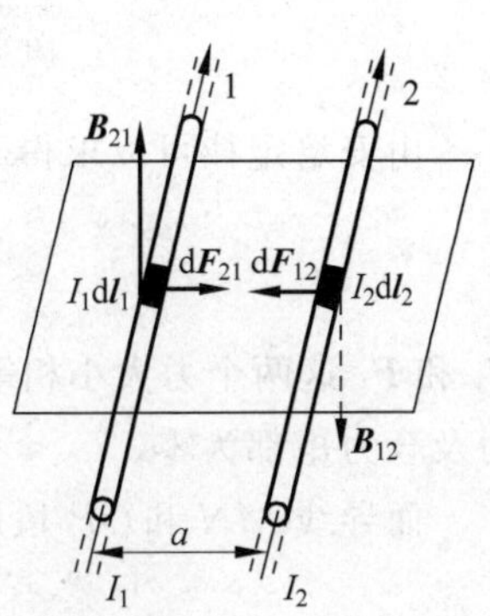

图 9-37 例 3 用图

而 d$\boldsymbol{F}_{12}$的方向在两平行导线的平面内,且垂直地指向导线 1。这样,导线 2 上每单位长度所受的安培力则为

$$\frac{dF_{12}}{dl_2}=\frac{\mu_0}{2\pi}\frac{I_1 I_2}{d} \tag{9-25}$$

按照上述方法,同样可求得导线 1 上每单位长度所受的安培力 dF_{21}/dl_1 的大小,其值与式(9-25)相同,只不过 d$\boldsymbol{F}_{21}$的方向与 d$\boldsymbol{F}_{12}$的方向相反而已。可见,两无限长电流流向相同的平行直导线,它们彼此是相吸的。而若使电流的流向相反,则导线相互排斥,读者可以自己算一下。

在国际单位制中,电流是基本量,其单位是安培,安培是这样规定的: 在真空中放置两根平行长直导线,它们之间相距 1m,并使两导线的电流流向相同,大小相等; 调节电流的大小,使得导线上每米受到的力为 2×10^{-7}N·m,这时导线中的电流就定为 1A。由安培的定义和式(9-25)可算得 $\mu_0=4\pi\times10^{-7}\text{N}\cdot\text{A}^{-2}$。

9.6.3 磁场对载流线圈的作用

在磁电式电流计和直流电动机内,一般都有放在磁场中的线圈,当线圈中有电流通过时,它们将在磁场的作用下发生转动。下面我们用安培定律来研究磁场对载流线圈的作用。

如图 9-38 所示,在磁感强度为 $\boldsymbol{B}$ 的匀强磁场中,有一刚性矩形载流线圈 $MNOP$,它的边长分别为 l_1 和 l_2,电流为 I,流向为 $M\to N\to O\to P\to M$。设线圈平面的单位正法向矢量 $\boldsymbol{e}_n$ 的方向与磁感强度 $\boldsymbol{B}$ 之间的夹角为 θ,即线圈平面与 $\boldsymbol{B}$ 之间夹角为 $\varphi(\varphi+\theta=\pi/2)$,并且 MN 边及 OP 边均与 $\boldsymbol{B}$ 垂直。

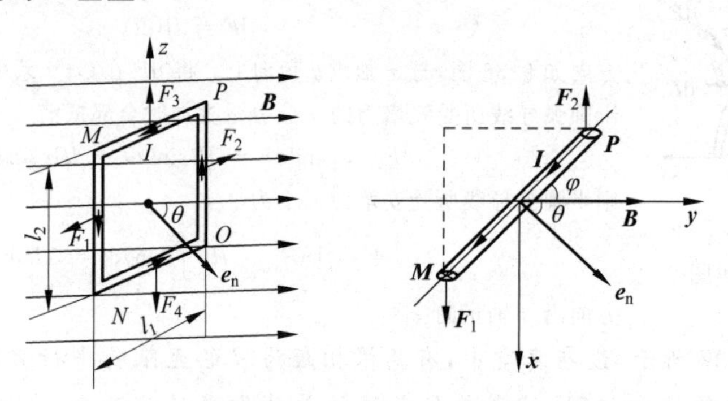

图 9-38 矩形载流线圈在均匀磁场中所受的磁力矩

由安培定律可以求得磁场对导线 NO 段和 PM 段作用力的大小分别为

$$F_4=BIl_1\sin\varphi$$

$$F_3=BIl_1\sin(\pi-\varphi)=BIl_1\sin\varphi$$

$\boldsymbol{F}_3$ 和 $\boldsymbol{F}_4$ 这两个力大小相等、方向相反,并且在同一直线上,所以对整个线圈来讲,它们的合力及合力矩都为零。

而导线 MN 和 OP 段所受磁场作用力的大小则分别为

$$F_1=BIl_2$$

$$F_2=BIl_2$$

这两个力大小相等，方向亦相反，但不在同一直线上，它们的合力虽为零，但对线圈要产生磁力矩 $M=F_1l_1\cos\varphi$。由于 $\varphi=\pi/2-\theta$，所以 $\cos\varphi=\sin\theta$，则有

$$M=F_1l_1\sin\theta=BIl_2l_1\sin\theta$$

或

$$M=BIS\sin\theta \tag{9-26}$$

式中，$S=l_1l_2$ 为矩形线圈的面积。前面 9.3.2 节例 2 中我们定义 IS 为线圈的磁矩 m，其矢量式为 $\boldsymbol{m}=IS\boldsymbol{e}_n$，此处 $\boldsymbol{e}_n$ 为线圈平面的单位正法向矢量。因为角 θ 是 $\boldsymbol{e}_n$ 与磁感强度 $\boldsymbol{B}$ 之间的夹角，所以上式用矢量表示则为

$$\boldsymbol{M}=IS\boldsymbol{e}_n\times\boldsymbol{B}=\boldsymbol{m}\times\boldsymbol{B} \tag{9-27a}$$

$\boldsymbol{M}$ 的方向与 $\boldsymbol{m}\times\boldsymbol{B}$ 的方向一致。如果线圈不只一匝，而是 N 匝，那么线圈所受的磁力矩应为

$$\boldsymbol{M}=NIS\boldsymbol{e}_n\times\boldsymbol{B} \tag{9-27b}$$

下面讨论几种特殊情况。

(1) 当载流线圈的 $\boldsymbol{e}_n$ 方向与磁感强度 $\boldsymbol{B}$ 方向相同(即 $\theta=0°$)，亦即磁通量为正向极大时，$M=0$，磁力矩为零。此时线圈处于稳定平衡状态。

(2) 当载流线圈的 $\boldsymbol{e}_n$ 方向与磁感强度 $\boldsymbol{B}$ 方向垂直(即 $\theta=90°$)，亦即磁通量为零时，$M=NBIS$，磁力矩为最大。这时磁力矩有使 θ 减小的趋势。

(3) 当载流线圈的 $\boldsymbol{e}_n$ 方向与磁感强度 $\boldsymbol{B}$ 方向相反(即 $\theta=180°$)时，线圈所受磁力矩也为零，这时线圈处于非稳定平衡位置。所谓非稳定平衡位置是指，一旦外界扰动使线圈稍稍偏离这一平衡位置，磁场对线圈的磁力矩作用就将使线圈继续偏离，直到稳定在 $\theta=0°$ 时的平衡状态。总之，磁场对载流线圈作用的磁力矩，总是要使线圈转到它的 $\boldsymbol{e}_n$ 方向与磁场方向相一致的稳定平衡位置。

应当指出，式(9-26)和式(9-27)虽然是从矩形线圈推导出来的，但可以证明它对任意形状的平面线圈都是适用的。甚至，由于带电粒子沿闭合回路的运动，以及带电粒子的自旋所具有的磁矩，带电粒子在磁场中所受的磁力矩作用，均可用式(9-27)来描述。由此得知，平面载流刚性线圈在均匀磁场中，由于只受磁力矩作用，因此只发生转动，而不会发生整个线圈的平动。

对于非刚性线圈，磁场力还会使线圈发生变形。例如，当磁矩 $\boldsymbol{m}$ 与磁感强度 $\boldsymbol{B}$ 平行时，安培力会使整个线圈绷紧，成为圆形。如图 9-39 所示。

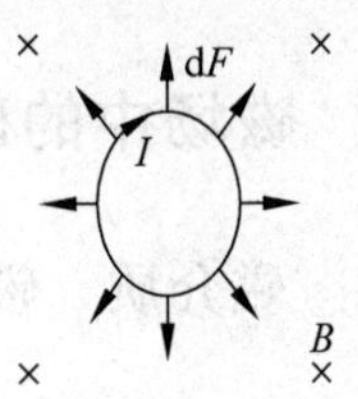

图 9-39　安培力使线圈绷紧成圆形

在非均匀磁场中，一般情况下载流线圈所受磁力和磁力矩均不为零，线圈不仅要转动，还要移向 $\boldsymbol{B}$ 较强的区域。

*9.6.4　磁力的功

当载流导线和载流线圈在磁力和磁力矩作用下运动时，磁力要做功。磁力做功是将电能转变为机械能的途径，具有重要的实际意义。下面我们先讨论两种简单情况。

如图9-40中导体回路通有稳恒电流 I,均匀磁场 $\boldsymbol{B}$ 与电流垂直,于是回路的可动部分 ab 在磁场力作用下向右移动,当它移动到 $a'b'$ 时,磁力的功为

$$W = F \cdot \overline{aa'} = BIL \cdot \overline{aa'} = BI\Delta S = I\Delta\Phi_{\mathrm{m}} \tag{9-28}$$

式中,$\Delta\Phi_{\mathrm{m}} = B\Delta S$ 为回路所包围的面积内磁通量的增量。

我们再求图9-41中载流线圈在磁场中转动时磁力的功。设线圈中有恒定电流 I,它所受磁力矩

$$M = Bm\sin\theta = BIS\sin\theta$$

当线圈转过 $\mathrm{d}\theta$ 角时,磁力矩所做元功

$$\mathrm{d}W = -M\mathrm{d}\theta = -IBS\sin\theta\,\mathrm{d}\theta = I\mathrm{d}(BS\cos\theta) = I\mathrm{d}\Phi_{\mathrm{m}}$$

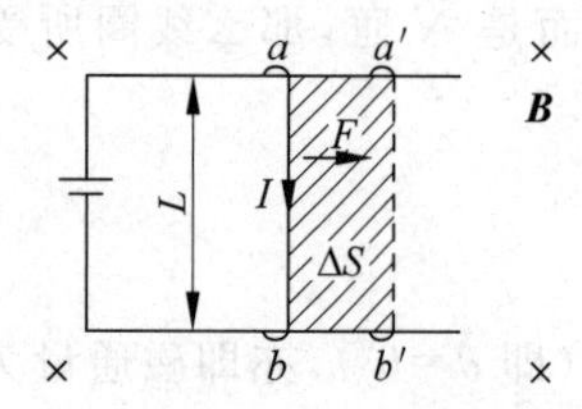

图9-40 磁场中的导体

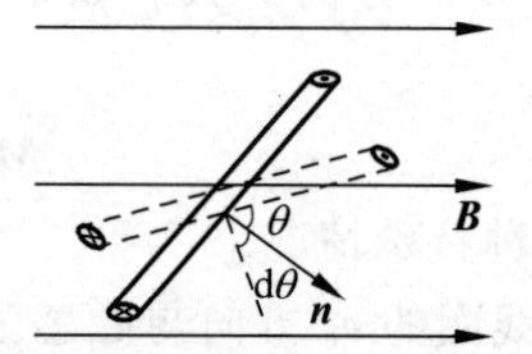

图9-41 载流线圈在磁场中转动

当线圈磁矩与磁感强度的夹角由 θ_1 增至 θ_2 时,穿过线圈的磁通量由 Φ_{m1} 变为 Φ_{m2},此过程中磁力矩所做的总功为

$$W = \int \mathrm{d}W = I\int_{\Phi_{\mathrm{m1}}}^{\Phi_{\mathrm{m2}}} \mathrm{d}\Phi_{\mathrm{m}} = I(\Phi_{\mathrm{m2}} - \Phi_{\mathrm{m1}}) = I\Delta\Phi_{\mathrm{m}}$$

此结果与式(9-28)相同,即当回路中电流恒定时,磁力的功等于电流强度与回路包围面积内磁通量的增量的积。或者说,磁力的功等于电流强度乘以回路所切割的磁感应线的条数。若回路中的电流强度 I 是变化的,则 I 不能提到积分号外,即

$$W = \int_{\Phi_{\mathrm{m1}}}^{\Phi_{\mathrm{m2}}} I\mathrm{d}\Phi_{\mathrm{m}} \tag{9-29}$$

9.7 磁场中的磁介质

9.7.1 磁介质 磁化强度

9.7.1.1 磁介质的分类

前面讨论了电流在真空中所激发磁场的性质和规律。而在实际的磁场中,一般都存在各种不同的实物性物质,这些物质与磁场是会互有影响的。处于磁场中的物质会被磁场磁化。一切能够磁化的物质称为**磁介质**。而磁化了的磁介质也要激起附加磁场,对原磁场产生影响。

应当指出的是,磁介质对磁场的影响远比电介质对电场的影响要复杂得多。实验表明,不同的磁介质对磁场的影响不同。假设在真空中某点的磁感强度为 $\boldsymbol{B}_0$,放入磁介质后,因磁介质被磁化而建立的附加磁感强度为 $\boldsymbol{B}'$,那么该点的磁感强度 $\boldsymbol{B}$ 应为这两个磁感强度的矢量和,即

$$\boldsymbol{B}=\boldsymbol{B}_0+\boldsymbol{B}'$$

在磁介质内任一点，附加磁感应强度 $\boldsymbol{B}'$ 的方向和大小随磁介质而异。有一些磁介质，$\boldsymbol{B}'$ 的方向与 $\boldsymbol{B}_0$ 的方向相同，使得 $B>B_0$，这种磁介质叫做**顺磁质**，如铝、氧、锰等；还有一类磁介质，$\boldsymbol{B}'$ 的方向与 $\boldsymbol{B}_0$ 的方向相反，使得 $B<B_0$，这种磁介质叫做**抗磁质**，如铜、铋、氢等。但无论是顺磁质还是抗磁质，附加磁感强度的值 $\boldsymbol{B}'$ 都较 $\boldsymbol{B}_0$ 要小得多(约几万分之一或几十万分之一)，它对原来磁场的影响比较微弱，所以顺磁质和抗磁质统称为**弱磁质**。实验还指出，另外有一类磁介质，它的附加磁感强度 $\boldsymbol{B}'$ 的方向与顺磁质一样，也和 $\boldsymbol{B}_0$ 的方向相同，但 $\boldsymbol{B}'$ 的值却要比 $\boldsymbol{B}_0$ 的值大很多(一般可达 $10^2\sim10^4$ 倍)，即 $B\gg B_0$，并且不是常量。这类磁介质能显著地增强磁场，是强磁性物质。我们把这类磁介质叫做**铁磁质**或**强磁质**，如铁、钴、镍及其合金等。

9.7.1.2　顺磁质和抗磁质的磁化

下面我们用分子电流学说来说明顺磁质和抗磁质的磁化现象。

分子中每个电子都绕原子核作轨道运动，从而使之具有轨道磁矩；此外，电子本身还有自旋，因而也会具有自旋磁矩。分子内所有电子全部磁矩的矢量和，称为分子的**固有磁矩**，简称**分子磁矩**，用符号 $\boldsymbol{m}$ 表示。分子磁矩可用一个等效的圆电流 I 来表示，这就是安培当年为解释磁性起源而设想的分子电流的现代解释，如图 9-42 所示。

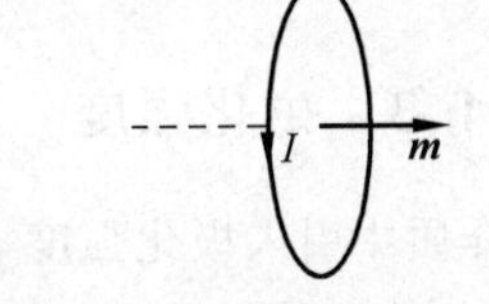

图 9-42　分子圆电流与分子磁矩

在顺磁性物质中，虽然每个分子都具有磁矩 $\boldsymbol{m}$，在没有外磁场时，各分子磁矩 $\boldsymbol{m}$ 的取向是无规则的，因而在顺磁质中任一宏观小体积内，所有分子磁矩的矢量和为零，致使顺磁质对外不显现磁性，处于未被磁化的状态，如图 9-43(a)所示。

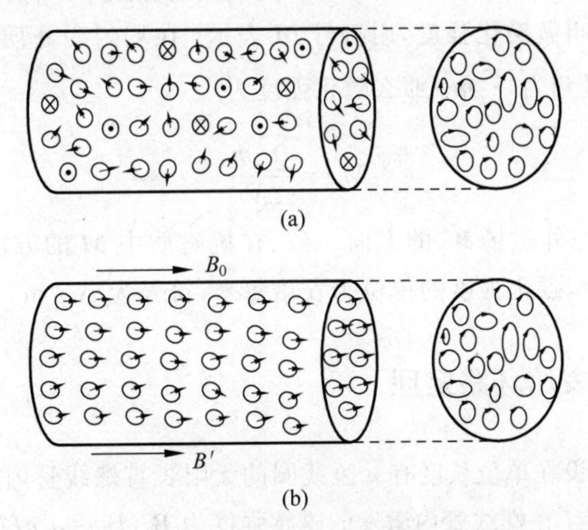

图 9-43　顺磁质中分子磁矩的取向

(a) 无外磁场时；(b) 有外磁场时

当顺磁性物质处在外磁场中时，各分子磁矩都要受到磁力矩的作用。在磁力矩作用下，各分子磁矩的取向都具有转到与外磁场方向相同的趋势，如图 9-43(b)所示，这样，顺磁质就被磁化了。显然,在顺磁质中因磁化而出现的附加磁感强度 $\boldsymbol{B}'$ 与外磁场的磁感强度 $\boldsymbol{B}_0$ 的方向相同。于是,在外磁场中,顺磁质内的磁感强度 $\boldsymbol{B}$ 的大小为

$$\boldsymbol{B}=\boldsymbol{B}_0+\boldsymbol{B}'$$

对抗磁质来说,在没有外磁场作用时,虽然分子中每个电子的轨道磁矩与自旋磁矩都不等于零,但分子中全部电子的轨道磁矩与自旋磁矩的矢量和却等于零,即分子固有磁矩为零($\boldsymbol{m}=0$)。所以,在没有外磁场时,抗磁质并不显现出磁性,但在外磁场作用下,分子中每个电子的轨道运动和自旋运动都将发生变化,从而引起附加磁矩 $\Delta\boldsymbol{m}$。而且附加磁矩 $\Delta\boldsymbol{m}$ 的方向必是与外磁场 $\boldsymbol{B}_0$ 的方向相反。

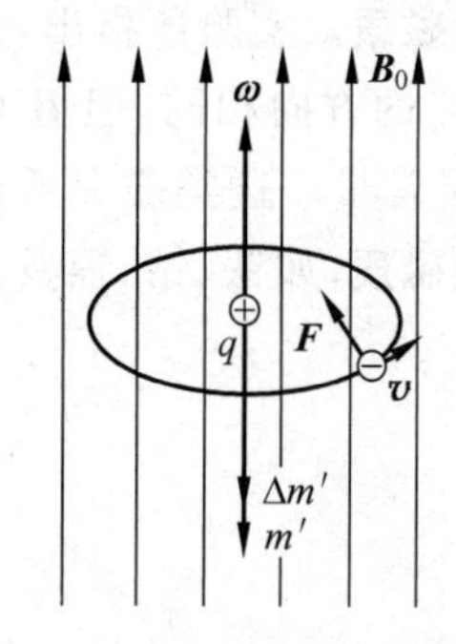

图 9-44 抗磁质中附加磁矩与外磁场方向相反

如图 9-44 所示,设一电子以半径 r,角速度 $\boldsymbol{\omega}$ 绕核作逆时针轨道运动,电子的磁矩 $\Delta\boldsymbol{m}'$ 的方向与外磁场的磁感强度 $\boldsymbol{B}_0$ 的方向相反。可以证明,电子在洛伦兹力 $\boldsymbol{F}$ 的作用下,其附加磁矩 $\Delta\boldsymbol{m}'$ 与 $\boldsymbol{B}_0$ 的方向相反。由于分子中每个电子的附加磁矩 $\Delta\boldsymbol{m}'$ 都与外磁场的磁感强度 $\boldsymbol{B}_0$ 的方向相反,所有分子的附加磁矩 $\Delta\boldsymbol{m}$ 的方向亦与 $\boldsymbol{B}_0$ 的方向相反。因此,在抗磁质中,就要出现与外磁场 $\boldsymbol{B}_0$ 方向相反的附加磁场 $\boldsymbol{B}'$。于是,抗磁质内的磁感强度 $\boldsymbol{B}$ 的值为

$$B=B_0-B'$$

9.7.1.3 磁化强度

与电介质中引入极化强度 $\boldsymbol{p}$ 来描述电介质的极化程度类似,在磁介质中我们将引入磁化强度 $\boldsymbol{M}$ 来描述磁介质的磁化程度。从上面的讨论可以看到,磁介质的磁化,就其实质来说,或是由于在外磁场作用下分子磁矩的取向发生了变化,或是在外磁场作用下产生附加磁矩,而且前者也可归结为产生附加磁矩。因此,我们用磁介质中单位体积内分子的合磁矩来表示介质的磁化情况,叫做**磁化强度**,用符号 $\boldsymbol{M}$ 表示。在均匀磁介质中取小体积 ΔV,在此体积内分子磁矩的矢量和为 $\sum\boldsymbol{m}$,那么磁化强度为

$$M=\frac{\sum\boldsymbol{m}}{\Delta V}\tag{9-30}$$

在顺磁质中 $\boldsymbol{M}$ 的方向与外磁场 $\boldsymbol{B}_0$ 的方向一致,在抗磁质中 $\boldsymbol{M}$ 的方向与外磁场 $\boldsymbol{B}_0$ 的方向相反。在国际单位制中,磁化强度的单位为安培每米,符号为 $\mathrm{A\cdot m^{-1}}$。

9.7.2 磁介质中的安培环路定理

如图 9-45(a)所示,设在单位长度有 n 匝线圈的无限长直螺线管内充满着均匀顺磁介质,线圈内的电流为 I,电流 I 在螺线管内激发的磁感强度为 $\boldsymbol{B}_0$($B_0=\mu_0 nI$)。而磁介质在磁场 $\boldsymbol{B}_0$ 中被磁化,从而使磁介质内的分子磁矩在磁场 $\boldsymbol{B}_0$ 的作用下作有规则排列[如图 9-45(b)所示]。从图中可以看出,在磁介质内部各处的分子电流总是方向相反,相互抵消,只有在边缘上形成近似环形电流,这个电流称作磁化电流,用 I_s 表示。如果是顺磁质,磁化电流与螺线管上导线中的电流方向相同 I,如果是抗磁质,则两者方向相反。

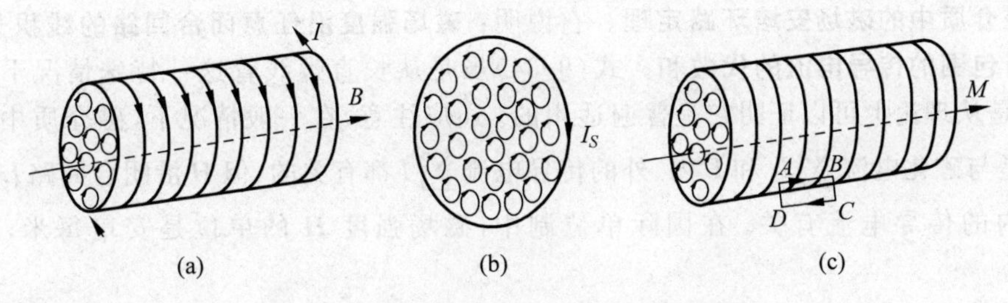

图 9-45　导出磁介质中安培环路定理用图

我们把圆柱形磁介质表面上沿柱体母线方向单位长度的磁化电流，称为磁化电流密度 j_s。那么在长为 L、截面积为 S 的磁介质里，由于被磁化而具有的磁矩值为 $\sum m = j_s LS$。于是由磁化强度定义式(9-30)可得磁化电流面密度和磁化强度之间的关系为

$$j_s = M$$

若在如图 9-45(c)所示的圆柱形磁介质内外横跨边缘选取矩形环路 $ABCDA$，AB 在磁介质内部，它平行于柱体轴线，长度为 l，而 BC、AD 两边则垂直于柱面。现在，在磁介质内部各点处 $\boldsymbol{M}$ 都沿 AB 方向，大小相等，在柱外各点处 $\boldsymbol{M}=0$。所以，磁化强度 $\boldsymbol{M}$ 沿此环路的积分则为

$$\oint_L \boldsymbol{M} \cdot \mathrm{d}\boldsymbol{l} = M\overline{AB} = j_s l = \sum I_s \tag{9-31}$$

这里，$j_s l = \sum I_s$ 是指通过闭合回路 $ABCDA$ 的总磁化电流。上式表示为磁化强度 $\boldsymbol{M}$ 沿闭合回路的线积分等于穿过回路的磁化电流的代数和。式(9-31)虽然是从均匀磁介质及长方形闭合回路的简单特例导出，但却是在任何情况下都普遍适用的关系式。

此外，对 $ABCDA$ 环路来说，由安培环路定理可有

$$\oint_L \boldsymbol{B} \cdot \mathrm{d}\boldsymbol{l} = \mu_0 \sum I_i$$

式中，$\sum I_i$ 为环路所包围线圈流过的传导电流 $\sum I$ 与磁化电流 $\sum I_s$ 之和，故上式可写成

$$\oint_L \boldsymbol{B} \cdot \mathrm{d}\boldsymbol{l} = \mu_0 \left(\sum I + \sum I_s \right)$$

将式(9-31)代入上式，可得

$$\oint_L \boldsymbol{B} \cdot \mathrm{d}\boldsymbol{l} = \mu_0 \sum I + \mu_0 \oint_L \boldsymbol{M} \cdot \mathrm{d}\boldsymbol{l}$$

或写成

$$\oint_L \left(\frac{\boldsymbol{B}}{\mu_0} - \boldsymbol{M} \right) \cdot \mathrm{d}\boldsymbol{l} = \sum I \tag{9-32}$$

和电介质中引进 $\boldsymbol{D}$ 矢量相似，我们以 $\left(\dfrac{\boldsymbol{B}}{\mu_0} - \boldsymbol{M} \right)$ 定义一个新的物理量 $\boldsymbol{H}$，称为**磁场强度矢量**。即

$$\boldsymbol{H} = \frac{\boldsymbol{B}}{\mu_0} - \boldsymbol{M} \tag{9-33}$$

于是式(9-32)可写为

$$\oint_L \boldsymbol{H} \cdot \mathrm{d}\boldsymbol{l} = \sum I \tag{9-34}$$

这就是**磁介质中的磁场安培环路定理**。它说明:**磁场强度沿任意闭合回路的线积分,等于该回路所包围的传导电流的代数和**。式(9-34)虽是从长直螺线管这一特殊情况下推导出来的,但是从理论上可以证明它是普遍适用的。还应注意,在一般情况下,磁介质中总磁场强度 $\boldsymbol{H}$ 是与磁化电流 $\sum I_s$ 和 L 内、外的传导电流 $\sum I$ 都有关的,但 $\boldsymbol{H}$ 沿闭合回路 L 的环流只与 L 内的传导电流有关。在国际单位制中,磁场强度 $\boldsymbol{H}$ 的单位是安培每米,符号是 $\mathrm{A \cdot m^{-1}}$。

实验表明,对于各向同性的均匀磁介质,介质内任一点的磁化强度 $\boldsymbol{M}$ 与该点的磁场强度 $\boldsymbol{H}$ 成正比。比例系数 χ_m 是恒量,称为磁介质的**磁化率**,即

$$\boldsymbol{M} = \chi_m \boldsymbol{H} \tag{9-35}$$

把式(9-35)代入式(9-33),则

$$\boldsymbol{B} = \mu_0(\boldsymbol{H} + \boldsymbol{M}) = \mu_0(1 + \chi_m)\boldsymbol{H} \tag{9-36}$$

如果引入一个物理量 μ_r,令

$$\mu_r = 1 + \chi_m \tag{9-37}$$

μ_r 就是磁介质的**相对磁导率**,于是式(9-36)可写为

$$\boldsymbol{B} = \mu_0 \mu_r \boldsymbol{H} = \mu \boldsymbol{H} \tag{9-38}$$

对于真空,$\boldsymbol{M}=0$,$\chi_m=0$,$\mu_r=1$,$\mu=\mu_0$,因此 $\boldsymbol{B}=\mu_0\boldsymbol{H}$。

对于各向同性的均匀磁介质,χ_m 是恒量,μ_r 也是恒量,且都是纯数,$\mu_r=1+\chi_m$。磁介质的磁化率 χ_m、相对磁导率 μ_r、磁导率 μ 都是描述磁介质磁化特性的物理量,只要知道三个量中的任一个量,该介质的磁性就完全清楚了,对于顺磁质,$\chi_m>0$,故 $\mu_r>1$;对于抗磁质,$\chi_m<0$,故 $\mu_r<1$。表 9-1 列出了部分顺磁质及抗磁质的磁化率。

表 9-1 几种常见磁介质的磁化率

(27℃,气体压强为 1.013×10^5 Pa)

材料		$\chi_m=\mu_r-1$	材料		$\chi_m=\mu_r-1$
顺磁质	钛	7.06×10^{-5}	抗磁质	氮	-5.0×10^{-9}
	铝	2.3×10^{-5}		铜	-9.8×10^{-6}
	氧	2.09×10^{-6}		汞	-2.9×10^{-5}
	钨	6.8×10^{-5}		铅	-1.7×10^{-5}

可见,在常温下,顺磁质和抗磁质的磁化率的值都很小,相对磁导率 μ_r 都很接近于 1。

通过以上的讨论我们可以知道,引入磁场强度 $\boldsymbol{H}$ 这个物理量以后,能够比较方便地处理有磁介质的磁场问题,就像引入电位移 $\boldsymbol{D}$ 后,能够比较方便地处理有电介质的静电场问题一样,特别是当均匀磁介质充满整个磁场,且磁场分布又具有某些对称性的情况,我们可用有磁介质的安培环路定理先求出磁场强度 $\boldsymbol{H}$ 的分布,再根据式(9-38)得出介质中磁场的磁感强度的分布,在整个过程中可不必考虑磁化电流。下面举一例题。

例 1 如图 9-46 所示,有两个半径分别 r 和 R 的"无限长"同轴圆筒形导体,在它们之间充以相对磁导率为 μ_r 的磁介质。当两圆筒通有相反方向的电流 I 时,试求:(1)磁介质中任意点 P 的磁感强度的大小;(2)圆柱体外面一点 Q 的磁感强度。

解 (1) 这两个"无限长"的同轴圆筒,当有电流通过时,它们的磁场是柱对称分布的。设磁介质中点

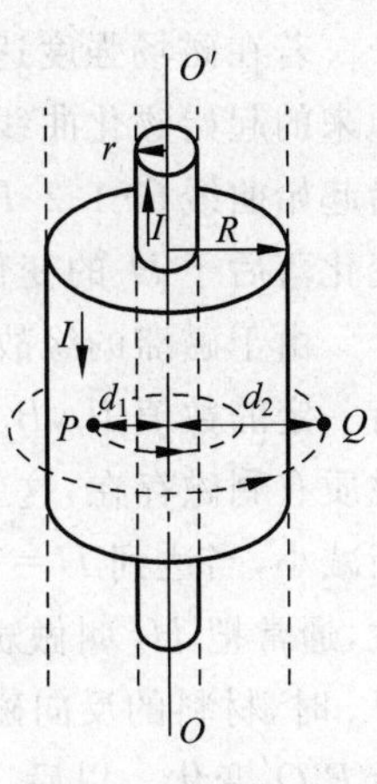

图 9-46 例 1 用图

P 到轴线 OO' 的垂直距离为 d_1，并以 d_1 为半径作一圆，根据式(9-34)，有

$$\oint_L \boldsymbol{H} \cdot \mathrm{d}\boldsymbol{l} = H\oint_0^{2\pi d_1} \mathrm{d}l = H2\pi d_1 = I$$

所以

$$H = \frac{I}{2\pi d_1}$$

由式(9-38)，可得点 P 的磁感强度的大小为

$$B = \mu H = \frac{\mu_0 \mu_r I}{2\pi d_1} = \frac{\mu I}{2\pi d_1}$$

(2) 设从点 Q 到轴线 $O'O$ 的垂直距离为 d_2，并以 d_2 为半径作一圆，显然此闭合路径所包围的传导电流的代数和为零，即 $\sum I = 0$，根据式(9-34)可求得

$$\oint_L \boldsymbol{H} \cdot \mathrm{d}\boldsymbol{l} = H\oint_0^{2\pi d_2} \mathrm{d}l = 0$$

所以

$$H = 0$$

由式(9-38)，可得点 Q 的磁感强度 $B=0$。

*9.7.3 铁磁质

铁磁质是一类特殊的磁介质，也是最有用的磁介质。铁、钴、镍和它们的一些合金均属于铁磁质。

9.7.3.1 磁化曲线 磁滞回线

前面说过，顺磁质的磁导率 μ 很小，但是一个常量，不随外磁场的改变而变化，故顺磁质的 B 与 H 的关系是线性关系，如图 9-47 所示。但铁磁质却不是这样，不仅它的磁导率比顺磁质的磁导率大得多，而且，当外磁场改变时，它的磁导率 μ 还随磁场强度 $\boldsymbol{H}$ 的改变而改变。图 9-48 中的 O-1-2-P 曲线是从实验得出的某一铁磁质开始磁化时的 B-H 曲线，也叫**初始磁化曲线**。从曲线中可以看出 B 与 H 之间是**非线性关系**。当 H 从零(即点 O)逐渐增大时，0-1 段缓慢增加，1-2 段急剧地增加，这是因为磁畴在磁场作用下迅速沿外磁场方向排列的缘故；到达点 2 后，再增大 H 时，B 增加得就比较慢了；当达到点 P 以后，再增加外磁场强度 H 时，B 的增加就十分缓慢，呈现出磁化已达饱和的程度。点 P 所对应的 B 值一般叫做**饱和磁感强度** B_m，这时，在铁磁质中，几乎所有磁畴都已沿着外磁场方向排列了。这时的磁场强度用 $+H_m$ 表示。

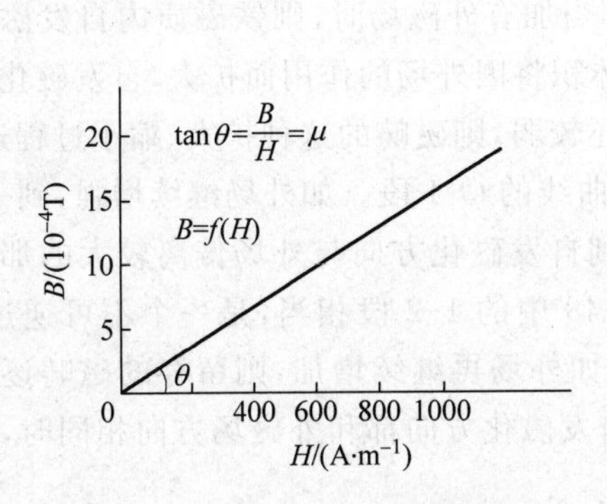

图 9-47 顺磁质的 B-H 曲线图

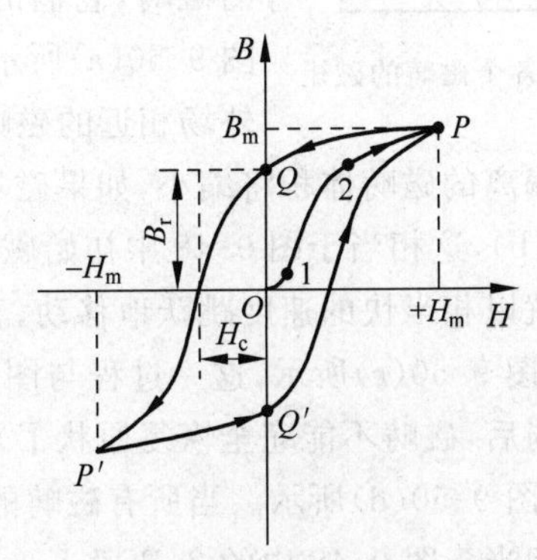

图 9-48 磁滞回线

若在磁场强度达到$+H_m$后开始减小H,那么,在H减小的过程中,B-H曲线是否仍按原来的起始磁化曲线退回来呢?实验表明,当外磁场由$+H_m$逐渐减小时,磁感强度B并不沿起始曲线O-1-2-P减小,而是沿图9-48中另一条曲线PQ比较缓慢地减小。这种B的变化落后于H的变化的现象,叫做**磁滞现象**,简称**磁滞**。

由于磁滞的缘故,当磁场强度减小到零(即$H=0$)时,磁感强度B并不等于零,而是仍有一定的数值B_r,B_r叫做**剩余磁感强度**,简称**剩磁**。这是铁磁质所特有的性质。如果一铁磁质有剩磁存在,这就表明它已被磁化过。由图9-48可以看出,随着反向磁场的增加,B逐渐减小,当达到$H=-H_c$时,B等于零,这时铁磁质的剩磁就消失了,铁磁质也就不显现磁性,通常把H_c叫做矫顽力,它表示铁磁质抵抗去磁的能力。当反向磁场继续不断增强到$-H_m$时,材料的反向磁化同样能达到饱和点P'。此后,反向磁场逐渐减弱到零,B-H曲线便沿$P'Q'$变化。以后,正向磁场增强到$+H_m$时,B-H曲线就沿$Q'P$变化,从而完成一个循环。所以,由于磁滞,B-H曲线就形成一个闭合曲线,这个闭合曲线叫做磁滞回线。研究磁滞现象不仅可以了解铁磁质的特性,而且也有实用价值,因为铁磁材料往往应用于交变磁场中。需要指出,铁磁质在交变磁场中被反复磁化时,磁滞效应是要损耗能量的,而所损耗的能量与磁滞回线所包围的面积有关,面积越大,能量的损耗越多。

9.7.3.2 磁畴理论

铁磁性不能用一般顺磁质的磁化理论来解释。因为铁磁质的单个原子或分子并不具有任何特殊的磁性。如铁原子和铬原子的结构大致相同,原子的磁矩也相同,但铁是典型的铁磁质,而铬是普通的顺磁质。可见,铁磁质并不是与原子或分子有关的性质,而是和物质的固体结构有关的性质。

现代理论和实验都证明在铁磁质内存在着许多小区域,其体积约为10^{-12}m^3,其中含有$10^{12}\sim10^{15}$个原子。在这些小区域内的原子间存在着非常强的电子"交换耦合作用",使相邻原子的磁矩排列整齐,称为自发磁化,也就是说,这些小区域已自发磁化到饱和状态了。这种小区域称为**磁畴**。每个磁畴相当于一个小的磁性极强的永久磁铁。无外磁场作用时,同一磁畴内的分子磁矩方向一致,各个磁畴的磁矩方向杂乱无章(见图9-49),磁介质的总磁矩为零。宏观上对外不显磁性。

图9-49 各个磁畴的磁矩

为了讨论的方便,特在图9-50中示意地画四个体积相同的磁畴,它们的取向不同,磁矩恰好抵消,对外不呈现磁性,如图9-50(a)所示。当加有外磁场时,则铁磁质内自发磁化方向和外场相近的磁畴体积将因外场的作用而扩大,自发磁化方向与外场有较大偏离的磁畴体积将缩小,如果磁场还较弱,则磁畴的这种扩大、缩小过程还较缓慢,如图9-50(b),这相当于图9-48中初始磁化曲线的O-1段。如外场继续增强,到一定值时,磁畴界壁就以相当快的速度跳跃地移动,直到自发磁化方向与外场偏离较大的那些磁畴全部消失,如图9-50(c)所示,这一过程与图9-48中的1-2段相当,是一个不可逆过程(亦即外磁场减弱后,磁畴不能完全恢复原状了)。如外场再继续增加,则留存的磁畴逐渐转向外场方向,如图9-50(d)所示。当所有磁畴的自发磁化方向都和外磁场方向相同时,磁化达到饱和。这相当于图9-48中的2-P段。

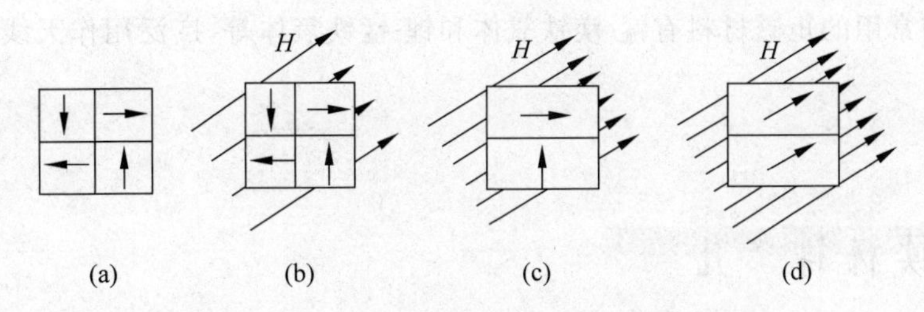

图 9-50　用磁畴的观点说明铁磁质的磁化过程

由于铁磁质内存在杂质和内应力,因此磁畴在磁化和退磁过程中作不连续的体积变化和转向时,磁畴不能按原来变化规律逆着退回原状,因而出现磁滞现象和剩磁。

铁磁质和磁畴结构的存在是分不开的,当铁磁体受到强烈震动,或在高温下激烈的热运动使磁畴瓦解时,铁磁体的铁磁性也就消失了,居里(P. Curie)曾发现：对任何铁磁质来说,各有一特定的温度,当铁磁质的温度高于这一温度时,磁畴全部瓦解,铁磁性完全消失而成为普通的顺磁质。这个温度叫做**居里点**或**居里温度**。铁、钴、镍的居里点分别为 1040K、1390K 和 630K。

9.7.3.3　铁磁质的分类及其应用

从铁磁质的性质和应用方面来看,按矫顽力的大小可将铁磁质分为软磁材料、硬磁材料和矩磁材料。

软磁材料的矫顽力小($H_c<100\text{A/m}$),磁滞回线狭长,如图 9-51(a)所示。这种材料容易磁化,也容易退磁,适合在交变电磁场中工作,如各种电感元件、变压器、镇流器、继电器等。一旦切断电流后,剩磁很小。常用的金属软磁材料有工程纯铁、硅钢、坡莫合金等,还有非金属软磁铁氧体,如锰锌铁氧体、镍锌铁氧体等。

硬磁材料的矫顽力较大($H_c>100\text{A/m}$),磁滞回线肥大,如图 9-51(b)所示。其磁滞特性显著。这种材料一旦磁化后,会保留较大的剩磁,且不易退磁,故适合于作永久磁体。用于磁电式电表、永磁扬声器、拾音器、电话、录音机、耳机等电器设备。常见的金属硬磁材料有碳钢、钨钢、铝钢等。

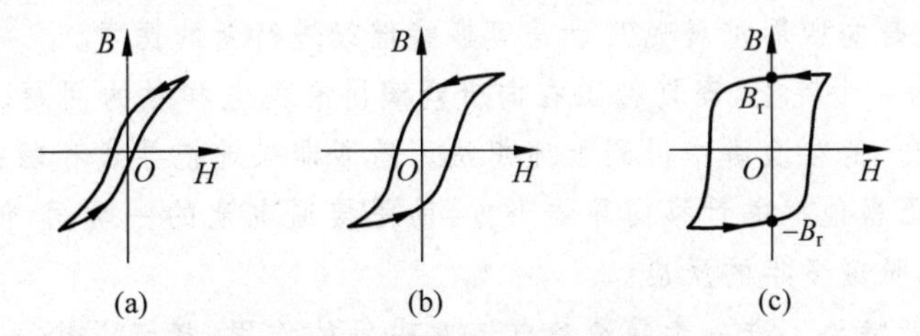

图 9-51　不同铁磁质的磁滞回线
(a) 软磁材料；(b) 硬磁材料；(c) 矩磁铁氧体材料

还有一种铁磁质叫矩磁材料,其特点是剩磁很大,接近于饱和磁感强度 B_m,而矫顽力小,其磁滞回线接近于矩形,如图 9-51(c)所示。当它被外磁场磁化时,总是处在 B_r 或 $-B_r$ 两种不同的剩磁状态。因此适合于计算机中,作储存记忆元件。通常计算机中采用二进制,只有“1”和“0”两个数码,因此可用矩磁材料的两种剩磁状态分别代表两个数码,起到“记忆”

的作用。目前常用的矩磁材料有锰-镁铁氧体和锂-锰铁氧体等,广泛用作天线、电感磁芯和记忆元件。

阅读材料 九

电流的磁效应

电流磁效应的发现,在电学的发展史中占有重要地位。在这项发现以前,电和磁在人们看来是截然无关的两件事。电和磁究竟有没有联系?这是先人经常思索的问题。"顿牟缀芥、磁石引针"说明电现象和磁现象的相似性,库仑先后建立电力和磁力的平方反比定律,说明它们有类似的规律。但是相似性不等于本质上有联系。17世纪初,吉伯就做过断言,认为两者没有关系,库仑也持相同观点。然而,实际事例不断吸引人们的注意。比如:1731年,有一名英国商人发现,雷电过后,他的一箱新刀叉竟然有了磁性。1751年,富兰克林发现莱顿瓶放电可使缝衣针磁化。

电真的会生磁吗?这个疑问促使1774年德国有一家研究所悬奖征解,题目是:"电力和磁力是否存在着实际的和物理的相似性?"许多人纷纷做实验进行研究,但是结果都不理想。这时,丹麦有一位物理学家,名叫奥斯特(Hans Christian Osrsted,1777—1851),他在坚定的信念支持下,反复探索,终于揭开了电生磁这一奥秘。

1. 奥斯特发现电流的磁效应

奥斯特是丹麦哥本哈根大学的物理学教授。他信奉康德的哲学思想,认为自然界各种基本力是可以相互转化的,1751年富兰克林用莱顿瓶放电的办法使钢针磁化的发现对奥斯特启发很大,他认识到电向磁转化不是可能不可能的问题,而是如何实现的问题,电与磁转化的条件才是问题的关键。开始奥斯特根据电流通过直径较小的导线会发热的现象推测:如果通电导线的直径进一步缩小那么导线就会发光;如果直径进一步缩小到一定程度,就会产生磁效应。但奥斯特沿着这条路子并未能发现电向磁的转化现象。奥斯特没有因此灰心,仍在不断实验,不断思索,他从发热和发光的现象推测,既然热和光都是向四周扩展的,会不会磁的作用也是向四周扩展呢?于是奥斯特继续进行新的探索。

1820年4月的一个晚上,奥斯特正在向听众演讲有关电和磁的问题。他准备了实物表演,一边讲,一边做。他在演讲中讲到上述想法。随即即兴地把导线和磁针平行放置作一个示范。没有想到,正当他把磁针移向导线下方,助手接通电池的一瞬间,他看到磁针有一轻微晃动。这正是他盼望多年的反应。

演讲会后,奥斯特为了进一步弄清楚电流对磁针的作用,接连几个月研究这一新现象,做了60多个实验,他把磁针放在导线的上方、下方,考察了电流对磁针作用的方向;把磁针放在距导线不同距离,考察电流对磁针作用的强弱;把玻璃、金属、木头、石头、瓦片、松脂、水等放在磁针与导线之间,考察电流对磁针的影响等。并于1820年7月21日发表了题为《关于磁针上电流碰撞的实验》的论文,奥斯特用拉丁文以四页的篇幅,十分简洁地报告了他的实验,向科学界宣布了电流的磁效应。1820年7月21日作为一个划时代的日子载入史册,它揭开了电磁学的序幕,标志着电磁学时代的到来。

2. 电流磁效应的研究热潮

奥斯特发现电流磁效应的消息很快就传到德国和瑞士，法国科学院院士阿拉果(D. F. J. Arago，1786—1853)正在日内瓦访问，听到这一消息马上认识到它的重要意义，立刻回到巴黎，1820 年 9 月 4 日向法国科学院报告并演示了奥斯特的实验，引起法国科学界的极大兴趣。安培(André Marie Amperè，1775—1836)、毕奥(J. B. Biot，1774—1862)和萨伐尔(Felix Savart，1791—1841)等人立即行动，重复了奥斯特的实验，并且进一步发展了奥斯特的成果。

就在 1820 年 9 月 18 日至 10 月 9 日之间，安培连续报告了他的实验研究，其中包括确定磁针偏转方向的右手定则；他提出磁棒类似于有电流流通的线圈，磁性是由于磁体内"分子电流"产生磁效应，以及地球的磁性是由从东向西绕地球作圆周运动的电流所引起。为了说明磁性与电流的关系，他又考察了线圈之间的相互作用，并进而研究直线电流之间的相互作用。他指出两电流方向相同时相互吸引，方向相反时相互排斥。

安培的分子电流假说把一切磁效应都归功于电流与电流的相互作用。他的所谓分子，并不是指真正的分子，分子电流也不是指微观带电粒子的运动，他的假说只不过是一种模型。磁性的本质，只有到 20 世纪，才能在量子理论的基础上真正得到解释。

当时，安培的学说遭到来自不同角度的反对。比如，赛贝克就不同意把磁归结为电，他认为磁比电更为根本。1821 年赛贝克通过实验证明有一种特殊的物质——"磁雾"存在。他在用纸做成的平板上撒上一层细细的铁屑，让一根导线垂直穿过这块纸板；当接通电源后，铁屑就以纸板上的导线为中心形成一圈一圈的同心圆；并且离中心越近，这些同心圆就越密集。他认为，这个实验说明了通电导线周围存在着一种"磁雾"，所以铁屑才形成同心圆。1825 年塞贝克又做了一个实验，他用丝线吊起一块磁铁，把它当作单摆，然后在它旁边放上一块金属。他发现，当这块磁铁摆动起来时，很快就会衰减下去，他认为这是受到"磁雾"的阻碍作用。如果拿走金属块，磁铁的摆动会持续很长时间，就像没有受到任何阻力一样。塞贝克还用其他的方法证明"磁雾"的阻尼作用。他取一块铜片做成单摆，让它在磁铁的两极上方摆动，发现它比没有放磁铁时衰减得快得多。这实际是在金属和铜片中产生了感应电流，感应电流反过来又受磁力的阻碍作用。塞贝克当时不可能明白这个道理，而是认为这正是他的"磁雾"理论的证据。

1821 年，毕奥和萨伐尔通过磁针周期振荡的方法发现了直线电流对磁针作用的定律，这个作用正比于电流的强度，反比于它们之间的距离，作用力的方向则垂直于磁针到导线的连线。(拉普拉斯假设了电流的作用可以看作为各个电流元单独作用的总和，把这个定律表示为微分形式。这就是现在我们熟悉的毕奥-萨伐尔-拉普拉斯定律)。毕奥也不同意安培的电动力理论和分子电流学说，他反对安培把一切电磁作用都归结于电流之间的相互作用，认为电磁力也是一种基本力；而安培认为毕奥没有认清磁的本质。

关于电与磁的关系，一时间众说纷纭，莫衷一是。

奥斯特和安培等人的研究成果传到英国，引起了广泛注意。1821 年英国哲学学报(*Annal of Philosophy*)杂志编辑约法拉第写一篇关于电磁问题的述评，这件事导致法拉第开始了电磁学的研究。

法拉第当时正在英国皇家研究所做化学研究工作。他原来是文具店学徒工,从小热爱科学,奋发自学。由于化学家戴维的帮助,进到皇家研究所的实验室当了戴维的助手,1821年受任当了皇家研究所实验室主任。

法拉第在整理电磁学文献时,为了判断各种学说的真伪,亲自做了许多实验,其中包括奥斯特和安培的实验。在实验过程中他发现了一个新现象:如果在载流导线附近只有磁铁的一个极,磁铁就会围绕导线旋转;反之,如果在磁极周围有载流导线,这导线也会绕磁极旋转。其实这就是电磁旋转现象,也是最早的电动机雏形。

法拉第对安培的"分子电流"理论也提出了不同看法。他设计了一些实验,并提出了自己的观点,这些实验结果与安培的分子电流学说不符。法拉第认为,电和磁本来就是一组和谐的对称现象,如果硬要把磁归化为电的运动形式——电流,反而会破坏自然的对称性。由于法拉第是第一次对安培的学说提出了大胆的质疑,这就导致了历史上有名的法拉第与安培之争。

遗憾的是,安培一心只想证明他的分子电流学说,竟错过了发现电磁感应的机会。如果安培能更客观地对待实验,如果法拉第能准确地了解安培的实验,电磁感应的发现也许会提早好多年。

本章提要

1. 磁感应强度

$$B=\frac{F_{\max}}{qv}$$

2. 毕奥-萨伐尔定律

$$\mathrm{d}\boldsymbol{B}=\frac{\mu_0}{4\pi}\frac{I\mathrm{d}\boldsymbol{l}\times\boldsymbol{r}}{r^3}$$

$$\boldsymbol{B}=\int_L\mathrm{d}\boldsymbol{B}=\frac{\mu_0}{4\pi}\int_L\frac{I\mathrm{d}\boldsymbol{l}\times\boldsymbol{r}}{r^3}$$

3. 平面载流线圈的磁矩

$$\boldsymbol{m}=IS\boldsymbol{e}_{\mathrm{n}}$$

4. 磁通量

$$\Phi_{\mathrm{m}}=\int_S\boldsymbol{B}\cdot\mathrm{d}\boldsymbol{S}$$

5. 稳恒磁场性质

高斯定理

$$\oint\boldsymbol{B}\cdot\mathrm{d}\boldsymbol{S}=0$$

安培环路定理

$$\oint_L\boldsymbol{B}\cdot\mathrm{d}\boldsymbol{l}=\mu_0\sum_{i=1}^{n}I_i$$

6. 典型电流分布的磁场

(1) 无限长的载流直导线的磁场大小

$$B=\frac{\mu_0 I}{2\pi r}$$

(2) 圆环电流在圆心的磁场大小

$$B=\frac{\mu_0 I}{2R}$$

(3) 无限长直螺线管内部磁场大小

$$B=\mu_0 nI$$

7. 洛伦兹力

$$\boldsymbol{F}_{\mathrm{m}}=q\boldsymbol{v}\times\boldsymbol{B}$$

8. 安培定律

$$\mathrm{d}\boldsymbol{F}=I\mathrm{d}\boldsymbol{l}\times\boldsymbol{B}$$

$$\boldsymbol{F}=\int_L\mathrm{d}\boldsymbol{F}=\int_L I\,\mathrm{d}\boldsymbol{l}\times\boldsymbol{B}$$

载流线圈所受的磁力矩

$$\boldsymbol{M}=IS\boldsymbol{e}_{\mathrm{n}}\times\boldsymbol{B}=\boldsymbol{m}\times\boldsymbol{B}$$

9. 磁力的功

$$W=\int_{\Phi_{\mathrm{m1}}}^{\Phi_{\mathrm{m2}}}I\mathrm{d}\Phi_{\mathrm{m}}$$

10. 磁场强度

$$\boldsymbol{H}=\frac{\boldsymbol{B}}{\mu_0}-M$$

11. 有磁介质时的安培环路定理

$$\oint_L\boldsymbol{H}\cdot\mathrm{d}\boldsymbol{l}=\sum I$$

对各向同性的介质

$$\boldsymbol{B}=\mu_0\mu_{\mathrm{r}}\boldsymbol{H}=\mu\boldsymbol{H}$$

思考题

9.1　如何定义磁感强度？

9.2　在载流圆线圈中，线圈平面内各点磁感强度大小、方向是否相同？

9.3　能否用安培环路定理求解一段有限长载流直导线的磁感强度，为什么？

9.4　线圈的磁矩 $\boldsymbol{m}=IS\boldsymbol{e}_{\mathrm{n}}$，如何根据线圈中电流 I 的绕行方向来判断 $\boldsymbol{m}$(或 $\boldsymbol{e}_{\mathrm{n}}$)的方向？

9.5　什么是洛伦兹力？写出其矢量表达式。

9.6　什么是安培力？写出其矢量表达式。

9.7　什么叫霍尔效应？如何利用霍尔效应来分辨 N 型半导体和 P 型半导体？

9.8　说明安培力是电流元中载流子所受洛伦兹力的宏观表现。

9.10　说明磁感应强度矢量和磁场强度矢量的区别和联系。

9.11 说明顺磁质和抗磁质磁化的微观机制和宏观表现。

9.12 试由磁畴理论解释铁磁质的特性。

习题

9.1 选择题

(1) 两根长度相同的细导线分别密绕在半径为 R 和 r 的两个长直圆筒上形成两个螺线管,两个螺线管的长度相同,$R=2r$,螺线管通过的电流相同,为 I,螺线管中的磁感强度大小 B_R、B_r 满足( )。

A. $B_R=2B_r$ B. $B_R=B_r$

C. $2B_R=B_r$ D. $B_R=4B_r$

(2) 一个半径为 r 的半球面如习题 9.1(2)图放在均匀磁场中,通过半球面的磁通量为( )。

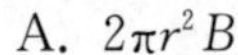

A. $2\pi r^2 B$ B. $\pi r^2 B$

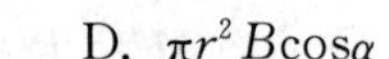

C. $2\pi r^2 B\cos\alpha$ D. $\pi r^2 B\cos\alpha$

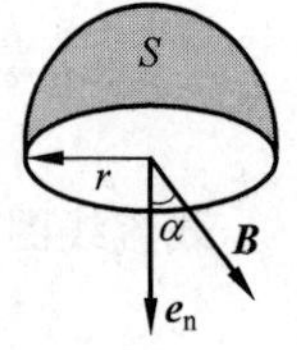

习题 9.1(2)图

(3) 下列说法正确的是:( )。

A. 闭合回路上各点磁感强度都为零时,回路内一定没有电流穿过

B. 闭合回路上各点磁感强度都为零时,回路内穿过电流的代数和必定为零

C. 磁感强度沿闭合回路的积分为零时,回路上各点的磁感强度必定为零

D. 磁感强度沿闭合回路的积分不为零时,回路上任意一点的磁感强度都不可能为零

(4) 载流导线在平面内分布且通有电流 I 如习题 9.1(4)图所示,该载流导线周围空间 O 点的磁感强度大小为( )。

A. $\dfrac{\mu_0 I}{4R}+\dfrac{\mu_0 I}{2\pi R}$ B. $\dfrac{\mu_0 I}{4R}-\dfrac{\mu_0 I}{4\pi R}$ C. $\dfrac{\mu_0 I}{4R}+\dfrac{\mu_0 I}{4\pi R}$ D. $\dfrac{\mu_0 I}{2R}+\dfrac{\mu_0 I}{2\pi R}$

(5) 如习题 9.1(5)图所示,(a)和(b)两图中各有一半径相同的圆形回路 L_1、L_2,圆周内有电流 I_1、I_2,其分布相同,且均在真空中,但(b)图中 L_2 外有电流 I_3,P_1、P_2 为两圆形回路上的相应点,则( )。

A. $\oint_{L_1}\boldsymbol{B}\cdot d\boldsymbol{l}\neq\oint_{L_2}\boldsymbol{B}\cdot d\boldsymbol{l}, B_{P_1}=B_{P_2}$ B. $\oint_{L_1}\boldsymbol{B}\cdot d\boldsymbol{l}=\oint_{L_2}\boldsymbol{B}\cdot d\boldsymbol{l}, B_{P_1}=B_{P_2}$

C. $\oint_{L_1}\boldsymbol{B}\cdot d\boldsymbol{l}=\oint_{L_2}\boldsymbol{B}\cdot d\boldsymbol{l}, B_{P_1}\neq B_{P_2}$ D. $\oint_{L_1}\boldsymbol{B}\cdot d\boldsymbol{l}\neq\oint_{L_2}\boldsymbol{B}\cdot d\boldsymbol{l}, B_{P_1}\neq B_{P_2}$

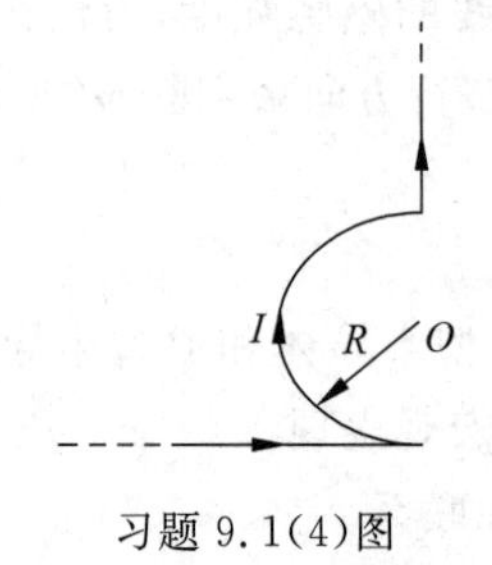

习题 9.1(4)图

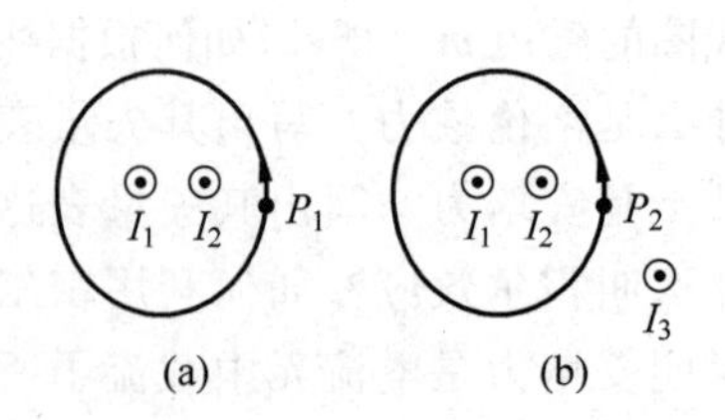

习题 9.1(5)图

(6) 质量为 m 电量为 q 的粒子，以速率 v 与均匀磁场 B 成 θ 角射入磁场，轨迹为一螺旋线，若要增大螺距，则要(　　)。

A. 增加磁场 B　　B. 减少磁场 B　　C. 增大 θ 角　　D. 减小速率 v

(7) 真空中电流元 $I_1\mathrm{d}\boldsymbol{l}_1$ 与电流元 $I_2\mathrm{d}\boldsymbol{l}_2$ 之间的相互作用是这样进行的：(　　)。

A. $I_1\mathrm{d}\boldsymbol{l}_1$ 与 $I_2\mathrm{d}\boldsymbol{l}_2$ 直接进行作用，且服从牛顿第三定律

B. 由 $I_1\mathrm{d}\boldsymbol{l}_1$ 产生的磁场与 $I_2\mathrm{d}\boldsymbol{l}_2$ 产生的磁场之间相互作用，且服从牛顿第三定律

C. 由 $I_1\mathrm{d}\boldsymbol{l}_1$ 产生的磁场与 $I_2\mathrm{d}\boldsymbol{l}_2$ 产生的磁场之间相互作用，但不服从牛顿第三定律

D. 由 $I_1\mathrm{d}\boldsymbol{l}_1$ 产生的磁场与 $I_2\mathrm{d}\boldsymbol{l}_2$ 进行作用，或由 $I_2\mathrm{d}\boldsymbol{l}_2$ 产生的磁场与 $I_1\mathrm{d}\boldsymbol{l}_1$ 进行作用，且不服从牛顿第三定律

(8) 半径为 R 的圆柱形无限长载流直导线置于均匀无限长磁介质之中，若导线中流过的稳恒电流为 I，磁介质的相对磁导率为 $\mu_r(\mu_r<1)$，则磁介质内磁场强度的大小为(　　)。

A. $(\mu_r-1)I/2\pi r$　　B. $I/2\pi r$　　C. $\mu_r I/2\pi r$　　D. $I/2\pi\mu_r r$

9.2　填空题

(1) 一电流元 $I\mathrm{d}\boldsymbol{l}$ 在磁场中某处沿正东方向放置时不受力，把此电流元转到沿正北方向放置时受到的安培力竖直向上，则该电流元所在处 $\boldsymbol{B}$ 的方向为________。

(2) 计算有限长的直线电流产生的磁场________用毕奥-萨伐尔定律，而________用安培环路定理求得(填能或不能)。

(3) 电荷在静电场中沿任一闭合曲线移动一周，电场力做功为________，电荷在磁场中沿任一闭合曲线移动一周磁场力做功为________。

(4) 两根长直导线通有电流 I_1、I_2，均在 a 和 b 环路内如习题 9.2(4)图所示，则 a、b 两个回路的 $\boldsymbol{B}$ 的环流为：$\oint_a \boldsymbol{B}\cdot\mathrm{d}\boldsymbol{l}=\mu_0$ ________，$\oint_b \boldsymbol{B}\cdot\mathrm{d}\boldsymbol{l}=\mu_0$ ________。

9.3　已知磁感应强度 $B=2.0\mathrm{Wb\cdot m^{-2}}$ 的匀强磁场，方向沿 x 轴正方向，如习题 9.3 图所示。试求：(1)通过图中 $abcd$ 面的磁通量；(2)通过图中 $befc$ 面的磁通量；(3)通过图中 $aefd$ 面的磁通量。

9.4　一边长为 $a=0.15\mathrm{m}$ 的立方体如习题 9.4 图所示放置。有一均匀磁场 $\boldsymbol{B}=6\boldsymbol{i}+3\boldsymbol{j}+1.5\boldsymbol{k}$(T)通过立方体所在区域，计算：

(1) 通过立方体上阴影面积的磁通量；

(2) 通过立方体六面的总磁通量。

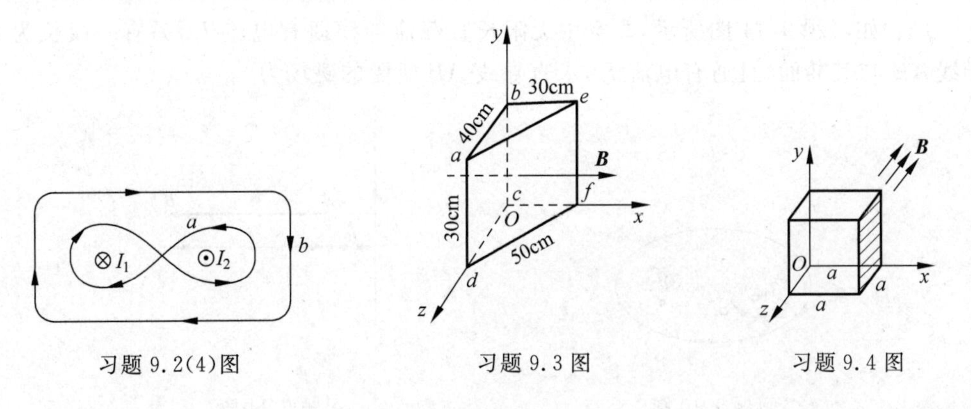

习题 9.2(4)图　　习题 9.3 图　　习题 9.4 图

9.5　如习题 9.5 图所示,几种载流导线在平面内分布,电流均为 I,它们在 O 点的磁感强度各为多少?

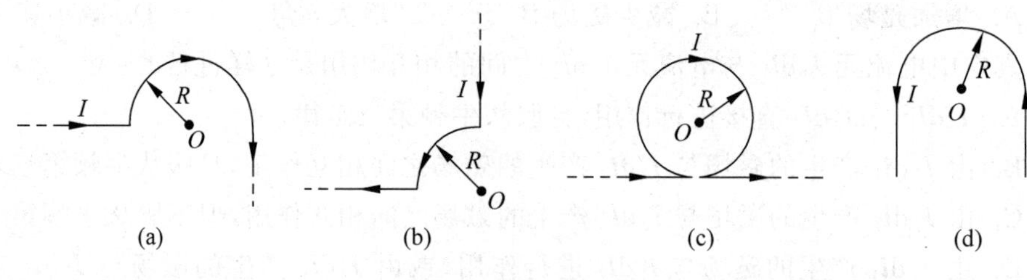

习题 9.5 图

9.6　如习题 9.6 图所示,载流长直导线的电流为 I,试求通过矩形面积的磁通量。

9.7　如习题 9.7 图所示,半径 $R=0.1\text{m}$ 的螺绕环内为真空,环上均匀密绕 $N=1000$ 匝线圈,通有电流 $I=0.5\text{A}$,求螺绕环内的磁感强度 B 的大小?($\mu_0=4\pi\times10^{-7}\text{N}\cdot\text{A}^{-2}$)

9.8　有一同轴电缆其尺寸如习题 9.8 图所示,两导体中电流均为 I,但流向相反。试计算:(1) $R_1<r<R_2$ 处的磁感强度;

(2) $r>R_3$ 处的磁感强度。

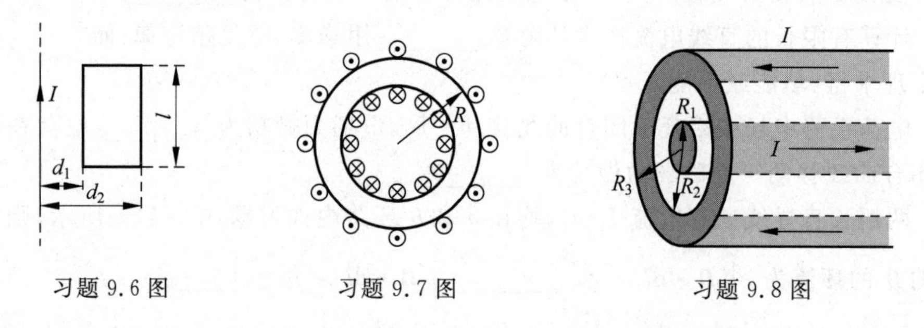

习题 9.6 图　　习题 9.7 图　　习题 9.8 图

9.9　无限长直导线通有电流 $I=0.1\text{A}$,用安培环路定理求距导线 $r=0.2\text{m}$ 处的磁感应强度 $\boldsymbol{B}$ 的大小?($\mu_0=4\pi\times10^{-7}\text{N}\cdot\text{A}^{-2}$)

9.10　如习题 9.10 图所示,两长直导线中电流 $I_1=I_2=10\text{A}$,且方向相反。对图中三个闭合回路 a、b、c 分别写出安培环路定理等式右边电流的代数和,并加以讨论:

(1) 在每一闭合回路上各点 B 是否相同?

(2) 能否由安培环路定理直接计算闭合回路上各点 B 的量值?

(3) 在闭合回路 b 上各点的 B 是否为零?为什么?

9.11　如习题 9.11 图所示,真空中无限长直载流导线通有电流 I_1,另有一段长为 l 的直导线 AB 与其共面,且通有电流 I_2,求直导线 AB 所受的磁场力?

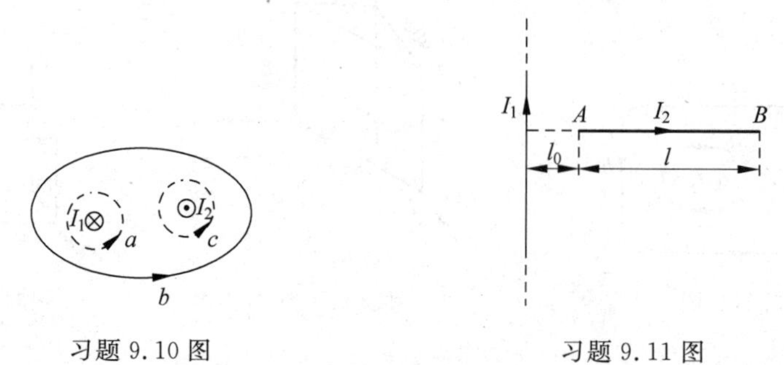

习题 9.10 图　　习题 9.11 图

9.12　一载有电流 $I=70\mathrm{A}$ 的硬导线，转折处为半径 $R=0.10\mathrm{m}$ 的四分之一圆周 ab。均匀外磁场的大小为 $B=1.0\mathrm{T}$，其方向垂直于导线所在的平面，如习题 9.12 图所示，求圆弧 ab 部分所受的力。

9.13　一半圆形闭合线圈，半径 $R=0.1\mathrm{m}$，通有电流 $I=10\mathrm{A}$，放在均匀磁场中，磁场方向与线圈平面平行，大小为 0.5T，如习题 9.13 图所示。求线圈所受力矩的大小。

9.14　一通有电流为 I 的长导线，弯成如习题 9.14 图所示的形状，放在磁感强度为 $\boldsymbol{B}$ 的均匀磁场中，$\boldsymbol{B}$ 的方向垂直纸面向里。问此导线受到的安培力为多少？

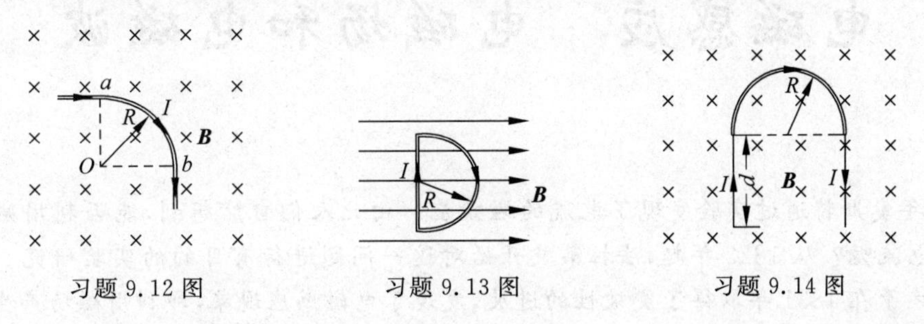

习题 9.12 图　　习题 9.13 图　　习题 9.14 图

9.15　如习题 9.15 图所示，一宽 $a=2.0\mathrm{cm}$、厚 $b=1.0\mathrm{mm}$ 的银片处于沿 y 方向的均匀磁场中，$B=1.5\mathrm{T}$，银片中有沿 x 方向的电流 $I=200\mathrm{A}$。若银的自由电子数密度为 $n=7.4\times10^{28}\mathrm{m}^{-3}$，求银片中霍尔电场强度和霍尔电势差。

9.16　带电粒子在过饱和液体中运动，会留下一串气泡显示出粒子运动的径迹。设在气泡室有一质子垂直于磁场飞过，留下一个半径为 3.5cm 的圆弧径迹，测得磁感强度为 0.2T，求此质子的动量和能量。

9.17　从太阳射来的速率为 $0.8\times10^{7}\mathrm{m\cdot s^{-1}}$ 的电子进入地球赤道上高空层范艾伦辐射带中，该处磁场为 $4.0\times10^{-7}\mathrm{T}$，此电子回转轨道半径为多大？若电子沿地球磁场的磁感线旋进到地磁北极附近，地磁北极附近磁场为 $2.0\times10^{-5}\mathrm{T}$，其轨道半径又为多少？

9.18　如习题 9.18 图所示，一根长直导线载有电流 $I_1=30\mathrm{A}$，矩形回路载有电流 $I_2=20\mathrm{A}$。试计算作用在回路上的合力。已知 $d=1.0\mathrm{cm}$，$b=8.0\mathrm{cm}$，$l=0.12\mathrm{cm}$。

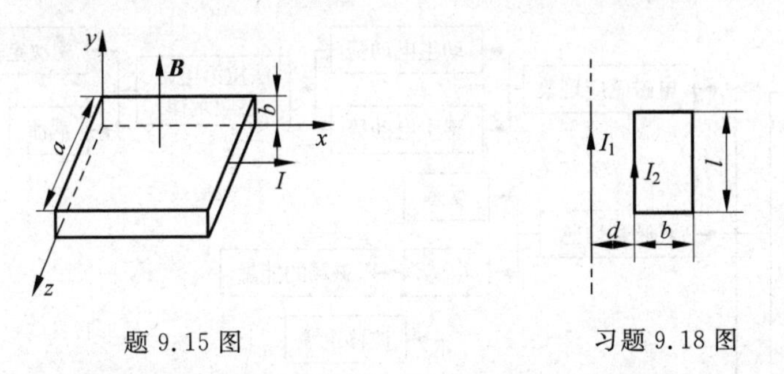

题 9.15 图　　习题 9.18 图

9.19　螺绕环的导线内通有电流 20A，利用冲击电流计测得环内磁感强度的大小是 $1.0\mathrm{Wb\cdot m^{-2}}$。已知环的平均周长是 40cm，绕有导线 400 匝。试计算：

(1) 磁场强度；

(2) 磁化强度；

(3) 磁化率；

(4) 相对磁导率。

第10章

电磁感应　电磁场和电磁波

1820年奥斯特通过实验发现了电流的磁效应。由此人们自然想到，能否利用磁效应产生电流呢？从1822年起，法拉第就开始对这一问题进行有目的的实验研究。经过多次失败，终于在1831年取得了突破性的进展，发现了电磁感应现象，即利用磁场产生电流的现象。从实际的角度来看，这一发现使电工技术有可能长足发展，为后来的人类生活电气化打下了基础。从理论上说，这一发现全面地揭示了电和磁之间的联系，为在这一年出生的麦克斯韦后来建立一套完整的电磁场理论奠定了坚实的基础，这一理论在近代科学中得到了广泛的应用。

本章介绍了电磁感应现象，讨论了动生电动势和感生电动势，在此基础上得出法拉第电磁感应定律。介绍了互感和自感，磁场的能量，以及麦克斯韦关于涡旋电场和位移电流的假设，给出了麦克斯韦方程组的积分形式。并简要介绍了电磁波的一些基本特性。

本章结构框图

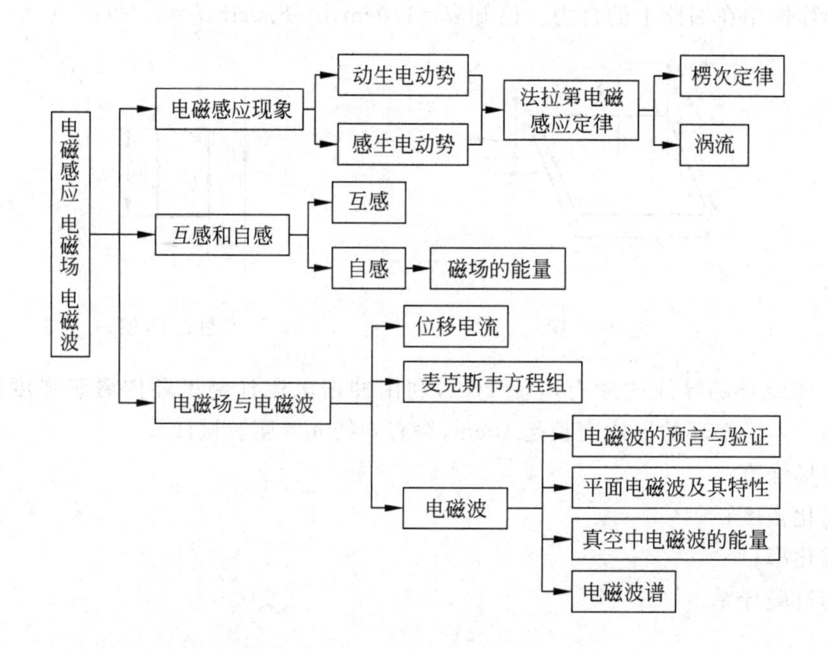

10.1 电磁感应现象

如图 10-1 实验装置，线圈 A、B 绕在同一铁芯上，彼此绝缘。线圈 A 与电流计 G 串联构成闭合回路，线圈 B 与电源及开关串联构成闭合回路。在闭合开关的一瞬间，我们可以观察到电流计 G 的指针发生了偏转，然后又回复到原位。由此可知，由线圈 B 产生的磁场使得线圈 A 中产生了电流。

在图 10-2 所示实验装置中，线圈 A 与电流计 G 串联构成闭合回路，当我们使一磁铁的某一磁极快速地插入线圈或从线圈中快速抽出时，电流计的指针发生偏转，然后又回复到原位，说明运动的磁铁的磁场在闭合线圈中产生了感应电流。

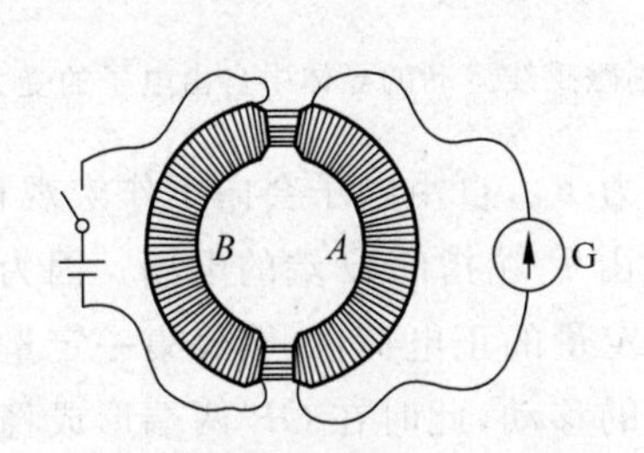

图 10-1　同芯线圈电磁感应现象

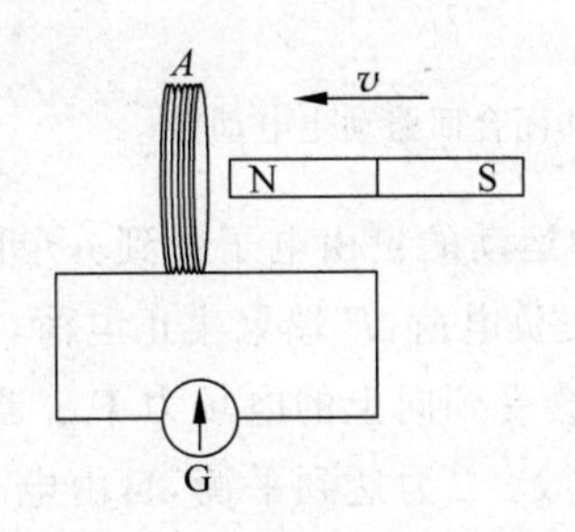

图 10-2　线圈与磁铁相对运动电磁感应现象

像上面两种由磁场感应出电流的现象我们叫做电磁感应现象。能产生电磁感应现象的实验装置还有很多，上面的两个装置只是其中之一。

10.2 动生电动势和感生电动势

在 10.1 节的两个实验中，闭合线圈中之所以会有电流，是因为在闭合回路中有电动势的存在，也就是说磁场在闭合线圈中产生了电动势。产生感应电流的装置非常多，按产生感应电动势的机制不同，我们可以把感应电动势分成两类：动生电动势和感生电动势。

10.2.1 动生电动势

如图 10-3 所示，导线矩形框所在平面与恒定磁场垂直。电阻可以忽略的直导线 MN 跨接在框的两端，MN 可左右自由移动。导线框、直导线 MN 及电流计 G 构成闭合回路。当 MN 向左或向右移动时，可观察到电流计 G 的指针会发生偏转，由此可判断在闭合回路中产生了感应电流，即在直导线 MN 中产生了感应电动势。像这种因导线与磁场发生相对运动而在导线中产生的感应电动势叫做**动生电动势**。

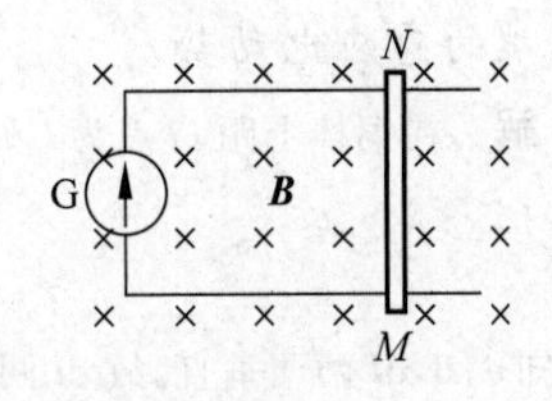

图 10-3　闭合回路动生电动势

不单在闭合回路中的导线可以产生动生电动势，在非闭合回路的导线垂直于磁感线方向运动时也可以产生动生电动势。如图 10-4 所示，长为 L 的直导线置于磁感应强度为 $\boldsymbol{B}$ 的恒定磁场中，当导线垂直于磁感线以恒定速度 v 向右运动时，在导体的两端会有大小为 BLv 的电动势，N 端的电势高，M 端的电势低。也可认为 N 端为电源的正极，M 端为电源的负极。

产生动生电动势的原因，是因为金属导体中存在自由电子，当导线作切割磁感线的运动时，自由电子也作宏观的垂直于磁感线的运动，如图 10-5 所示。

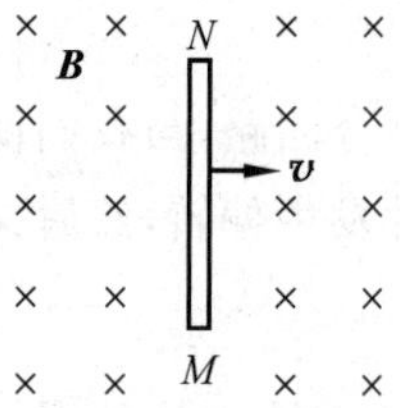

图 10-4　非闭合回路动生电动势 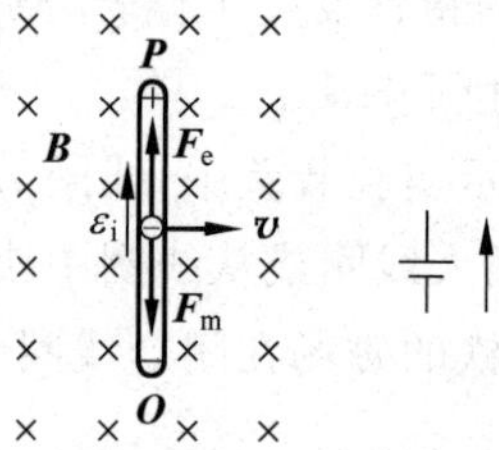　　　图 10-5　作切割磁感线运动的导体中自由电子的受力

在磁场中运动的自由电子受到一个向下的洛伦兹力 $\boldsymbol{F}_{\mathrm{m}}$，自由电子会向下作宏观移动，从而 O 端聚集负电荷，P 端聚集正电荷，在导线内形成由 P 端指向 O 端的电场。因为电场的存在，电子会受到向上的电场力 $\boldsymbol{F}_{\mathrm{e}}$。当 P 端聚集一定量的正电荷，O 端聚集一定量的负电荷时，$\boldsymbol{F}_{\mathrm{m}}$ 与 $\boldsymbol{F}_{\mathrm{e}}$ 二力达到平衡，自由电子不再作宏观的移动，此时在 OP 两端形成稳定的动生电动势。

设 $\boldsymbol{E}_{\mathrm{k}}$ 为非静电力的电场强度，则有

$$\boldsymbol{E}_{\mathrm{k}} = \frac{\boldsymbol{F}_{\mathrm{m}}}{-e} = \frac{-e \cdot \boldsymbol{v} \times \boldsymbol{B}}{-e} = \boldsymbol{v} \times \boldsymbol{B} \tag{10-1}$$

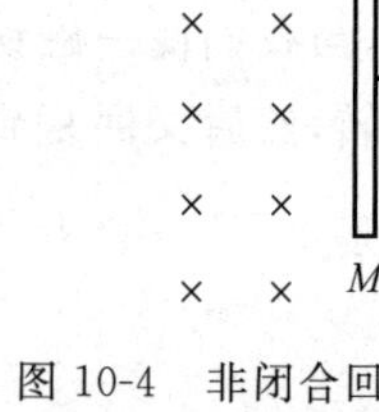

则 OP 两端所产生的动生电动势为

$$\varepsilon_{\mathrm{i}} = \int_{OP} \boldsymbol{E}_{\mathrm{k}} \cdot \mathrm{d}\boldsymbol{l} = \int_{OP} \boldsymbol{v} \times \boldsymbol{B} \cdot \mathrm{d}\boldsymbol{l} \tag{10-2}$$

当 $\boldsymbol{v}$、$\boldsymbol{B}$、$\mathrm{d}\boldsymbol{l}$ 相互垂直，$\boldsymbol{v}\times\boldsymbol{B}$ 的方向与 $\mathrm{d}\boldsymbol{l}$ 方向一致时，则式(10-2)可变为

$$\varepsilon_{\mathrm{i}} = \int_{OP} vB \cdot \mathrm{d}l = BLv \tag{10-3}$$

图 10-6　右手定则判断动生电动势方向

导线动生电动势的方向由 O 指向 P，故 P 端电势高。

动生电动势的方向也可用右手定则判断，如图 10-6 所示，磁感线垂直穿过右手手心，右手大拇指指向导线运动的方向，则四个手指所指的方向就是动生电动势的方向，指尖方向的电势较高。

例 1　如图 10-7 所示，在磁感强度为 $\boldsymbol{B}$ 的均匀磁场中，一长为 L 的铜棒以角速度 ω 在与磁场垂直的平面上绕棒的一端 O 转动，求：铜棒两端的感应电动势。

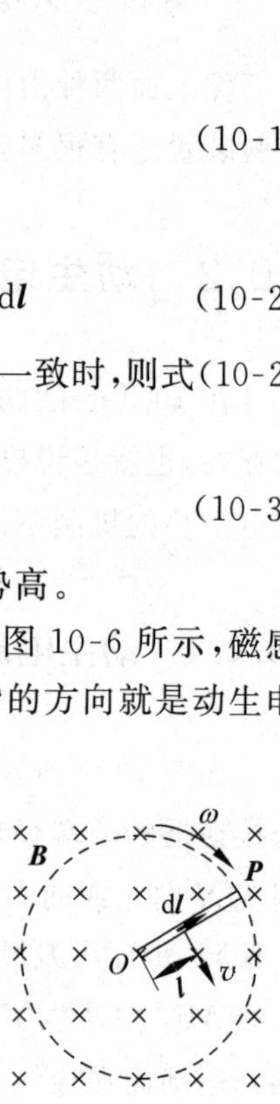

图 10-7　例 1 用图

解　在铜棒上距 O 点为 l 处任选一线元 $\mathrm{d}\boldsymbol{l}$，方向由 $O\to P$，设其速度为 v 则

$$v = \omega l$$

由题知 $\boldsymbol{v}$，$\boldsymbol{B}$，$\mathrm{d}\boldsymbol{l}$ 两两垂直，故 $\mathrm{d}l$ 两端的动生电动势

$$\mathrm{d}\varepsilon_{\mathrm{i}} = vB\mathrm{d}l = \omega lB\mathrm{d}l$$

方向：$O \to P$

则铜棒两端的动生电动势

$$\varepsilon_i = \int_L d\varepsilon_i = \int_0^L \omega l B \, dl = \frac{1}{2} B\omega L^2$$

方向 $O \to P$，即外端（P 点）电势高。

10.2.2　感生电动势

如图 10-8 所示，磁感线 $\boldsymbol{B}$ 垂直穿过面积为 S 的矩形导线框，导线框与电流计 G 串联构成闭合回路。当磁感应强度 $\boldsymbol{B}$ 发生变化时，可观察到电流计的指针发生偏转，即在闭合导线框中有感应电动势产生，从而在回路中有感应电流。像这样不是由于导线相对磁场运动，而是由于磁场的变化在闭合回路中产生的感应电动势叫做**感生电动势**。

若磁感强度的变化率为$\frac{dB}{dt}$，则感生电动势的大小为

$$\varepsilon_i = \frac{dB}{dt} S \tag{10-4}$$

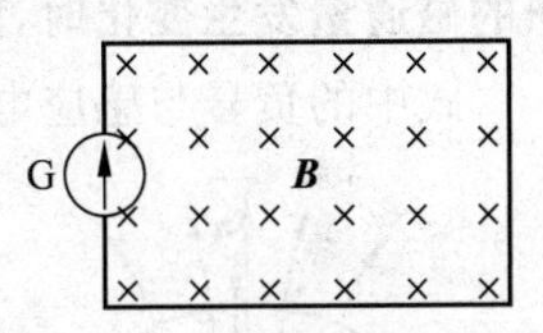

图 10-8　闭合回路中的感生电动势

产生动生电动势的原因，是因为自由电子受到了洛伦兹力的作用，但图 10-8 中的实验装置导线框中的自由电子并没有相对磁场作宏观的运动，故感生电动势与洛伦兹力无关。为了解释感生电动势，麦克斯韦提出了**涡旋电场**的假设，他认为**变化的磁场产生了感生电场**，这种感生电场就是涡旋电场。涡旋电场与静电场有相同点也有不同点。相同之处在于它们都对电荷有力的作用。不同之处在于静电场绕闭合路径的积分为零，而涡旋电场绕闭合路径的积分不为零；静电场是由静电荷产生，而涡旋电场则不需要静电荷的存在，它是由变化的磁场产生。自由电子在感生电场力的作用下在回路中作宏观的移动，从而形成了电流。感生电场形成的电动势即为感生电动势，形成的电流为感生电流。

例 2　如图 10-9 所示，如有一半径为 r，电阻为 R 的细圆环，放在与圆环所围的平面相垂直的均匀磁场中。设磁场的磁感强度随时间变化，且$\frac{dB}{dt}$为常量。求圆环上的感应电流的值。

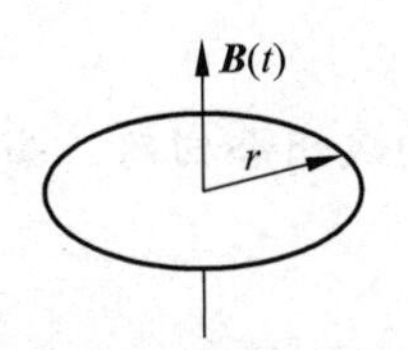

图 10-9　例 2 用图

解　按题意，感生电动势

$$\varepsilon_i = -\int_S \frac{d\boldsymbol{B}}{dt} \cdot d\boldsymbol{S} = -\frac{dB}{dt}\int_S dS = -\pi r^2 \frac{dB}{dt}$$

感生电流

$$I = \frac{\varepsilon_i}{R} = -\frac{\pi r^2}{R} \frac{dB}{dt}$$

(1) $\frac{dB}{dt} > 0$，$d\boldsymbol{B}$ 与 $\boldsymbol{B}$ 同相，电流 I 顺时针；

(2) $\frac{dB}{dt} < 0$，$d\boldsymbol{B}$ 与 $\boldsymbol{B}$ 反相，电流 I 逆时针；

(3) $\frac{dB}{dt} = 0$，$d\boldsymbol{B} = 0$，$I = 0$。

10.3 电磁感应定律

1831 年法拉第通过类似图 10-1 的实验装置最先发现了电磁感应现象，之后他又做了几十个实验，把产生感应电流的情形概括为 5 类：变化的电流，变化的磁场，运动的恒定电流，运动的磁铁，在磁场中运动的导体。法拉第进一步的总结发现它们具有共同的规律，要使闭合回路产生感应电动势，条件是穿过闭合回路的磁通量 Φ 要发生变化。感应电动势与磁通量具有下列数学关系：

$$\varepsilon_i = -\frac{d\Phi}{dt} \tag{10-5}$$

我们把这个关系叫做**法拉第电磁感应定律**，文字表述为：**不论任何原因使通过回路面积的磁通量发生变化时，回路中产生的感应电动势与磁通量对时间的变化率成正比。**

式中的负号与感应电动势的方向有关，判断方法如下：

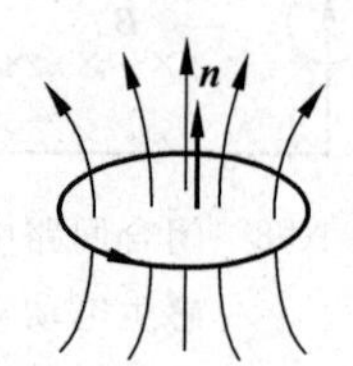

图 10-10 感应电动势方向的判断

如图 10-10 所示，若我们规定了如图所示闭合回路的正绕向，我们可以用右手螺旋定则判断出线圈平面的正法线方向 $\boldsymbol{n}$。

1）若磁通量 Φ 的方向与 $\boldsymbol{n}$ 相同，则 $\Phi>0$

(1) 若 Φ 是增大的，则 $\frac{d\Phi}{dt}>0$，则 $\varepsilon_i<0$，表示 ε_i 的方向与我们所选定的回路的正绕向方向是相反的；

(2) 若 Φ 是减小的，则 $\frac{d\Phi}{dt}<0$，则 $\varepsilon_i>0$，表示 ε_i 的方向与我们所选定的回路的正绕向方向是相同的。

2）若磁通量 Φ 的方向与 $\boldsymbol{n}$ 相反，则 $\Phi<0$

(1) 若 Φ 是增大的，则 $\frac{d\Phi}{dt}<0$，则 $\varepsilon_i>0$，表示 ε_i 的方向与我们所选定的回路的正绕向方向是相同的；

(2) 若 Φ 是减小的，则 $\frac{d\Phi}{dt}>0$，则 $\varepsilon_i<0$，表示 ε_i 的方向与我们所选定的回路的正绕向方向是相反的。

例 1 如图 10-11 所示，矩形导体线框宽为 l，与运动导体棒 AB 构成闭合回路。如果导体棒以速度 v 作匀速直线运动，求回路内的感应电动势。

解法 1 在 AB 上任选一线元 $d\boldsymbol{l}$，则 $d\boldsymbol{l}$ 的动生电动势为

$$d\varepsilon_i = (\boldsymbol{v}\times\boldsymbol{B})\cdot d\boldsymbol{l} = vB\,dl$$

电动势方向 $A\to B$

$$\varepsilon_i = \int_A^B d\varepsilon_i = \int_A^B vB\,dl = vBl, \quad 方向\ A\to B$$

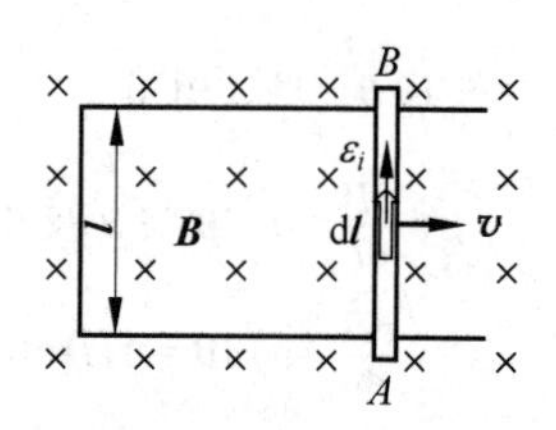

图 10-11 例 1 用图

解法 2 根据法拉第电磁感应定律

$$\varepsilon_i = -\frac{d\Phi}{dt}$$

而磁通量

$$\Phi = BS = Blx$$

可得

$$\varepsilon_i = -\frac{d\Phi}{dt} = -Bl\frac{dx}{dt} = -vBl, \quad \text{方向 } A \rightarrow B$$

若线圈密绕 N 匝，则式(10-5)可写为

$$\varepsilon_i = -N\frac{d\Phi}{dt} = -\frac{d\Psi}{dt} \tag{10-6}$$

其中，$\Psi = N\Phi$，叫做磁通链。

若回路为纯电阻回路，回路的总电阻为 R，则回路的电流为

$$i = \frac{\varepsilon_i}{R} = -\frac{1}{R}\frac{d\Phi}{dt} \tag{10-7}$$

在 t_1 至 t_2 时间段，通过回路导线中任一横截面的感应电量为

$$q = \int_{t_1}^{t_2} i\,dt = \int_{t_1}^{t_2} -\frac{1}{R}\frac{d\Phi}{dt}dt = \frac{\Phi_1 - \Phi_2}{R} \tag{10-8}$$

例 2　如图 10-12 所示，在匀强磁场中，置有面积为 S 的可绕轴转动的 N 匝线圈，若线圈以角速度 ω 作匀速转动，求线圈中的感应电动势。

解　设 $t=0$ 时，$\boldsymbol{e}_n$ 与 $\boldsymbol{B}$ 同向，可知 $\theta=\omega t$

则

$$\Psi = N\Phi = NBS\cos\omega t$$

$$\varepsilon_i = -\frac{d\Psi}{dt} = NBS\omega\sin\omega t$$

令

$$\varepsilon_m = NBS\omega$$

可得

$$\varepsilon = \varepsilon_m \sin\omega t$$

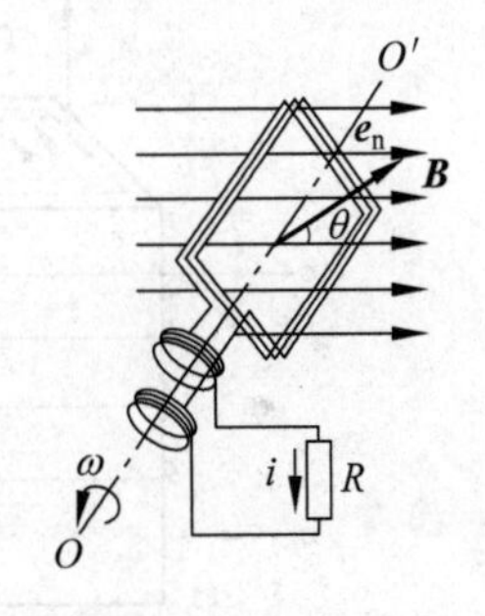

图 10-12　例 2 用图

10.4　楞次定律

闭合回路中的感应电流方向除了可用 10.3 节电磁感应定律的方法进行判断之外，还可以用楞次定律更加快捷地判断，两种方法是等效的。

楞次定律可表述为：闭合回路中感应电流的方向总是使它所激发的磁场来阻止引起该感应电流的磁通量的变化。

或者也可表述为：**感应电流的效果，总是反抗引起感应电流的原因。**

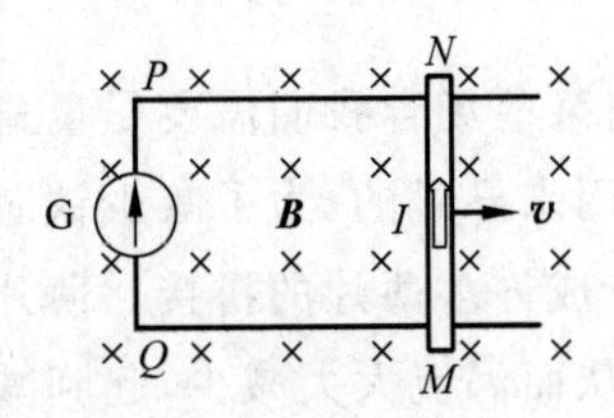

图 10-13　用楞次定律判断感应电流方向

如图 10-13 所示，可自由移动的导体棒与矩形导体框构成闭合回路，设垂直导线框平面向里为回路平面法线的正方向，则当棒向右运动时，穿过回路的磁通量增加。根据楞次定律，感应电流的磁场要阻碍磁通量的变化，那么感应电流的磁感线应向外穿出，以右手定则判定，感应电流的方向应为 $MNPQ$。

也可以用第二种表述来判断,通过导线框的磁通量变大是因为导体棒 MN 向右运动,故感应电流的效果应是反抗 MN 向右运动,即 MN 应受到一个向左的安培力以阻碍它向右运动。由 $\boldsymbol{F}=I\mathrm{d}\boldsymbol{l}\times\boldsymbol{B}$ 可知,感应电流的方向应该是 $MNPQ$,与第一种表述结果是一致的。

10.5 涡流

由法拉第电磁感应定律可知,当闭合回路的磁通量发生变化时,在闭合回路中会产生感应电流。对于大块的导体,如图 10-14 所示,我们可以把它看作是由许多闭合回路组成的。若把它放在变化的磁场当中,通过这些闭合回路的磁通量就会发生变化,从而在这些回路中会感生出漩涡状的电流,我们把这种电流叫做**涡流**。

由于导体存在电阻,当导体中产生感应电流时,电流会产生焦耳热,从而导体温度升高。利用这个原理,涡流在工业与生活当中有许多的应用。如图 10-15 中的电磁炉,线圈在通有交流电的情况下会产生变化的磁场,变化的磁场在锅底感生出涡流,在涡流的作用下锅底发热,从而起到加热食物的作用。

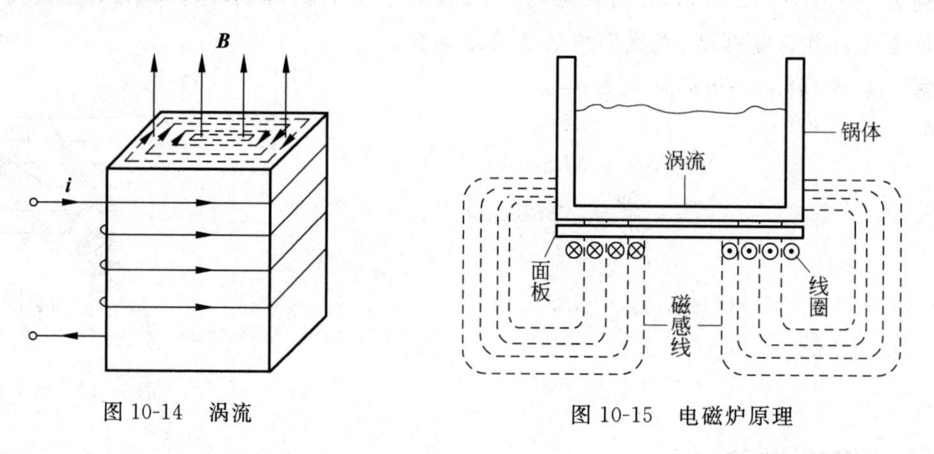

图 10-14 涡流

图 10-15 电磁炉原理

若锅底不是金属材质,而是不导电的玻璃、陶瓷等材料,即使炉体的线圈产生变化的磁场,锅底产生感生电场,有感应电动势,但因无法形成闭合回路,从而无法形成涡流,锅底也就不会发热,无法加热食物。

对于不同金属材质的锅,当形状相同时,可以计算涡流的大小 $I_f\propto\frac{\mu}{\rho}$。无论是顺磁质还是抗磁质,磁导率 μ 小的材料,做锅不佳。例如铜和铝,虽可产生涡流现象,但不宜用作电磁炉的锅,所以电磁炉的锅通常是用铁质材料做成的。

在某些场合我们需要利用涡流的热效应来为我们服务,但某些场合我们需要尽量避免因涡流产生焦耳热而带来的电能损耗。例如变压器的铁芯是用来导磁的,为了减少铁芯中的涡流,提高变压器的效率,如图 10-16 所示,通常把铁芯设计成许多薄片的拼接。薄片与薄片之间通过绝缘材料粘合,如此便可增大涡流回路的电阻,从而涡流大大减少,起到减少焦耳热损失的作用,提高了变压器电能传输的效率。

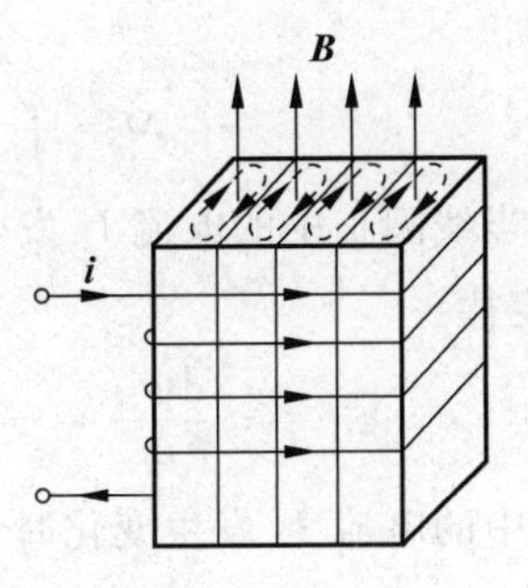

图 10-16　变压器铁芯减少涡流热损耗的设计

10.6　互感和自感

10.6.1　互感

如图 10-17 所示，线圈 1 和线圈 2 是两个正对靠近的线圈。

当线圈 1 中通有电流 I_1 时，在线圈 2 中会产生磁通 Φ_{21}，由毕奥-萨伐尔定律可知 Φ_{21} 与 I_1 成正比，即

$$\Phi_{21} = M_{21} I_1 \tag{10-9}$$

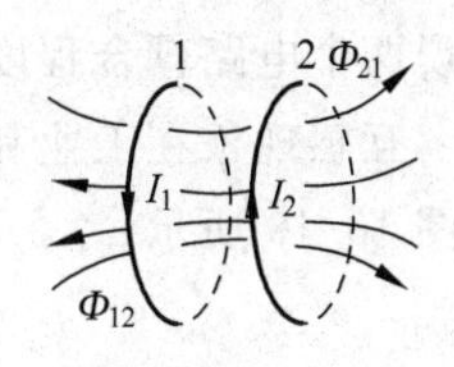

图 10-17　互感

其中，M_{21} 为比例系数。

同理，当线圈 2 中有电流 I_2 时，I_2 产生的磁场会在线圈 1 中产生磁通 Φ_{12}

$$\Phi_{12} = M_{12} I_2 \tag{10-10}$$

其中，M_{12} 为比例系数。

若线圈 2 的匝数为 N_2，则式(10-9)可写为

$$\Psi_{21} = N_2 \Phi_{21} = M_{21} I_1 \tag{10-11}$$

若线圈 1 的匝数为 N_1，则式(10-10)可写为

$$\Psi_{12} = N_1 \Phi_{12} = M_{12} I_2 \tag{10-12}$$

M_{21} 和 M_{12} 我们把它们叫做**互感系数**，它们与线圈的大小、形状、相对位置、匝数及周围的介质的磁导率有关。理论与实验都证明，当这些因素都不变时，M_{21} 和 M_{12} 不变，且 $M_{21} = M_{12} = M$，互感系数 M 又可简称为**互感**。因此，式(10-11)和式(10-12)可分别改写为

$$\Psi_{21} = MI_1 \tag{10-13}$$

$$\Psi_{12} = MI_2 \tag{10-14}$$

例 1　如图 10-18 所示，矩形线圈长为 a，宽为 b，由 100 匝表面绝缘的导线组成，放在一根很长的导线旁边并与之共面，求：图中线圈与长直导线之间的互感。

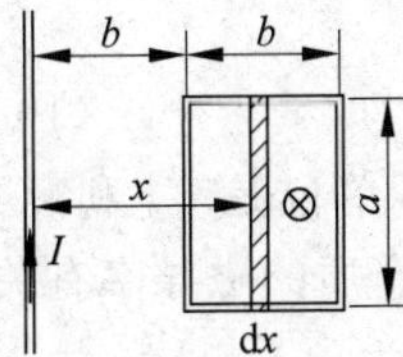

图 10-18　例 1 用图

解　已知长导线在矩形线圈 x 处磁感应强度为

$$B = \frac{\mu_0 I}{2\pi x}$$

通过线圈的磁通链数为

$$\Psi = \int_b^{2b} N \frac{\mu_0 I}{2\pi x} a \, dx = N \frac{\mu_0 I a}{2\pi} \ln \frac{2b}{b}$$

线圈与长导线的互感为

$$M=\frac{\Psi}{I}=\frac{N\mu_0 a}{2\pi}\ln 2$$

在图 10-17 中,当线圈 1 中的电流 I_1 发生变化时,在线圈 2 中会产生感生电动势 ε_{21},根据法拉第电磁感应定律

$$\varepsilon_{21}=-\frac{\mathrm{d}\Psi_{21}}{\mathrm{d}t}=-\frac{\mathrm{d}(MI_1)}{\mathrm{d}t}=-M\frac{\mathrm{d}I_1}{\mathrm{d}t} \tag{10-15}$$

同理,当线圈 2 中的电流 I_2 发生变化时,在线圈 1 中会产生感生电动势 ε_{12},

$$\varepsilon_{12}=-\frac{\mathrm{d}\Psi_{12}}{\mathrm{d}t}=-\frac{\mathrm{d}(MI_2)}{\mathrm{d}t}=-M\frac{\mathrm{d}I_2}{\mathrm{d}t} \tag{10-16}$$

这种现象我们叫做互感现象。

互感 M 的物理意义我们可理解为:**两个线圈的互感 M 在数值上等于一个线圈中的电流随时间的变化率为一个单位时,在另一个线圈中所引起的互感电动势的大小。**

从式(10-15)和式(10-16)中可看出,当电流的变化率为一恒定值时,若 M 值越大,在另一线圈中产生的互感电动势也越大。所以互感是表明相关感应强弱程度的一个物理量,或是说两个电路耦合程度的量度,M 的单位是亨[利](H)。

互感现象在工业和生活中有许多的应用,比如我们生活中比较常用的非接触式 IC 卡,如图 10-19 所示。

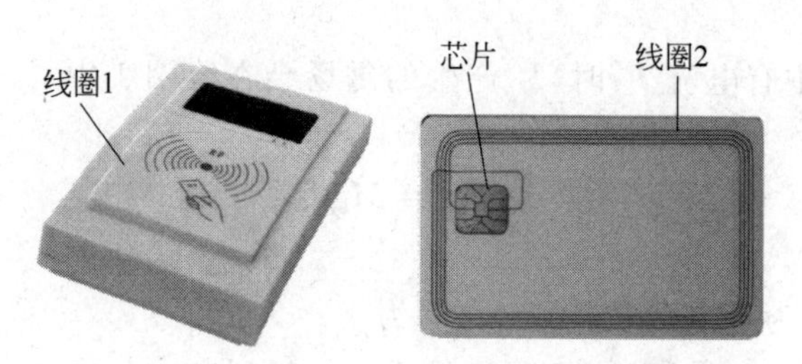

图 10-19 互感现象在非接触式 IC 卡中的应用

在读卡机内部有一组线圈 1,卡片里有一组线圈 2。当线圈 1 通有某种信号的交流电时,若线圈 2 靠近线圈 1,在线圈 2 中便会产生互感电动势,互感电动势驱动 IC 卡内置芯片的工作。芯片也会在线圈 2 中产生某种信号的交变电流,从而在线圈 1 中产生互感电动势,最终芯片里的信息被读卡机获取识别。

10.6.2 自感

如图 10-20 所示,当线圈中通电流 I 时,会在自身线圈平面中产生磁通 Φ。

根据毕奥-萨伐尔定律,Φ 与 I 成正比,即

$$\Phi=LI \tag{10-17}$$

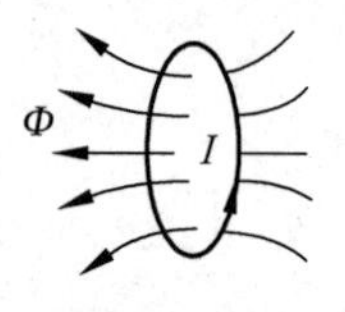

图 10-20 自感

式中,L 为比例系数,叫做自感系数,简称自感,单位是亨[利](H)。实验证明,自感 L 与回路的形状、大小以及周围介质的磁导率有关。

若回路的匝数为 N 匝,则式(10-17)应改写为

$$\Psi=N\Phi=LI \tag{10-18}$$

当回路的电流 I 发生变化时，则穿过回路的磁通链 Ψ 也发生变化，在回路中会产生感生电动势

$$\varepsilon_L=-\frac{\mathrm{d}\Psi}{\mathrm{d}t}=-\frac{\mathrm{d}(LI)}{\mathrm{d}t}=-L\frac{\mathrm{d}I}{\mathrm{d}t}-I\frac{\mathrm{d}L}{\mathrm{d}t} \tag{10-19}$$

若回路的形状、大小以及周围介质的磁导率不变时，L 为定值，则

$$\varepsilon_L=-L\frac{\mathrm{d}I}{\mathrm{d}t} \tag{10-20}$$

式中的负号表示自感电动势将反抗回路中电流的变化，当电流变小时，它阻碍电流的变小，当电流变大时，它阻碍电流的变大，从而起到减缓电流变化的作用。

如图10-21所示，R 与 L 电阻相等，A_1 与 A_2 是同型号的灯泡。在合上开关的一瞬间，A_1 很快被点亮，但 A_2 会相对 A_1 缓慢变亮。因为自感 L 的存在，会阻碍通过 A_2 电流的变大。

在图10-22中，L 的电阻比灯泡 A 的电阻小很多，合上开关一段时间，当 A 稳定发光，L 中的电流也达到稳定时，突然断开开关。在断开开关的一瞬间，灯泡 A 会闪亮一下之后再延迟熄灭。因为在断开开关之后，A 与 L 构成闭合回路，因自感 L 会阻碍自身电流的变小，从而自感电动势会在回路中产生电流，使得小灯泡延迟熄灭。

若是电路中不接灯泡 A，如图10-23所示，闭合开关，当 L 中的电流达到稳定后断开开关。在断开开关的一瞬间，自感电动势要阻碍电流的减小，而开关两端电阻变得非常大，则开关两端的电压为 $U=IR$ 也将会非常大，甚至会击穿空气，产生电火花。日光灯就是利用这个原理来启动的。

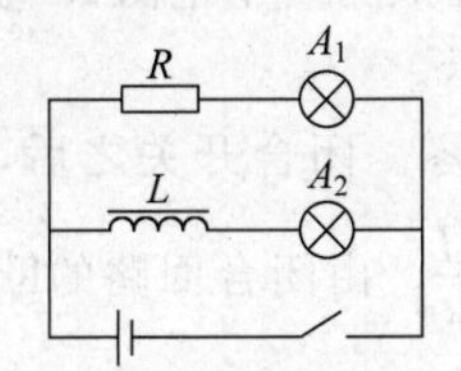

图10-21　自感对上电的影响

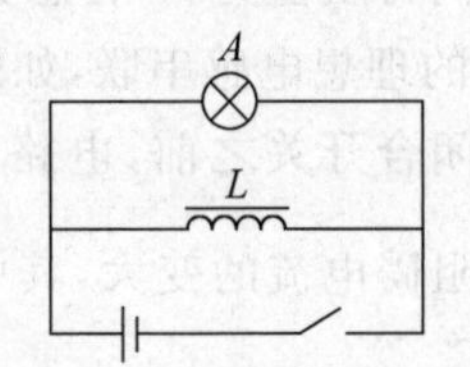

图10-22　自感对断电的影响

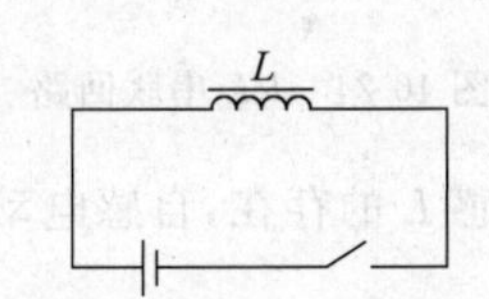

图10-23　断电高压现象

在某些场合要尽量避免这种由于自感而产生的高压带来的危害，比如大型电机密绕了许多的线圈，自感很大。在断开开关的一瞬间会在开关处产生高压电弧，对人造成伤害。为了避免这种伤害，可以把开关浸在油中，做成油浸开关。

自感现象在电工、电子技术中有广泛的应用，如无线电技术和电工中常用的扼流圈，在电子电路中自感和电容组成谐振电路和滤波器等。

自感的大小不易计算，通常是通过实验测定。对于长度为 l，横截面积为 S，线圈的总匝数为 N，管中介质的磁导率为 μ 的长直密绕螺线管来说，我们可以计算出它的自感为

$$L=\mu n^2 V \tag{10-21}$$

其中，$n=\dfrac{N}{l}$，为单位长度上线圈的匝数，称为匝数密度，$V=lS$ 是螺线管的体积。

例2　在长为60cm，直径为5.0cm的空心纸筒上绕多少匝线圈才能得到自感为 6.0×10^{-3} H的线圈？

解　已知线圈的长度为 l，直径为 d，自感为 L。设一共需要绕 N 匝，空心纸筒的磁导率 μ 可以近似

地看作真空中的磁导率μ_0。

将

$$n=\frac{N}{l},\quad V=lS=l\times\pi R^2=l\times\pi\left(\frac{d}{2}\right)^2$$

代入

$$L=\mu n^2 V$$

得

$$L=\mu_0\left(\frac{N}{l}\right)^2\pi\left(\frac{d}{2}\right)^2 l$$

整理得

$$N=\sqrt{\frac{4Ll}{\mu_0\pi d^2}}$$

代入数据得

$$N=1.2\times10^3(\text{匝})$$

10.7 磁场的能量

在电场中储存有能量,同样的,在磁场中也储存有能量。在图 10-22 中,灯泡 A 在断开开关后仍能闪亮一下之后再缓慢熄灭,就是因为在线圈 L 中的磁场能转换成了电能,使得小灯泡延迟熄灭。下面我们对磁场的能量作一些简单的推导。

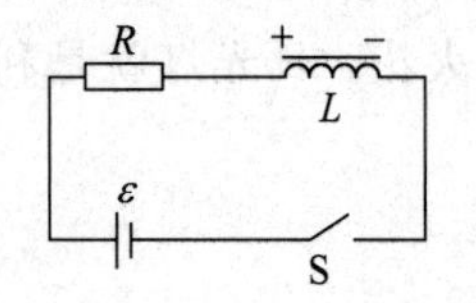

图 10-24 RL 串联回路

我们将阻值为 R,自感为 L 的线圈等效为一个电阻 R 与一自感为 L 的理想电感串联,如图 10-24 所示。

在闭合开关之前,电路中的电流为零。闭合开关之后,由于自感 L 的存在,自感电动势 ε_L 会阻碍电流的变大,其中 $\varepsilon_L=-L\frac{\mathrm{d}I}{\mathrm{d}t}$。由闭合回路的欧姆定律可知

$$\varepsilon+\varepsilon_L=RI \tag{10-22}$$

得

$$\varepsilon+\left(-L\frac{\mathrm{d}I}{\mathrm{d}t}\right)=RI \tag{10-23}$$

两边同时乘以 $I\mathrm{d}t$,得

$$\varepsilon I\mathrm{d}t-LI\mathrm{d}I=RI^2\mathrm{d}t \tag{10-24}$$

等式两边同时积分,得

$$\int_0^t\varepsilon I\mathrm{d}t-\int_0^I LI\mathrm{d}I=\int_0^t RI^2\mathrm{d}t \tag{10-25}$$

得

$$\int_0^t\varepsilon I\mathrm{d}t=\int_0^t RI^2\mathrm{d}t+\int_0^I LI\mathrm{d}I \tag{10-26}$$

若在 $t=0$ 时,$I=0$;t 时刻,电流增长到了 I,则式(10-26)可写为

$$\int_0^t\varepsilon I\mathrm{d}t=\int_0^t RI^2\mathrm{d}t+\frac{1}{2}LI^2 \tag{10-27}$$

式中，$\int_0^t \varepsilon I \mathrm{d}t$ 为 $0 \sim t$ 时间段电源所做的功，也就是电源所供给的能量，$\int_0^t RI^2 \mathrm{d}t$ 为 $0 \sim t$ 时间段电阻所消耗的电能，此部分的电能转换成了焦耳热，$\frac{1}{2}LI^2$ 则是 $0 \sim t$ 时间段自感所储存的磁场能，即

$$W_{\mathrm{m}} = \frac{1}{2}LI^2 \tag{10-28}$$

对于长直密绕螺线管，自感 $L=\mu n^2 V$，螺线管中的磁场磁感应强度为 $B=\mu nI$，即 $I=\frac{B}{\mu n}$，则式(10-28)可写为

$$W_{\mathrm{m}} = \frac{1}{2}\mu n^2 V\left(\frac{B}{\mu n}\right)^2 = \frac{1}{2}\frac{B^2}{\mu}V \tag{10-29}$$

上式导出的结论对长直密绕螺线管有效，其中的 B 是螺线管内的磁感应强度，而螺线管内的磁场我们可以认为是均匀的。V 是螺线管的体积。式(10-29)表明，在匀强磁场中磁场的能量与磁感应强度的平方成正比，与磁导率成反比，与磁场所占用的体积成正比。公式适用于除螺线管以外的匀强磁场。对于非均匀磁场，我们可以由式(10-29)，先求得磁场的能量密度

$$w_{\mathrm{m}} = \frac{W_{\mathrm{m}}}{V} = \frac{1}{2}\frac{B^2}{\mu} \tag{10-30}$$

再用微积分求得整个磁场所具有的能量。

对于均匀的各向同性的介质，$B=\mu H$，则式(10-30)可写为

$$w_{\mathrm{m}} = \frac{1}{2}\frac{(\mu H)^2}{\mu} = \frac{1}{2}\mu H^2 = \frac{1}{2}BH \tag{10-31}$$

10.8　电磁场与电磁波

10.8.1　位移电流

从感生电动势产生的原理我们讨论到，变化的磁场可以产生电场。这是麦克斯韦的猜想，实验证明也是如此。那么，反过来，变化的电场是否可以产生磁场呢？答案是肯定的。

让我们先来回顾一下安培环路定理：

$$\oint_L \boldsymbol{H} \cdot \mathrm{d}\boldsymbol{l} = \sum I_0 \tag{10-32}$$

对于连续的传导电流，遵从安培定理，但对于非连续的电流，则不适用。如图 10-25 所示，在闭合开关的一瞬间，电容器充电，导线中有变化的传导电流 I。

当安培定理应用于 L 时，对于曲面 S_1，因有传导电流穿过该面，有

$$\oint_L \boldsymbol{H} \cdot \mathrm{d}\boldsymbol{l} = I \tag{10-33}$$

对于曲面 S_2，由于没有传导电流通过，因此有

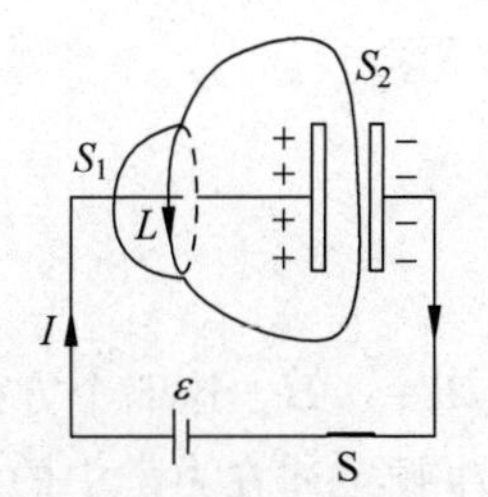

图 10-25　含电容的串联回路，传导电流不连续

$$\oint_L \boldsymbol{H} \cdot \mathrm{d}\boldsymbol{l} = 0 \tag{10-34}$$

因为电容器的存在,对于同一个闭合回路 L,得到了两种不同的结果。正是这种矛盾,引发了麦克斯韦的思考。为了解决这个矛盾,麦克斯韦提出了**位移电流**的假说,对原有的安培环路定理进行了修改,使之适用于连续和非连续电流,如式(10-35)。

$$\oint_L \boldsymbol{H} \cdot \mathrm{d}\boldsymbol{l} = I_c + I_d \tag{10-35}$$

其中,I_c 表示**传导电流**,I_d 表示**位移电流**,它们共同构成了**全电流** I。

$$I = I_c + I_d = \int_S \boldsymbol{j}_c \cdot \mathrm{d}\boldsymbol{S} + \int_S \boldsymbol{j}_d \cdot \mathrm{d}\boldsymbol{S} = \int_S (\boldsymbol{j}_c + \boldsymbol{j}_d) \cdot \mathrm{d}\boldsymbol{S} \tag{10-36}$$

式中,$\boldsymbol{j}_c$ 表示传导电流密度,$\boldsymbol{j}_d$ 表示位移电流密度。

又有 $\boldsymbol{j}_d = \varepsilon_0 \dfrac{\partial \boldsymbol{E}}{\partial t}$,则式(10-35)可写为

$$\oint_L \boldsymbol{H} \cdot \mathrm{d}\boldsymbol{l} = \int_S \left(\boldsymbol{j}_c + \varepsilon_0 \frac{\partial \boldsymbol{E}}{\partial t}\right) \cdot \mathrm{d}\boldsymbol{S} \tag{10-37}$$

位移电流实际上就是变化的电场。麦克斯韦指出,在电容器充电的过程中,电容器两极板上的电荷量发生了变化,从而两极板之间的电场强度亦发生变化,这**变化的电场就是位移电流**,它在激发磁场方面与传导电流是一样的。位移电流的引入解决了安培环路定理的矛盾,使之推广到了一般的情况,而不再局限于连续电流,也解决了我们前面的疑问,就是变化的电场是否可以激发磁场的问题。

位移电流和传导电流在产生磁场上是等效的,但是它们有本质上的不同。传导电流是由自由电荷的宏观定向移动而产生的,有电流的热效应;而位移电流不需要电荷宏观移动,只是由电场强度的变化产生的,因此没有热效应。

10.8.2 麦克斯韦方程组

麦克斯韦提出涡旋电场和位移电流两个重要的假设,总结了电场和磁场之间的相互激发规律,对描述静电场和恒定磁场的四个方程进行了修正,归纳出了一组描述真空中统一电磁场的方程组:

$$\oint_S \boldsymbol{E} \cdot \mathrm{d}\boldsymbol{S} = \frac{q}{\varepsilon_0} \tag{10-38}$$

$$\oint_S \boldsymbol{E} \cdot \mathrm{d}\boldsymbol{l} = -\int_S \frac{\partial \boldsymbol{B}}{\partial t} \cdot \mathrm{d}\boldsymbol{S} \tag{10-39}$$

$$\oint_S \boldsymbol{B} \cdot \mathrm{d}\boldsymbol{S} = 0 \tag{10-40}$$

$$\oint_L \boldsymbol{H} \cdot \mathrm{d}\boldsymbol{l} = \int_S \left(\boldsymbol{j}_c + \varepsilon_0 \frac{\partial \boldsymbol{E}}{\partial t}\right) \cdot \mathrm{d}\boldsymbol{S} \tag{10-41}$$

其中,$\boldsymbol{B} = \mu_0 \boldsymbol{H}$。这四个方程是麦克斯韦方程组的积分形式,此方程组在电磁学中的地位相当于牛顿定律在力学中的地位,它全面地反映了电场和磁场的基本性质,并把电磁场作为一个整体,用统一的观点阐明了电场和磁场之间的联系。因此,麦克斯韦方程组是对电磁场基本规律所做的总结性、统一性的简洁而完美的描述。麦克斯韦电磁理论的建立是 19 世纪物

理学发展史上又一个重要的里程碑。爱因斯坦在一次纪念麦克斯韦诞辰日时，对他给予了很高的评价："……这是自牛顿以来物理学所经历的最深刻和最有成果的一项真正观念上的变革。"所以人们常称麦克斯韦是电学上的牛顿。

10.8.3 电磁波

10.8.3.1 电磁波的预言与实验验证

麦克斯韦在总结了库仑、安培、奥斯特、法拉第和亨利等科学家的研究成果的基础上，提出了涡旋电场和位移电流的假说，指出变化的磁场会产生电场，变化的电场会产生磁场。麦克斯韦进一步推断，如果在空间某区域有不均匀变化的电场，那么这个变化的电场就会在空间引起变化的磁场，这个变化的磁场又会引起变化的电场和磁场……于是，变化的电场和磁场交替产生，由近及远地传播。麦克斯韦方程组深刻地指出，这种电场和磁场的传播是一种波动过程。由此，1864 年麦克斯韦预言了电磁波的存在，并且计算出电磁波的波速等于光速。他还由此提出光的电磁理论，认为光是以波动形式传播的一种电磁振动。与机械波不同，电磁波的传播不依赖于介质，可以在真空中传播，因为电磁波的传播靠的是电场和磁场的相互"激发"，而电场和磁场本身就是物质的一种形式。

遗憾的是，1879 年，年仅 49 岁的麦克斯韦英年早逝，并没有能亲眼看见电磁波的实验验证。1886 年，赫兹利用振荡器与谐振器在实验中证实了电磁波的存在。

10.8.3.2 平面电磁波及其特性

振荡的电偶极子可以产生电磁波。在真空中，离开电偶极子很远的地方，电场强度 $\boldsymbol{E}$ 的波面及磁场强度 $\boldsymbol{H}$ 的波面趋于平面，就形成平面电磁波。平面电磁波的波函数与平面简谐波的形式相同，为

$$E = E_0\cos\omega\left(t-\frac{x}{u}\right) = E_0\cos(\omega t - kx) \tag{10-42}$$

$$H = H_0\cos\omega\left(t-\frac{x}{u}\right) = H_0\cos(\omega t - kx) \tag{10-43}$$

通过求解麦克斯韦方程组，可以得到电磁波的传播速度为

$$u = \frac{1}{\sqrt{\varepsilon\mu}} \tag{10-44}$$

在真空中，电磁波的传播速度为

$$c = \frac{1}{\sqrt{\varepsilon_0\mu_0}} = \frac{1}{\sqrt{8.854\times10^{-12}\times4\pi\times10^{-7}}}$$
$$= 2.998\times10^{8}\,\mathrm{m\cdot s^{-1}} \approx 3.0\times10^{8}\,\mathrm{m\cdot s^{-1}} \tag{10-45}$$

在自由空间中传播的平面电磁波如图 10-26 所示，其基本特征如下。

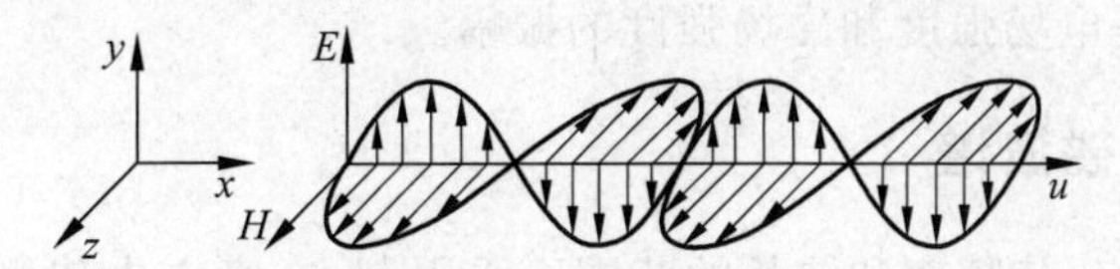

图 10-26　平面电磁波

(1) 电磁波是横波,**E**、**H**、**u** 三者相互垂直,构成右手螺旋关系。**E**×**H** 的方向为电磁波的传播方向。**E** 和 **H** 与传播方向构成的平面,分别叫做 **E** 的振动平面和 **H** 的振动平面。**E** 和 **H** 分别在各自振动平面内振动,这种特性称为偏振性,只有横波才具有偏振性。

(2) **E** 和 **H** 相位相同,即 **E** 和 **H** 同步变化。

(3) **E** 和 **H** 在空间任一点处,数值上有下列比例关系:

$$\frac{E}{H}=\sqrt{\frac{\mu_0}{\varepsilon_0}} \quad 或 \quad \sqrt{\varepsilon_0}E=\sqrt{\mu_0}H \tag{10-46}$$

(4) 电磁波的传播速度为 $u=\frac{1}{\sqrt{\varepsilon\mu}}$,在真空中的传播速度为

$$c=\frac{1}{\sqrt{\varepsilon_0\mu_0}}=2.998\times10^8\,\mathrm{m\cdot s^{-1}} \tag{10-47}$$

10.8.3.3 真空中电磁波的能量

电磁波的传播也伴随着能量的传递。电磁波的能量包含两个方面,即电场的能量和磁场的能量。由前面的知识可知电场的能量密度和磁场的能量密度各为

$$w_e=\frac{1}{2}\varepsilon_0E^2 \tag{10-48}$$

$$w_m=\frac{1}{2}\mu_0H^2 \tag{10-49}$$

因此,电磁波的能量密度为

$$w=w_e+w_m=\frac{1}{2}\varepsilon_0E^2+\frac{1}{2}\mu_0H^2 \tag{10-50}$$

电磁波的能流密度用 **S** 表示,它的方向是沿着电磁波的传播方向,大小为

$$S=wu \tag{10-51}$$

将式(10-50)代入式(10-51),得

$$S=\frac{u}{2}(\varepsilon_0E^2+\mu_0H^2) \tag{10-52}$$

将 $\sqrt{\varepsilon_0}E=\sqrt{\mu_0}H$,$u=\frac{1}{\sqrt{\varepsilon_0\mu_0}}$代入式(10-52),得

$$S=EH \tag{10-53}$$

考虑到 **E**,**H**,**u** 之间的方向符合右手螺旋法则,因此式(10-53)写成矢量表示为

$$\boldsymbol{S}=\boldsymbol{E}\times\boldsymbol{H} \tag{10-54}$$

S 也叫做坡印廷矢量(Poynting Vector)。

对于平面电磁波,能量密度的平均值为

$$\overline{S}=\frac{1}{2}E_0H_0 \tag{10-55}$$

式中,E_0 和 H_0 分别是电场强度和磁场强度的振幅。

10.8.3.4 电磁波谱

电磁波的范围很广,其频率和波长的范围不受限制,在真空中传播时,它们具有共同的

速度就是光速 c。它们的波长 λ，频率 ν 及速度 c 满足下列数学关系

$$c = \nu\lambda$$

我们将电磁波按波长和频率的顺序排列成的图谱，叫做电磁波谱，如图 10-27 所示。

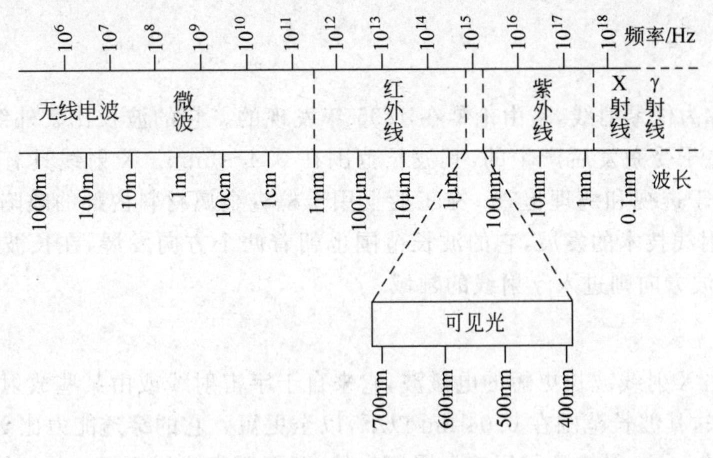

图 10-27　电磁波谱

不同波长的电磁波在本质上完全相同，但在产生机理和应用上有很大的差别，现做以下对比。

1. 无线电波

无线电波一般由天线上的电磁振荡发射出去，它是电磁波谱中波长最长的一个波段。由于电磁波的辐射强度随频率的减小而急剧下降，因此波长为几百千米的低频电磁波通常不被人们注意。实际使用中的无线电波的波长范围为 1mm～30km。不同波长范围的电磁波特点不同，因此其用途也不同。从传播特点而言，长波、中波由于波长很长，它们的衍射能力很强，适合传送电台的广播信号。短波衍射能力弱，靠电离层向地面反射来传播，能传得很远。微波由于波长很短，在空间按直线传播，容易被障碍物所反射，远距离传播要用中继站，适合电视和无线电定位(雷达)和无线电导航技术。

2. 红外线

波长范围在 0.6mm～760nm 的电磁波称为红外线，它的波长比红光更长。红外线主要来源于炽热物体的热辐射，给人以热的感觉。它能透过浓雾或较厚大气层而不易被吸收。红外线虽然看不见，但可以通过特制的透镜成像。根据这些性质可制成红外夜视镜，在夜间观察物体。20 世纪下半叶以来，由于微波无线电技术和红外技术的发展，两者之间不断拓展，目前微波和红外线的分界已不存在，有一定的重叠范围。

3. 可见光

可见光在整个电磁波谱中所占的波谱最窄，其波长范围为 400～760nm。这些电磁波能使人眼产生光的感觉，所以称为光波。可见光的不同频率决定了人眼感觉到的不同颜色，白光则是由各种颜色的可见光——红、橙、黄、绿、青、蓝、紫，按一定光强比例混合而成，称为复色光。

4. 紫外线

波长范围在 5～400nm 的电磁波称为紫外线，它比可见光的紫光波长更短，人眼也看

不见。当炽热物体(例如太阳)的温度很高时,就会辐射紫外线。由于紫外线的能量与一般化学反应所涉及的能量大小相当,因此它有明显的化学效应和荧光效应,也有较强的杀菌本领。无论是红外线、可见光或紫外线,它们都是由原子的外层电子受激发后产生的。

5. X射线

X射线被称为伦琴射线,是由伦琴在1895年发现的。它的波长比紫外线更短,它是由原子中的内层电子受激发后产生的,其波长范围在0.4～5nm。X射线具有很强的穿透能力,在医疗上用于透视和病理检查;在工业上用于检查金属材料内部的缺陷和分析晶体结构等。随着X射线技术的发展,它的波长范围也朝着两个方向发展,在长波方向与紫外线有所重叠,在短波方向则进入γ射线的领域。

6. γ射线

这是一种比X射线波长更短的电磁波,它来自于宇宙射线或由某些放射性元素在衰变过程中辐射出来,其波长范围在0.04 nm以下,以至更短。它的穿透能力比X射线更强,对生物的破坏力很大。γ射线除了用于金属探伤外,还可用于了解原子核的结构。

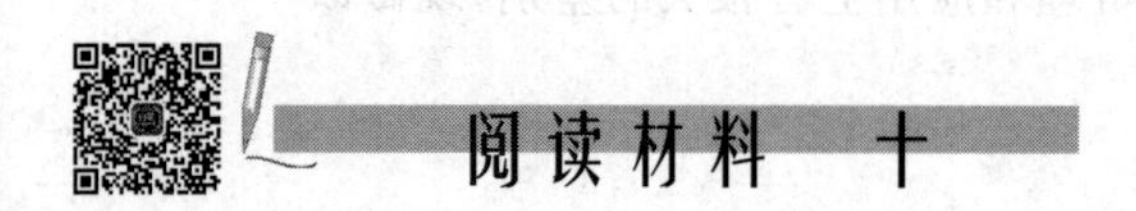

阅读材料 十

无线充电技术

无线充电技术(英文:Wireless charging technology; Wireless charge technology)源于无线电能传输技术,可分为小功率无线充电和大功率无线充电两种方式。

小功率无线充电常采用电磁感应式,如对手机充电的Qi方式,中兴的电动汽车无线充电方式采用的是感应式。大功率无线充电常采用谐振式(大部分电动汽车充电采用此方式)由供电设备(充电器)将能量传送至用电的装置,该装置使用接收到的能量对电池充电,并同时供其本身运作之用。

由于充电器与用电装置之间以磁场传送能量,两者之间不用导线连接,因此充电器及用电的装置都可以做到无导电接点外露。

1. 历史发展

1890年,物理学家兼电气工程师尼古拉·特斯拉(NikolaTesla)就已经做了无线输电试验,实现了交流发电。磁感应强度的国际单位制也是以他的名字命名的。特斯拉构想的无线输电方法,是把地球作为内导体,地球电离层作为外导体,通过放大发射机以径向电磁波振荡模式,在地球与电离层之间建立起大约8Hz的低频共振,再利用环绕地球的表面电磁波来传输能量。但因财力不足,特斯拉的大胆构想并没有得到实现。后人虽然从理论上完全证实了这种方案的可行性,但世界还没有实现大同,想要在世界范围内进行能量广播和免费获取也是不可能的。因此,一个伟大的科学设想就这样胎死腹中。

2007年6月7日,麻省理工学院的研究团队在美国《科学》杂志的网站上发表了研究成果。研究小组把共振运用到电磁波的传输上而成功"抓住"了电磁波,利用铜制线圈作为电磁共振器,一团线圈附在传送电力方,另一团在接收电力方。传送方送出某特定频率的电磁波后,经过电磁场扩散到接收方,电力就实现了无线传导。这项被他们称为“无线电力”的技术经过多次试验,已经能成功为一个2m外的60W灯泡供电。这项技术的最远输电距离还只能达到2.7m,但研究者相信,电源已经可以在这范围内为电池充电。而且只需要安装一个电源,就可以为整个屋里的电器供电。

2014年2月,电脑厂商戴尔加盟了A4WP阵营,当时,阵营相关高层就表示,会对技术进行升级,支持戴尔等电脑厂商的超级本进行无线充电。市面上的传统笔记本电脑,大部分电源功率超过了50W,不过超级本使用了英特尔的低功耗处理器,将成为第一批用上无线充电的笔记本电脑。在此之前,无线充电技术,一直只和智能手机、小尺寸平板等“小”移动设备有关。不过,无线充电三大阵营之一的A4WP(“无线充电联盟”)日前宣布,其技术标准已经升级,所支持的充电功率增加到50W,意味着笔记本电脑、平板等大功率设备,也可以实现无线充电。

2. 基本原理

1) 电磁感应式

初级线圈一定频率的交流电,通过电磁感应在次级线圈中产生一定的电流,从而将能量从传输端转移到接收端。目前最为常见的充电解决方案就采用了电磁感应方式,事实上,电磁感应解决方案在技术实现上并无太多神秘感,中国本土的比亚迪公司,早在2005年12月申请的非接触感应式充电器专利,就使用了电磁感应技术。

2) 磁场共振

由能量发送装置和能量接收装置组成,当两个装置调整到相同频率,或者说在一个特定的频率上共振,它们就可以交换彼此的能量,是目前正在研究的一种技术,由麻省理工学院(MIT)物理教授Marin Soljacic带领的研究团队利用该技术点亮了2m外的一盏60W灯泡,并将其取名为WiTricity。该实验中使用的线圈直径达到50cm,还无法实现商用化,如果要缩小线圈尺寸,接收功率自然也会下降。

3) 无线电波式

这是发展较为成熟的技术,类似于早期使用的矿石收音机,主要有微波发射装置和微波接收装置组成,可以捕捉到从墙壁弹回的无线电波能量,在随负载作出调整的同时保持稳定的直流电压。此种方式只需一个安装在墙身插头的发送器,以及可以安装在任何低电压产品的“蚊型”接收器。

本章提要

1. 电磁感应现象

由磁场感应出电流的现象叫做电磁感应现象。

2. 动生电动势

$$\varepsilon_i = \int_{OP} \boldsymbol{E}_k \cdot d\boldsymbol{l} = \int_{OP} \boldsymbol{v} \times \boldsymbol{B} \cdot d\boldsymbol{l}$$

3. 感生电动势

$$\varepsilon_{\mathrm{i}}=\frac{\mathrm{d}B}{\mathrm{d}t}S$$

4. 电磁感应定律

$$\varepsilon_{\mathrm{i}}=-\frac{\mathrm{d}\Phi}{\mathrm{d}t}$$

5. 楞次定律

闭合回路中感应电流的方向总是使它所激发的磁场来阻止引起该感应电流的磁通量的变化。或者也可表述为：**感应电流的效果,总是反抗引起感应电流的原因**。

6. 涡流

处在变化磁场中的大块导体,会感生出漩涡状的电流,我们把这种电流叫做**涡流**。

7. 互感

当线圈 1 中通有电流 I_1 时,在线圈 2 中产生磁通链　$\Psi_{21}=MI_1$

当线圈 2 中通有电流 I_2 时,在线圈 1 中产生磁通链　$\Psi_{12}=MI_2$

其中 M 为互感系数,即互感。

8. 自感

$$\Phi=LI$$

9. 磁场的能量密度

$$w_{\mathrm{m}}=\frac{1}{2}\mu H^2=\frac{1}{2}BH$$

10. 全电流的安培环路定理

$$\oint_L \boldsymbol{H}\cdot\mathrm{d}\boldsymbol{l}=\int_S\left(\boldsymbol{j}_{\mathrm{c}}+\varepsilon_0\frac{\partial\boldsymbol{E}}{\partial t}\right)\cdot\mathrm{d}\boldsymbol{S}$$

11. 麦克斯韦方程组

$$\oint_S \boldsymbol{E}\cdot\mathrm{d}\boldsymbol{S}=\frac{q}{\varepsilon_0}$$

$$\oint_S \boldsymbol{E}\cdot\mathrm{d}\boldsymbol{l}=-\int_S\frac{\partial\boldsymbol{B}}{\partial t}\cdot\mathrm{d}\boldsymbol{S}$$

$$\oint_S \boldsymbol{B}\cdot\mathrm{d}\boldsymbol{S}=0$$

$$\oint_L \boldsymbol{H}\cdot\mathrm{d}\boldsymbol{l}=\int_S\left(\boldsymbol{j}_{\mathrm{c}}+\varepsilon_0\frac{\partial\boldsymbol{E}}{\partial t}\right)\cdot\mathrm{d}\boldsymbol{S}$$

12. 电磁波的传播速度

$$u=\frac{1}{\sqrt{\varepsilon\mu}}$$

13. 在真空中电磁波的传播速度

$$c=\frac{1}{\sqrt{\varepsilon_0\mu_0}}=\frac{1}{\sqrt{8.854\times10^{-12}\times4\pi\times10^{-7}}}$$

$$=2.998\times10^{8}\,\mathrm{m}\cdot\mathrm{s}^{-1}\approx3.0\times10^{8}\,\mathrm{m}\cdot\mathrm{s}^{-1}$$

14. 电磁波的能量密度

$$w = w_e + w_m = \frac{1}{2}\varepsilon_0 E^2 + \frac{1}{2}\mu_0 H^2$$

15. 电磁波的能流密度

$$\boldsymbol{S} = \boldsymbol{E} \times \boldsymbol{H}$$

$\boldsymbol{S}$ 也叫做坡印廷矢量(Poynting Vector)

16. 电磁波的波长 λ,频率 ν 及速度 c 之间的数学关系

$$c = \nu\lambda$$

思考题

10.1　将一磁棒快速地插入一铜环中,在铜环中会有感应电流产生。若将铜环换成不导电的塑料环,塑料环中是否会有感应电流产生?塑料环中是否会有感应电动势产生?

10.2　如思考题10.2图所示,无限长直导线通有电流 I,矩形导线框 $ABCD$ 与直导线在同一平面内,什么情况下直导线中会有感应电流产生?

10.3　熔化金属的一种方法是用"高频炉"。它的主要部件是一个铜制线圈,线圈中有一坩埚,埚中放待熔的金属块。当线圈中通以高频电流时,埚中金属就可以被熔化。高频炉利用了什么原理来熔化金属?

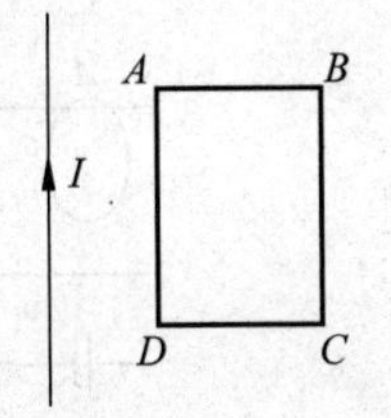

思考题10.2图

10.4　二代身份证为什么不能靠近磁场比较强的物体?

10.5　两个线圈的中心在一条直线上,相隔的距离很近,如何放置可使它们之间的互感系数最大?如何放置可使它们之间的互感系数为零?

10.6　指针式电压表和电流表在运输的过程中为何要将正负极接线柱短接?

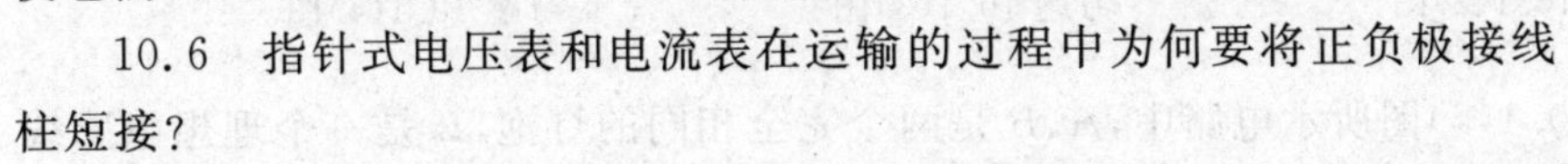

10.7　在一闭合回路中,由变化磁场引起的感应电动势与由回路电池产生的电动势有哪些共同之处,又有哪些不同呢?

10.8　试从以下三个方面来比较静电场和涡旋电场:(1)产生的原因;(2)电场线的分布;(3)对导体中电荷的作用。

10.9　变化的电场是否可以产生稳恒磁场?变化的磁场是否可以产生稳恒电场?

10.10　麦克斯韦方程组中各方程的物理意义是什么?

10.11　电磁波和声波相比,有哪些共同点和哪些不同点?

习题

10.1　选择题

(1) 关于自感现象,下列说法中正确的是:(　　)。

A. 感应电流不一定和原电流方向相反

B. 线圈中产生的自感电动势较大的其自感系数一定较大

C. 对于同一线圈,当电流变化较快时,线圈中的自感系数也较大

D. 对于同一线圈,当电流变化较快时,线圈中的自感电动势也较大

(2) 如习题10.1(2)图所示,水平放置的光滑杆上套有 A、B、C 三个金属环,其中 B 接电源。在接通电源的瞬间,A、C 两环(　　)。

A. 都被 B 吸引　　　　B. 都被 B 排斥

C. A 被吸引,C 被排斥　　　　D. A 被排斥,C 被吸引

(3) 如习题10.1(3)图所示,在水平面上有一固定的U形金属框架,框架上置一金属杆 ab。在垂直纸面方向有一匀强磁场,下列情况中可能的是(　　)。

A. 若磁场方向垂直纸面向外,并且磁感应强度增大时,杆 ab 将向右移动

B. 若磁场方向垂直纸面向外,并且磁感应强度减小时,杆 ab 将向右移动

C. 若磁场方向垂直纸面向里,并且磁感应强度增大时,杆 ab 将向右移动

D. 若磁场方向垂直纸面向里,并且磁感应强度减小时,杆 ab 将向右移动

(4) 如习题10.1(4)图所示,矩形线框 $abcd$ 通过导体杆搭接在金属导轨 EF 和 MN 上,整个装置放在匀强磁场中。当线框向右运动时,下列说法中正确的是:(　　)。

A. R 中无电流　　　　B. R 中有电流,方向为 $E \to M$

C. ab 中无电流　　　　D. ab 中有电流,方向为 $a \to b$

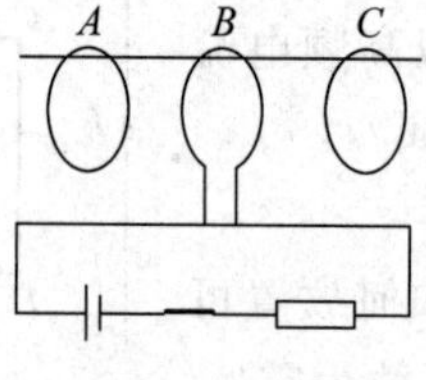

习题10.1(2)图

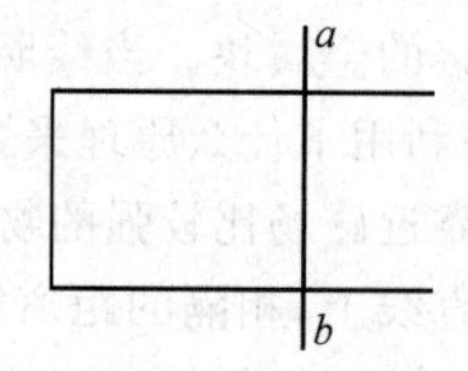

习题10.1(3)图

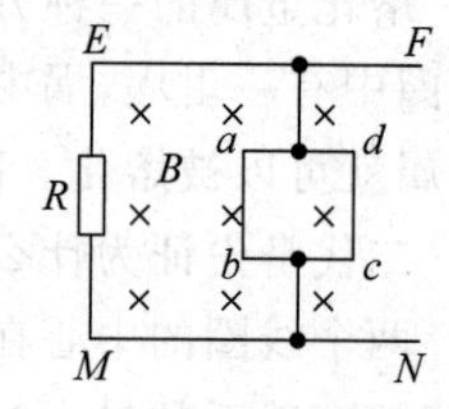

习题10.1(4)图

(5) 如习题10.1(5)图所示电路中,A、B 是两个完全相同的灯泡,L 是一个理想电感线圈,当S闭合与断开时,A、B 的亮度情况是(　　)。

A. S闭合时,A 立即亮,然后逐渐熄灭

B. S闭合时,B 立即亮,然后逐渐熄灭

C. S闭合足够长时间后,B 发光,而 A 不发光

D. S闭合足够长时间后,B 立即发光,而 A 逐渐熄灭

(6) 按如习题10.1(6)图所示装置进行操作时,发现放在光滑金属导轨上的 ab 导体棒发生移动,其可能的情况是(　　)。

A. 闭合S的瞬间　　　　B. 断开S的瞬间

C. 闭合S后,减少电阻 R 时　　　　D. 闭合S后,增大电阻时

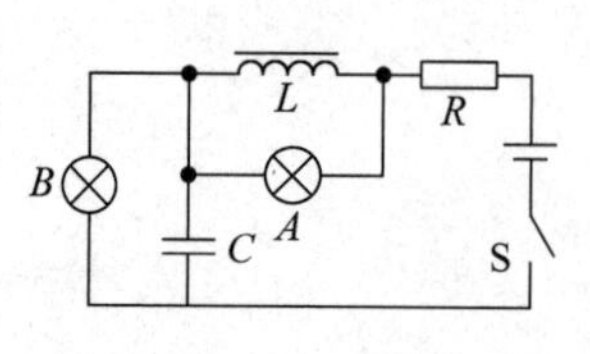

习题10.1(5)图

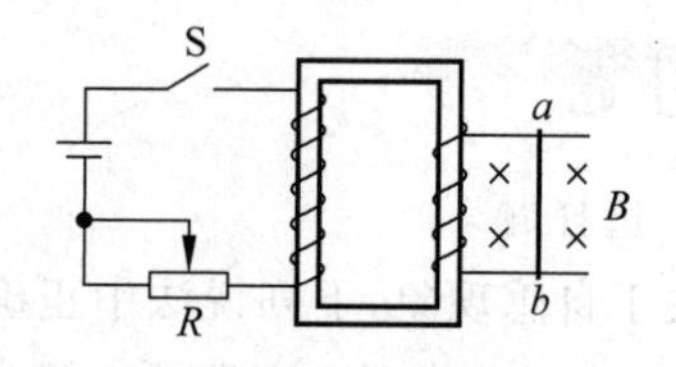

习题10.1(6)图

(7) 对于位移电流，下列说法正确的是：(　　)。

A. 与电荷的定向运动有关　　B. 是变化的电场

C. 产生焦耳热　　D. 与传导电流一样

10.2　填空题

(1) 将金属圆环从磁极沿与磁感应强度垂直的方向抽出时，圆环将受到______。

(2) 产生动生电动势的非静电力是______，产生感生电动势的非静电力是______，激发感生电场的场源是______。

(3) 麦克斯韦提出的两个非常重要的假设是______和______。

(4) 电磁波属于______波，在真空中的波速是______。

(5) 在大块的导体中感生出的漩涡状的电流叫做______。

10.3　如习题 10.3 图所示，长直导线通以电流 $I=5\text{A}$，在其右方放一长方形线圈，两者共面。线圈长 $b=0.06\text{m}$，宽 $a=0.04\text{m}$，线圈以速度 $v=0.3\text{m}\cdot\text{s}^{-1}$ 垂直于直线平移远离。求：$d=0.05\text{m}$ 时线圈中感应电动势的大小和方向。

10.4　一根长为 $2a$ 的细金属杆 MN 与载流长直导线共面，导线中通过的电流为 I，金属杆 M 端距导线距离为 a，如习题 10.4 图所示，金属杆 MN 以速度 v 向上运动时，求：杆内产生的电动势大小及电动势的方向。

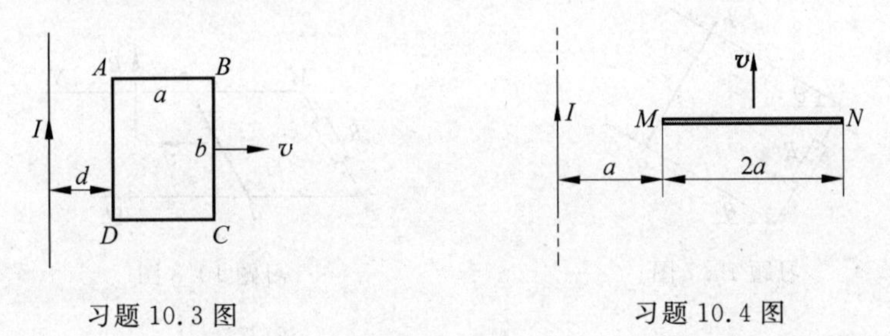

习题 10.3 图　　习题 10.4 图

10.5　如习题 10.5 图所示，长直导线 AC 中的电流 I 沿导线向上，并以 $\mathrm{d}I/\mathrm{d}t=2\text{A/s}$ 的变化率均匀增长。导线附近放一个与之共面的直角三角形线框，其一边与导线平行，位置及线框尺寸如图所示。求：此线框中产生的感应电动势的大小和方向。

10.6　如习题 10.6 图所示，在半径为 R 的圆柱形空间中存在着均匀磁场 $\boldsymbol{B}$，$\boldsymbol{B}$ 的方向与柱的轴线平行。有一长为 $2R$ 的金属棒 MN 放在磁场外且与圆柱形均匀磁场相切，切点为金属棒的中点，金属棒与磁场 $\boldsymbol{B}$ 的轴线垂直。设 $\boldsymbol{B}$ 随时间的变化率 $\mathrm{d}B/\mathrm{d}t$ 为大于零的常量。求：棒上感应电动势的大小，并指出哪一个端点的电势高。

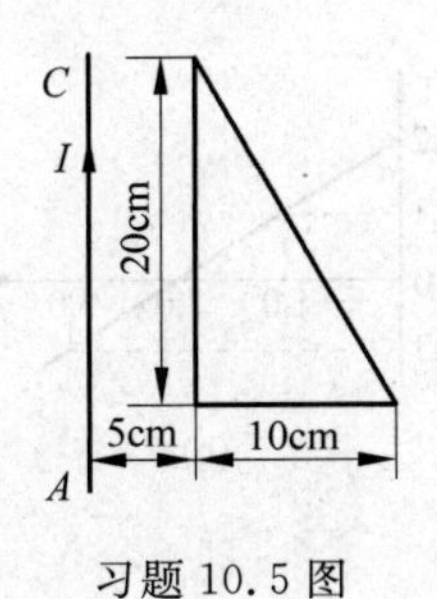

习题 10.5 图

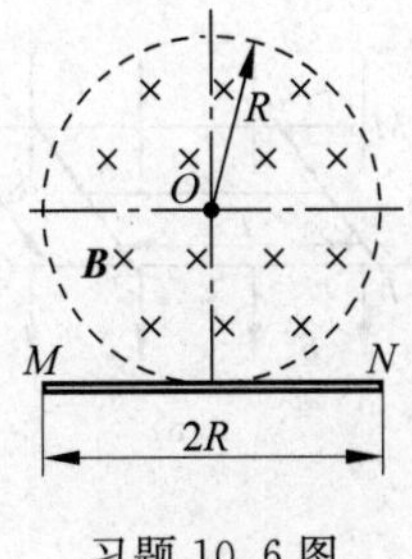

习题 10.6 图

10.7　如习题10.7图所示,处于匀强磁场中的两根足够长、电阻不计的平行金属导轨相距1m,导轨平面与水平面成$\theta=37°$,下端连接阻值为R的电阻。匀强磁场方向与导轨平面垂直。质量为0.2kg,电阻不计的金属棒放在两导轨上,棒与导轨垂直并保持良好接触,它们之间的动摩擦因数为0.25。

(1) 求金属棒沿导轨由静止开始下滑时的加速度大小;

(2) 当金属棒下滑速度达到稳定时,电阻R消耗的功率为8W,求该速度的大小;

(3) 在上问中,若$R=2\Omega$,金属棒中的电流方向由a到b,求磁感应强度的大小和方向。($g=10\text{m}\cdot\text{s}^{-2}$,$\sin 37°=0.6$,$\cos 37°=0.8$)

10.8　如习题10.8图所示,水平面上有两根相距0.5m的足够长的平行金属导轨MN和PQ,它们的电阻可忽略不计,在M和P之间接有阻值为R的定值电阻。导体棒ab长$l=0.5\text{m}$,其电阻为r,与导轨接触良好。整个装置处于方向竖直向上的匀强磁场中,磁感应强度$B=0.4\text{T}$。现使ab以$v=10\text{m}\cdot\text{s}^{-1}$的速度向右作匀速运动。

(1) ab中的感应电动势多大?

(2) ab中电流的方向如何?

(3) 若定值电阻$R=3.0\Omega$,导体棒的电阻$r=1.0\Omega$,则电路中的电流多大?

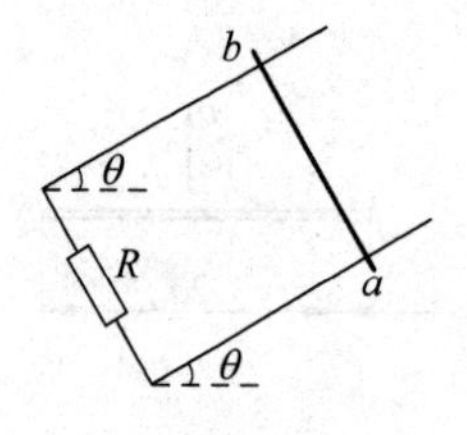

习题10.7图

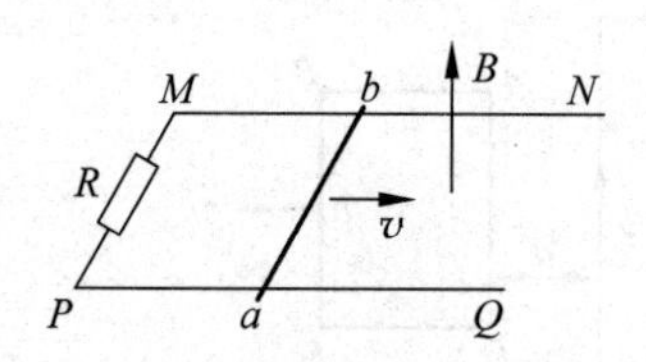

习题10.8图

10.9　如习题10.9(a)图,平行导轨MN、PQ水平放置,电阻不计。两导轨间距$d=10\text{cm}$,导体棒ab、cd放在导轨上,并与导轨垂直。每根棒在导轨间的部分,电阻均为$R=1.0\Omega$。用长为$L=20\text{cm}$的绝缘丝线将两棒系住。整个装置处在匀强磁场中。$t=0$的时刻,磁场方向竖直向下,丝线刚好处于未被拉伸的自然状态。此后,磁感应强度B随时间t的变化如习题10.9(b)图所示。不计感应电流磁场的影响。整个过程丝线未被拉断。求:

(1) 0～2.0s的时间内,电路中感应电流的大小与方向;

(2) $t=1.0\text{s}$的时刻丝线的拉力大小。

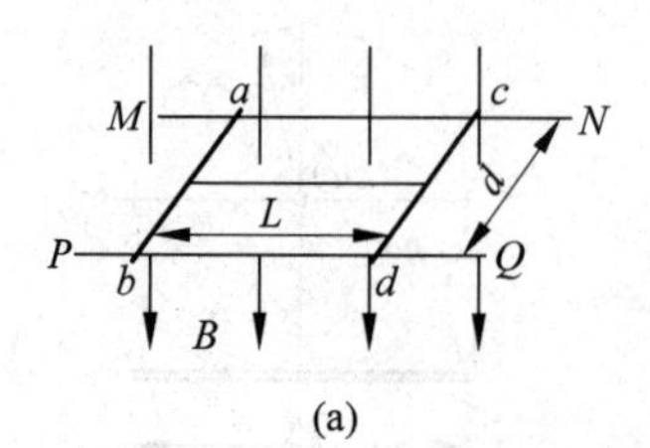

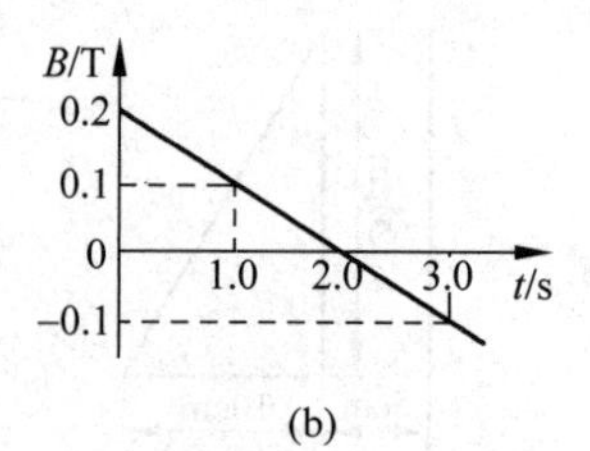

习题10.9图

10.10　如习题 10.10 图所示，有两根足够长、不计电阻，相距 L 的平行光滑金属导轨 cd、ef 与水平面成 θ 角固定放置，底端接一阻值为 R 的电阻，在轨道平面内有磁感应强度为 B 的匀强磁场，方向垂直轨道平面斜向上。现有一平行于 ce、垂直于导轨、质量为 m、电阻不计的金属杆 ab，在沿轨道平面向上的恒定拉力 F 作用下，从底端 ce 由静止沿导轨向上运动，当 ab 杆速度达到稳定后，撤去拉力 F，最后 ab 杆又沿轨道匀速回到 ce 端。已知 ab 杆向上和向下运动的最大速度相等。

求：拉力 F 和杆 ab 最后回到 ce 端的速度 v。

10.11　如习题 10.11 图所示，固定于水平桌面上足够长的两平行导轨 PQ、MN，PQ、MN 的电阻不计，间距为 $d=0.5\text{m}$。P、M 两端接有一只理想电压表，整个装置处于磁感应强度 $B=0.2\text{T}$ 的竖直向下的匀强磁场中。电阻均为 $r=0.1\Omega$，质量分别为 $m_1=300\text{g}$ 和 $m_2=500\text{g}$ 的两金属棒 L_1、L_2 平行地搁在光滑导轨上，现固定棒 L_1，L_2 在水平恒力 $F=0.8\text{N}$ 的作用下，由静止开始作加速运动，试求：

(1) 当电压表的读数为 $U=0.2\text{V}$ 时，棒 L_2 的加速度多大？

(2) 棒 L_2 能达到的最大速度 v_m；

(3) 若在棒 L_2 达到最大速度 v_m 时撤去外力 F，并同时释放棒 L_1，求棒 L_2 达到稳定时的速度值；

(4) 若固定棒 L_1，当棒 L_2 的速度为 v，且离开棒 L_1 距离为 S 的同时，撤去恒力 F，为保持棒 L_2 作匀速运动，可以采用将 B 从原值($B_0=0.2\text{T}$)逐渐减小的方法，则磁感应强度 B 应怎样随时间变化(写出 B 与时间 t 的关系式)？

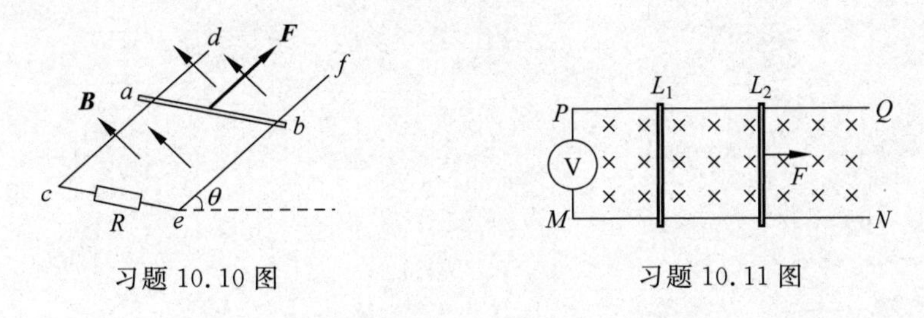

习题 10.10 图　　　　习题 10.11 图

10.12　两半径为 a 的长直导线平行放置，相距为 d，组成同一回路，求其单位长度导线的自感系数 L_0。

10.13　一个长为 l，截面半径为 R 的圆柱形纸筒上均匀密绕有两组线圈。一组的总匝数为 N_1，另一组的总匝数为 N_2。求筒内为空气时两组线圈的互感系数。

10.14　一圆形线圈 a 由 50 匝细线绕成，截面积为 4.0cm^2，放在另一个匝数为 100，半径为 20.0cm 的圆形线圈 b 的中心，两线圈同轴。求：

(1) 两线圈的互感系数；

(2) 当线圈 a 的电流以 $50\text{A}\cdot\text{s}^{-1}$ 的变化率减少时，线圈 b 内磁通量的变化率；

(3) 线圈 b 的感生电动势。

10.15　半径为 2.0cm 的螺线管，长 30.0cm，上面均匀密绕 1200 匝线圈，线圈内为空气。

(1) 求螺线管的自感多大？

(2) 如果在螺线管中的电流以 $3.0\times10^2\text{A}\cdot\text{s}^{-1}$ 的速率改变，在线圈中产生的自感电动势有多大?

10.16　一长直螺线管中通入10.0A的恒定电流时,通过每匝线圈的磁通量是20μWb;当电流以4.0A·s^{-1}的速率变化时,产生的自感电动势为3.2mV。求螺线管的自感系数与总匝数。

10.17　实验室中一般可获得的强磁场约为2.0T,强电场约为1.0×10^{6}V·m^{-1}。求相应的磁场能量密度和电场能量密度为多大?哪种场更有利于储存能量?

10.18　可利用超导线圈中的持续大电流的磁场储存能量。要储存1kW·h的能量,利用1.0T的磁场,需要多大体积的磁场?若利用线圈中的500A的电流储存上述能量,则该线圈的自感系数应多大?

第11章

波动光学

19世纪初，逐步发展起来的波动光学体系已初步形成，其中以英国的托马斯·杨(T. Young)和法国的菲涅耳(A. J. Fresnel)的著作为代表。杨氏双缝干涉实验显示了光的干涉现象，测定了光的波长并圆满地解释了"薄膜的颜色"现象；菲涅耳认为光振动是一种连续介质——以太的机械弹性振动，并于1835年以杨氏干涉原理为基础补充了惠更斯波动说，提出了惠更斯-菲涅耳原理，进一步解释了光的干涉和衍射现象。1808年，法国人马吕斯(E. L. Malus)发现了光的偏振现象，托马斯·杨根据这一发现提出光是一种横波。光的干涉、衍射和偏振现象，表明光具有波动性，并且是横波，至此，光的波动说获得了普遍承认。1860年麦克斯韦的理论研究指出，电场和磁场的变化，不能局限在空间的某一部分，而是以一定的速度传播着，且其在真空中的传播速度等于实验测定的光速，即$3\times10^8\,\mathrm{m\cdot s^{-1}}$。于是麦克斯韦预言：光是一种电磁波。这一结论在1887年被赫兹(Hertz)的实验所证实，人们才认识到光不是机械波，而是电磁波，波动光学的理论得以完善。

本章内容主要包括双缝干涉、薄膜干涉、单缝和圆孔衍射、光栅衍射、光的偏振现象、双折射现象以及它们的应用。

本章结构框图

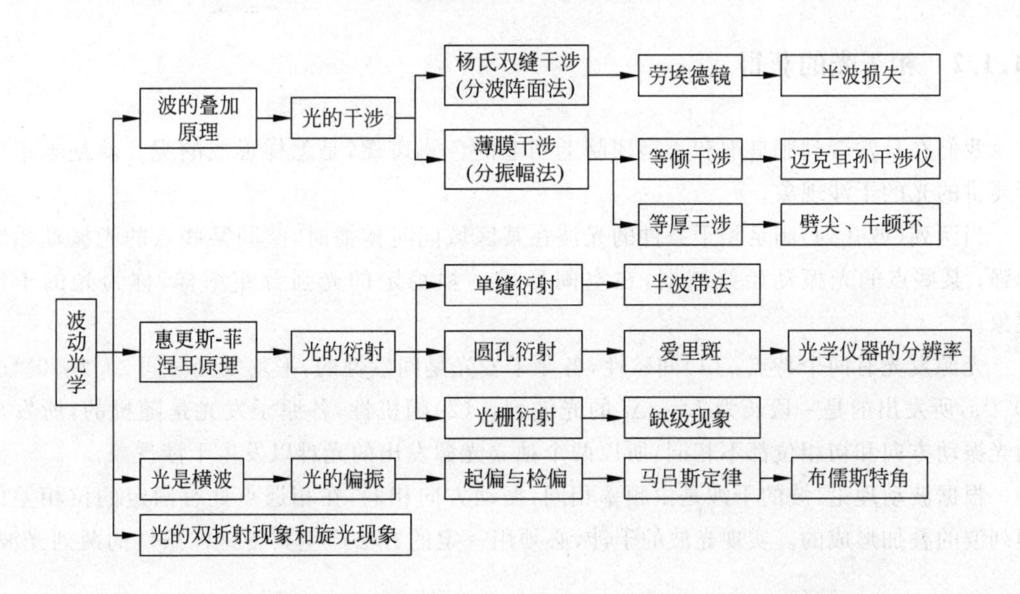

11.1 光的干涉性

11.1.1 光源

我们知道光是电磁波,可见光的波长 λ 的范围在 400～760nm,相应的频率范围在 $(7.5\sim4.3)\times10^{14}$ Hz。通常把发出光波的物体叫做光源,光源有普通光源与激光光源之分。

普通光源随处可见,根据光源中基本发光单元激发方式的不同,普通光源大体可以分为以下几类。①化学发光——发光过程中辐射体内部发生化学变化,依靠消耗自身化学能量而发光,如燃烧、放烟火等;②热致发光——温度高的物体可以发出可见光,如白炽灯、太阳光等;③电致发光——依靠电场能量的激发而发光。如闪电、电弧灯、火花放电,发光二极管等。④光致发光——用外来光激发所引起的发光现象,如日光灯。尽管上面介绍的各种发光方式的不同,而发光的微观机制却是共同的。即在外界条件的激励下,光源中的原子、分子吸收能量而处于一种不稳定的激发态。它能自发地跃迁回低激发态或基态,并发射出一定频率的电磁波。

激光光源由特定的发光物质及特殊的结构部件所组成,处于激发态的原子,如果在外来光子的影响下,引起从高能态向低能态的跃迁,并把两个状态之间的能量差以辐射光子的形式发射出去,那么这种过程就叫做受激发射。受激辐射发出的光子与外来光子具有相同的频率,相同的发射方向,相同的偏振态和相同的相位。同时,在没有任何外界作用下,激发态原子自发地从高能态向低能态跃迁,同时辐射出一个光子的过程叫做自发辐射。在一定条件下使受激辐射超过自发辐射,获得以相同频率、相位、发射方向、偏振态的激光。激光具有极好的单色性、高亮度和良好的方向性。

光源发出的光是大量简谐波叠加的光波,按组成光波列各波长值的多少,光也可以分成两种:单色光——具有单一波长的光;复色光:由许多不同波长的光复合起来的光。

11.1.2 相干光的获得

我们在日常看到肥皂泡和小鸟翅膀上羽毛的色彩斑斓,是怎样形成的呢?就是本章节所要讲的光的干涉现象。

当两列(或几列)满足相干条件的光波在某区域同时传播时,空间某些点的光振动始终加强;某些点的光振动始终减弱,在空间形成一幅稳定的光强分布图样,称为光的干涉现象。

光源发光有两个特点:(1)间歇性,各原子发光是间歇性的,平均发光时间 Δt 为 $10^{-8}\sim10^{-11}$ s,所发出的是一段长为 $L=c\Delta t$ 的光波列。(2)随机性,各原子发光是随机的,所发出的光振动方向和初相位都不相同,所以两个独立光源发出的光难以发生干涉现象。

根据波动理论,波的干涉是由频率相同,振动方向相同,在相遇点处有固定的位相差的两列波的叠加形成的。实现光波的干涉,必须用一定的方法产生具备这样条件的两列光波。

这样的两列波叫**相干波**。而相应的二波源称为**相干波源**。在惠更斯原理的基础上，1801 年，英国科学家托马斯·杨用双缝的方法，获得二相干波源和相干光。

通常采用同一束光分成两束的方法，才能满足相干光条件，主要方法有两种：**分振幅法**和**分波阵面法**。

所谓的**分振幅法**是利用光在透明介质薄膜表面的反射和折射将同一光束分割成振幅较小的两束相干光。如图 11-1(a)所示，A、B 分别为一薄膜的两个表面，入射光 S 在界面 A 上反射形成光 S_1，在界面 B 上反射形成光 S_2。这样，光 S_1、光 S_2 的频率相同、振动方向相同、相位差恒定，满足相干光的条件。我们在日常生活中看到油膜、肥皂泡所呈现的彩色条纹，就是一种干涉，因为太阳光中含有各种波长的光波，当太阳光照射油膜时，经油膜上、下表面反射的光形成相干光束，有些地方红光得到加强，有些地方绿光得到加强……，这样就可以看到油膜呈现出彩色条纹，如后面介绍的薄膜干涉。

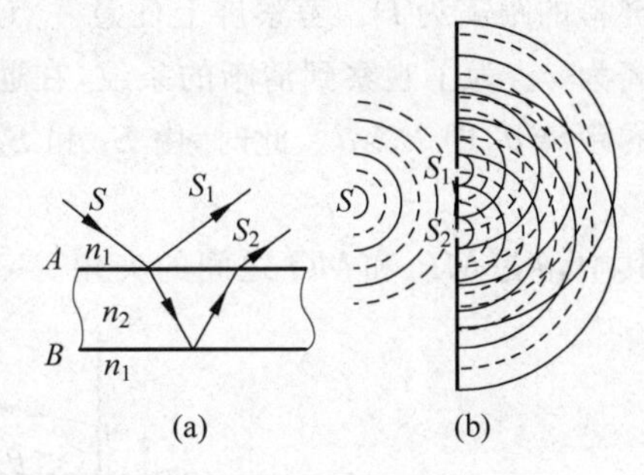

图 11-1 相干光获取的两种方法

(a) 分振幅法；(b) 分波阵面法

分波阵面法就是普通光源发出的某一波阵面上，取出两部分面元作为相干光源的方法。如图 11-1(b)所示，小孔 S 可看作是发射球面波的点光源，如果 S_1 和 S_2 处于该球面波的同一波阵面上，显然 S_1 和 S_2 是满足相干条件的两个相干光。下面将要介绍的杨氏双缝和劳埃德镜的光的干涉实验，都是通过分波阵面法实现的。

11.2 杨氏双缝干涉 劳埃德镜 光程与光程差

11.2.1 杨氏双缝干涉实验

托马斯·杨在 1801 年首先用实验方法实现了光的干涉现象。杨氏双缝干涉实验是最早利用单一光源形成两束相干光，从而获得干涉现象的典型实验，实验结果为光的"波动说"提供了重要的依据。

杨氏双缝实验装置如图 11-2(a)所示，两个狭缝 S_1、S_2 长度方向彼此平行，单缝被照亮后相当于一线光源，发出以 S 为轴的柱面波。由于 S_1 和 S_2 关于 S 对称放置，S 在 S_1 和 S_2 处激起的振动相同，从而可将 S_1 和 S_2 看作两个同位相的相干波源，它们发出的光波在屏上相遇后发生相干叠加，出现了明暗相间的平行条纹——干涉条纹，这些条纹都与**狭缝平行，条纹宽度相等、条纹间距相等**，如图 11-2(b)所示。

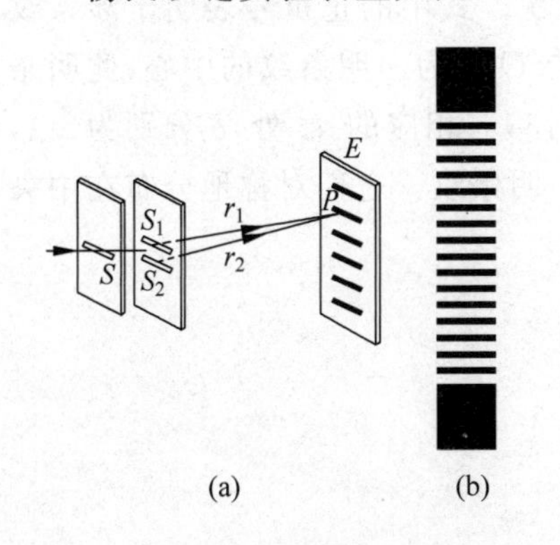

图 11-2 杨氏双缝干涉

(a) 干涉装置；(b) 干涉条纹

由于 S_1 和 S_2 是从同一光源 S 发出的波阵面上取出的两部分，这两束光满足相干光的条件，可以产生稳定干涉。下面以杨氏双缝干涉实验为例定量分析形成干涉明、暗条纹所应满足的条件。

11.2.2 杨氏双缝干涉条纹的分析

如图 11-3 所示,设相干光源 S_1 和 S_2 之间的距离为 d,其中心点为 M,双缝所在平面到屏幕的距离为 D。考察屏上任意一点 P,设 $S_1P=r_1$,$S_2P=r_2$,若点 P 到屏幕中心 O 点的距离为 x。为了观察到清晰的条纹,在通常情况下,双缝到屏幕间的垂直距离 D 远大于双缝间的距离 d,即 $D\gg d$。此时,由 S_1 和 S_2 发出的光到达屏上相遇点 P 处的波程差为

$$\delta = r_2 - r_1 \approx d\sin\theta$$

其中,θ 是 MP 和 MO 之间的夹角。

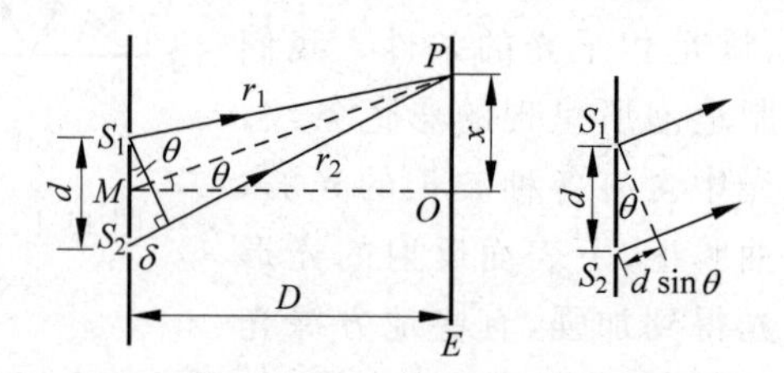

图 11-3 双缝干涉条纹的位置分布

设两列光波的波动方程分别为

$$y_1 = A\cos\left(\omega t - \frac{2\pi r_1}{\lambda}\right)$$

$$y_2 = A\cos\left(\omega t - \frac{2\pi r_2}{\lambda}\right)$$

相遇点 P 处光波相位差为

$$\Delta\varphi = 2\pi\frac{\delta}{\lambda} = 2\pi\frac{r_2 - r_1}{\lambda} \approx 2\pi\frac{d\sin\theta}{\lambda} \tag{11-1}$$

由波动理论可知,如果 $\Delta\varphi=\pm 2k\pi$,$k=0,1,2,\cdots$时,干涉加强。由式(11-1)可得

$$\delta = \pm k\lambda$$

即

$$d\sin\theta = \pm k\lambda,\quad k = 0,1,2,\cdots \tag{11-2}$$

则点 P 处为一明条纹的中心。式中 k 称为干涉条纹的级次。式中的正负号表明干涉条纹在点 O 两边是对称分布的,对于点 O,$\theta=0$,$\delta=0$,$k=0$;点 O 也为一明条纹的中心,此明条纹叫做中央明纹(或零级明纹)。在 O 点两侧,与 $k=1,2,3,\cdots$相应的 x_k 处,δ 分别为$\pm\lambda$,$\pm 2\lambda$,$\pm 3\lambda$,$\cdots$,这些明条纹分别称为第一级、第二级、……明条纹。它们对称地分布在中央明纹的两侧。

因为 $D\gg d$,亦有 $D\gg x$,所以 θ 角很小。因此有

$$\sin\theta \approx \tan\theta = \frac{x}{D}$$

所以,$\sin\theta\approx\tan\theta=\frac{x}{D}$。则式(11-2)可写为

$$d\frac{x}{D} = \pm k\lambda,\quad k = 0,1,2,\cdots$$

即各级明纹中心距 O 点距离为

$$x = \pm k \frac{D}{d}\lambda, \quad k = 0,1,2,\cdots \tag{11-3a}$$

如果 $\Delta\varphi = \pm(2k+1)\pi/2, k=0,1,2,\cdots$ 时，两束光干涉减弱（最弱），即

$$d\sin\theta = \frac{xd}{D} = \pm\frac{(2k+1)\lambda}{2}$$

此时，点 P 处为暗条纹中心，同理可得各级暗纹中心距 O 点距离为

$$x = \pm\frac{D}{d}(2k+1)\frac{\lambda}{2}, \quad k = 0,1,2,3,\cdots \tag{11-3b}$$

这样，与 $k=0,1,2,3,\cdots$ 相应的 $x=\pm\frac{D}{2d}\lambda, \pm\frac{3D}{2d}\lambda, \cdots$ 处均为暗条纹。若 S_1 和 S_2 在点 P 的相位差既不满足式(11-3a)，也不满足式(11-3b)，则点 P 处既不是最明，也不是最暗。

综上所述，在干涉区域内，我们可以从屏幕上看到，在中央明纹两侧，对称地分布着明、暗相间的干涉条纹。如果已知 d、d'、λ，则可从式(11-3a)或式(11-3b)算出相邻明纹（或暗纹）间的间距为

$$\Delta x = x_k - x_{k-1} = \frac{D}{d}\lambda \tag{11-4}$$

上式说明，杨氏实验中相邻明纹或暗纹的间距与干涉条纹的级次无关，条纹呈等间距排列。另外，由于人眼或感光材料能感觉到的光强都有一个下限，因而暗条纹并不是一条几何线，同样有一定的宽度，暗纹的位置通常是指暗纹的中心位置。

结论：(1) 相邻明纹间距＝相邻暗纹间距＝$\frac{D\lambda}{d}$（常数）。

(2) 干涉条纹是关于中央亮纹对称分布的明暗相间的干涉条纹。

(3) 对给定装置，λ 增大时，Δx 增大；λ 减小时，Δx 减小。

用白光照射双缝时，则屏幕上除中央明纹因各单色光重合而显示白色外。其他各级条纹由于各单色光出现明纹的位置不同，因而形成彩色条纹，同一级条纹中，波长小的离中央明纹近，波长长的离中央明纹远（外红内紫）。此外，还可由 Δx 的精确测量而推算出单色光的波长 λ。

(4) 杨氏干涉属于分波阵面法干涉。

例 1　以单色光照射到相距为 0.2mm 的双缝上，缝到屏幕的距离为 1m。(1)从第一级明纹到同侧第四级的明纹为 7.5mm 时，求入射光波长 λ；(2)若入射光波长为 600nm，求相邻明纹间距离 Δx。

解　(1) 明纹坐标为

$$x = \pm k\frac{D\lambda}{d}$$

由题意有

$$x_4 - x_1 = \frac{4D\lambda}{d} - \frac{D\lambda}{d} = \frac{3D\lambda}{d}$$

$$\lambda = \frac{d}{3D}(x_4 - x_1) = \frac{0.2\times10^{-3}}{3\times1}\times7.5\times10^{-3}\,\text{m}$$

$$= 5\times10^{-7}\,\text{m} = 500\text{nm}$$

(2) 当 $\lambda=600\text{nm}$ 时,相邻明纹间距为

$$\Delta x=\frac{D\lambda}{d}=\frac{1\times 6\times 10^{-7}}{0.2\times 10^{-3}}=3\times 10^{-3}\text{m}=3\text{mm}$$

11.2.3 劳埃德镜

劳埃德于 1834 年提出了另一种获得干涉现象的装置,如图 11-4 所示装置,MM' 为一平面反射镜。从狭缝 S_1 射出的光一部分(图中 1 表示)直接射到屏 E 上,另一部分经 MM' 反射后(图中 2 表示)到达 E 上,反射光可看作是由虚光源 S_2 发出的,AB 为图 11-4 中光线 1 直射屏 E 的分布区域。S_1、S_2 构成一对相干光源,在屏 E 的光波相遇区域内发生干涉,在屏幕 P 上出现明暗相间的干涉条纹,Δx 为干涉范围,可见,劳埃德镜实验的原理本质上与杨氏双缝实验类似,都属于分波阵面法。

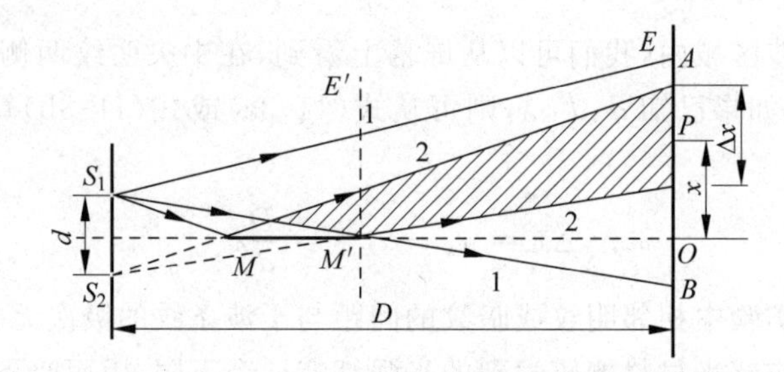

图 11-4 劳埃德镜装置示意图

另外,若把屏 E 向前平移到平面镜的端点 M' 对应位置 $E'M'$ 处,在 E 与镜面交点处本来应出现明纹(因为从 S_1、S_2 发出的光到了交点 M' 经过波程相等),但实际上却观察到暗纹,这表明直接射到屏上的光与由镜反射的光在 M' 处的相位相反,即相位差为 π。因为入射光不可能有相位突变,所以只能是反射光(从空气射向玻璃并反射)发生相位突变,相位跃变了 π。

进一步的实验表明:光从光疏介质(光速较大即折射率较小)射到光密介质(光速较小即折射率较大)时,反射光的相位与入射光的相位相比跃变了 π。这一相位跃变相当于反射光与入射光之间附加了半个波长 $\frac{\lambda}{2}$ 的波程差,这种现象称为**半波损失**。

劳埃德镜实验显示了光的干涉现象,同时也显示了光波在传播过程中在不同介质的交界面处的半波损失现象,更有力地证明了光的波动性。

11.2.4 光程与光程差

前面的杨氏双缝实验中,两束相干光都是在同一种介质中传播的,只要计算出两相干光到达相遇点的几何路程差,即波程差 δ,就可根据式 $\Delta\varphi=\frac{2\pi}{\lambda}\delta$ 计算出它们的相位差。但是,当两束相干光分别通过不同的介质时,由于同一频率的光在不同介质中的传播速度不同,因此不同介质中光波波长不同,此时两相干光的相位差就不能简单地由几何路程差来决定。为此,我们引入光程这一概念。

设有一光在真空中传播速度为 c,频率为 ν,波长为 λ。当它在折射率为 n 的介质中传播时,传播速度变为 v,波长为 λ_n(频率不变)。则由

$$\lambda_n = \frac{v}{\nu},\quad v = \frac{c}{n},\quad \lambda = \frac{c}{\nu}$$

可得

$$\lambda_n = \frac{v}{\nu} = \frac{c/n}{\nu} = \frac{\lambda}{n}$$

即

$$\lambda_n = \frac{\lambda}{n} \tag{11-5}$$

上式说明,一定频率的光在折射率为 n 的介质中传播时,其波长为真空中波长的 $\frac{1}{n}$。波行进一个波长 λ 的距离,相位变化 2π,若光波在该介质中传播的几何路程为 L,则相位的变化为

$$\Delta\varphi = 2\pi\frac{nL}{\lambda} = 2\pi\frac{L}{\lambda_n}$$

由上式可见,$\Delta\varphi$ 不仅是简单地取决于几何路程差和真空中的波长,而且还与介质的折射率 n 有关。光在折射率为 n 的介质中走过 L 路程所用的时间为 $\Delta t=\frac{L}{v}$,在 Δt 时间内,光在真空中走过距离为 $c\Delta t=\frac{cL}{v}=nL$。可见,光在介质中经过的几何路程为 L 时,相当于相同时间内在真空中经过了 nL 的路程;也可以表述为:光在折射率为 n 的介质中通过的几何路程 L 所发生的相位变化,相当于光在真空中通过 nL 的路程所发生的相位变化。所以,人们把折射率 n 与几何路程 L 之积 nL,称为**光程**。

有了光程这个概念,我们就可以把单色光在不同介质中的传播路程,都折算为该单色光在真空中的传播路程。因此,若从同一光源发出的两相干光,分别通过不同的介质,设其折射率分别为 n_1、n_2,则在空间某点相遇时,所产生的干涉情况与两者的**光程差**(用 Δ 表示光程差)有关,即 $\Delta=n_2r_2-n_1r_1$。则它们的光程差 Δ 和相位差 $\Delta\varphi$ 的关系式可表述为

$$\Delta\varphi = 2\pi\frac{\Delta}{\lambda} \tag{11-6}$$

一般情况下,两束光的相位差为

$$\Delta\varphi = \varphi_2 - \varphi_1 + 2\pi\frac{\Delta}{\lambda}$$

式中,λ 为真空中的波长。

我们由此得出两束光干涉加强和干涉减弱的条件为

$$\Delta\varphi = 2\pi\frac{\Delta}{\lambda} = \begin{cases} \pm 2k\pi, & k = 0,1,2,\cdots \text{ 干涉加强} \\ \pm(2k+1)\pi, & k = 0,1,2,\cdots \text{ 干涉减弱} \end{cases} \tag{11-7}$$

其对应的光程差为

$$\Delta = \begin{cases} \pm k\lambda, & k = 0,1,2,\cdots \text{ 干涉加强} \\ \pm(2k+1)\dfrac{\lambda}{2}, & k = 0,1,2,\cdots \text{ 干涉减弱} \end{cases} \tag{11-8}$$

在观察干涉、衍射现象时,经常用到凸透镜。不同光线通过透镜可改变传播方向,那么会不会引起附加光程差呢?

我们知道,如图 11-5(a)所示,一组平行光垂直入射透镜后,将会聚在焦平面的焦点 F 上,形成一个亮点。这一事实说明,平行光波面上各点(图中 A、B、C、D、E 各点)的相位相同,它们到达焦平面上的会聚点 F 后相位仍然相同,因而相互加强成亮点。这就是说,从 A、B、C、D、E 各点到 F 点的光程都是相等的。如图 11-5(b)所示,一组平行光斜入射透镜后会聚焦平面上 F' 点,虽然光线 AaF' 比 CcF' 经过的几何路程长,但是 CcF' 在透镜中经过的路程比 AaF' 的长,由于透镜的折射率大于空气的折射率,折算成空气中的光程后,AaF' 的光程与 CcF' 的光程相等,即**平行光束经过透镜后不会引起附加的光程差**。

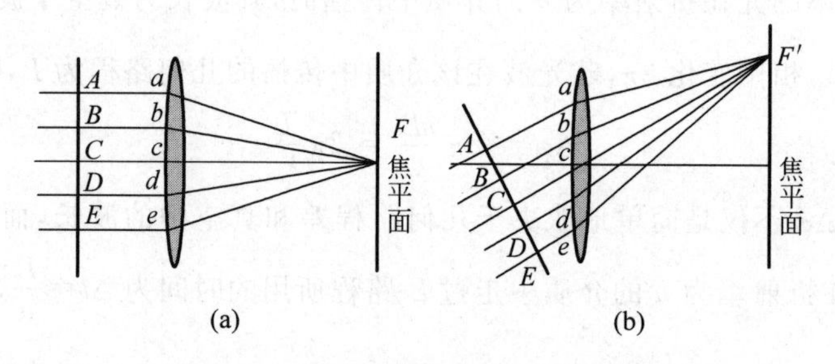

图 11-5 通过透镜后光线的光程相等

(a) 平行光垂直入射;(b) 平行光斜入射

例 2 波长 $\lambda=550\text{nm}$ 的单色光照射在相距 $d=2\times10^{-4}\text{m}$ 的双缝上,屏到双缝的距离 $D=2\text{m}$。求:

(1) 中央亮纹两侧的两条第 10 级亮纹中心的间距;

(2) 用一厚度为 $e=6.6\times10^{-6}\text{m}$,折射率为 $n=1.58$ 的云母片覆盖上面的一条缝后,零级亮纹将移到原来的第几级亮纹的位置?

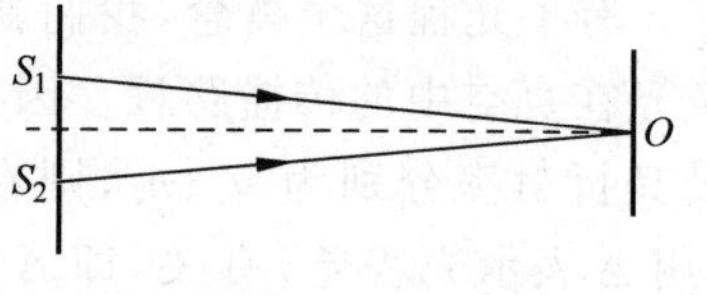

图 11-6 例 2 用图

解

(1) 由杨氏双缝干涉知,相邻两条纹间距

$$\Delta x=\frac{D}{d}\lambda$$

则中央亮纹两侧的两条第 10 级亮纹中心的间距为

$$\Delta l=2\times10\times\Delta x=20\,\frac{D}{d}\lambda=20\times\frac{2\text{m}}{2\times10^{-4}\text{m}}\times5500\times10^{-10}\text{m}=0.11\text{m}$$

(2) 覆盖前零级亮纹在 O 点,则 $r_2-r_1=0$,则用一厚度为 $e=6.6\times10^{-6}\text{m}$,折射率为 $n=1.58$ 的云母片覆盖在 S_1 上后,光线 S_1P 产生了一个附加的光程差 $\Delta=(n-1)e$,此时两相干光在 O 点相遇产生的条纹不再是零级明条纹,零级明条纹将向上移动。

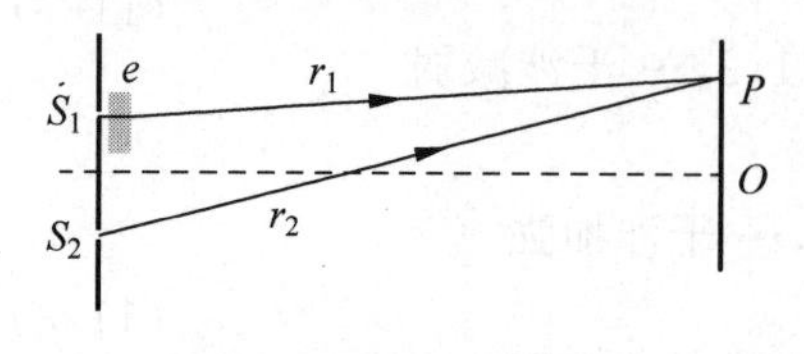

图 11-7 例 2 解用图

零级亮纹应满足$[(n-1)e+r_1]-r_2=0$,若未覆盖云母片时,P 点(同样的 r_1、r_2 处)原来为第 k 级亮纹,有 $r_2-r_1=k\lambda$,即$(n-1)e=k\lambda$

$$k=\frac{(n-1)e}{\lambda}=\frac{(1.58-1)\times6.6\times10^{-6}\text{m}}{550\times10^{-9}\text{m}}\approx7$$

即零级亮纹移到原来的第 7 级亮纹处。

11.3　薄膜干涉

在日常生活中，我们常见到在阳光下的肥皂泡、水面上的油膜呈现出五颜六色的花纹。这是由于入射光经薄膜上表面反射后得第一束光，折射光经薄膜下表面反射，又经上表面折射后得第二束光，这两束光在薄膜的同侧，由同一入射振动分出，是相干光，满足干涉条件。这种光波在膜的上、下表面反射后相互叠加所产生的干涉现象，称为**薄膜干涉**。这种干涉属分振幅干涉，薄膜可以是透明固体、液体或由两块玻璃所夹的气体薄层。

11.3.1　薄膜干涉原理

如图 11-8 所示，在折射率为 n_1 的均匀介质中，有一折射率为 n_2 的平行平面透明介质薄膜(厚度为 e)。设 $n_2>n_1$，从单色光源 S 上一点发出的光线 S_0，以入射角 i 投射到薄膜上的 A 点，这时，光线 S_0 分成两部分，一部分在 A 点反射，称为反射线 S_1，另一部分则以折射角 r 折射入薄膜内，经下表面 C 点反射后到达 B 点，再经过上表面透射回原介质成为光线 S_2。这两条光线因出自光源中的同一点 S_0，因经历了不同的路径而有恒定的相位差，所以它们是相干光，满足干涉条件，下面我们用光程差概念来分析薄膜干涉的加强和减弱条件。

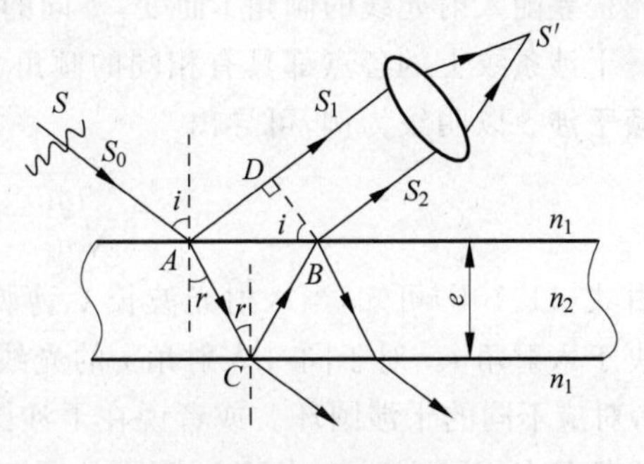

图 11-8　薄膜的干涉

光线 S_0 从 A 点开始分成两路光线 S_1 和 S_2，另外从光线 S_1 中 D 点和光线 S_2 中的 B 点以后两路光是等光程的，且由于 $n_2>n_1$，反射光 S_1 因半波损失而产生了 $\frac{\lambda}{2}$ 的附加光程差。则两路光 S_1 和 S_2 在 S' 处相遇时的光程差为

$$\Delta = n_2(AC + CB) - n_1 AD + \frac{\lambda}{2} \tag{11-9}$$

由图 11-8 可知

$$AC = CB = \frac{e}{\cos r}$$

$$AD = AB\sin i = 2e\tan r\sin i$$

根据折射定律 $n_1\sin i = n_2\sin r$，因此

$$\Delta = 2n_2\frac{e}{\cos r} - 2n_1 e\tan r\sin i + \frac{\lambda}{2} = \frac{2n_2 e}{\cos r}(1-\sin^2 r) + \frac{\lambda}{2}$$

即为

$$\Delta = 2n_2 e\cos r + \frac{\lambda}{2} \tag{11-10a}$$

或者

$$\Delta = 2e\sqrt{n_2^2 - n_1^2\sin^2 i} + \frac{\lambda}{2} \tag{11-10b}$$

于是,S'是**明纹**的干涉条件为

$$\Delta = 2e\sqrt{n_2^2 - n_1^2\sin^2 i} + \frac{\lambda}{2} = k\lambda,\quad k = 1,2,3,\cdots \tag{11-11a}$$

S'是**暗纹**的干涉条件为

$$\Delta = 2e\sqrt{n_2^2 - n_1^2\sin^2 i} + \frac{\lambda}{2} = (2k+1)\frac{\lambda}{2},\quad k = 0,1,2,3,\cdots \tag{11-11b}$$

同理,在透射光中也有干涉现象,上式对透射光仍然适用。但是,透射光之间的附加光程差和反射光之间的附加光程差产生的条件恰好相反,当反射光之间有$\frac{\lambda}{2}$的附加光程差时,透射光之间则没有;反之,若反射光之间没有附加光程差时,透射光之间却有$\frac{\lambda}{2}$的附加光程差。所以当反射光干涉加强时,透射光干涉减弱,反之亦然。

从光程差$\Delta=2e\sqrt{n_2^2-n_1^2\sin^2 i}+\frac{\lambda}{2}$,可知,对于均匀等厚同一介质的薄膜($e$处处相等),光程差随入射光线的倾角$i$而变,不同的干涉明条纹和暗条纹相应地具有不同的倾角,而同一干涉条纹上的各点都具有相同的倾角,所以在同一均匀厚度的薄膜上产生的干涉叫做**等倾干涉**。以明纹为例,可导出

$$\sin i = \sqrt{\frac{n_2^2}{n_1^2} - \left(\frac{k\lambda}{2n_1 e}\right)^2},\quad k = 1,2,\cdots \tag{11-12}$$

由式(11-10b)可知,当入射光波长λ、薄膜厚度e和介质折射率n_1、n_2一定时,光程差Δ仅取决于入射角i。对于同一入射角i的光线就组成同一干涉圆环(见图11-9),不同的入射角i,对应不同的干涉圆环。或者说在干涉圆环图案中,同一圆环(明或暗)对应的某簇入射光线都具有相同入射角(倾角),不同的圆环对应不同倾角的入射光。等倾干涉的图案是一组明暗相间的同心圆环。

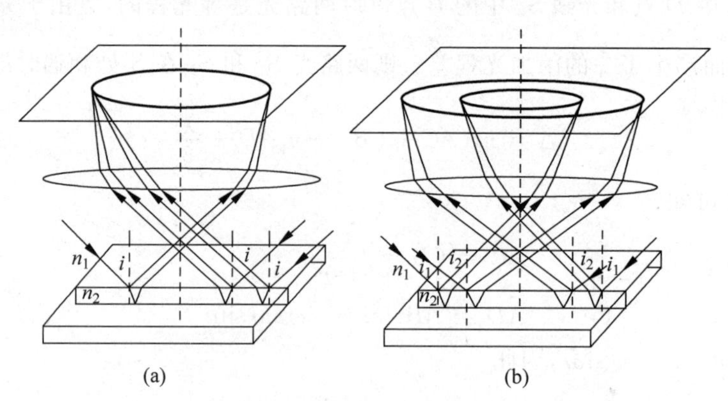

图11-9 等倾干涉光路图

(a) 相同倾角的入射光会聚于同一圆环;(b) 不同干涉条纹对应不同倾角的入射光

从式(11-11a)还可以看出,当入射角$i=0$,即光垂直薄膜入射时,光程差Δ由薄膜厚度e决定。即

$$\Delta = 2n_2 e + \frac{\lambda}{2} = \begin{cases} k\lambda, & k = 1,2,3,\cdots \text{ 干涉加强,明纹} \\ (2k+1)\frac{\lambda}{2}, & k = 1,2,3,\cdots \text{ 干涉减弱,暗纹} \end{cases} \tag{11-13}$$

11.3.2　增透膜和增反膜

光学系统中，有多种透镜，光在这些透镜的表面反射将导致光能量的严重损失，一般来说，光射到光学元件表面上，其能量分成反射光能量和透射光能量，光强的大小与振幅有关，当两反射光干涉减弱时，合振幅变小，因为反射光和投射光的总能量是守恒的，则透射光一定是增强的。为了减少光能在光学元件的表面反射损失，常在镜面上镀一层均匀的透明薄膜(如 MgF_2 材料)，以增强其透射率。这种使反射光强减弱，透射光强增强的薄膜叫**增透膜**。

同样，当两反射光干涉增强时，合振幅变大，反射光能量增强，因为反射光和透射光的总能量是守恒的，则透射光一定是减弱的。在某些条件下，需要提高反射率，如激光器谐振腔的反射镜，其反射率要达到 99%以上，为此目的，可以在镜片表面镀膜，利用薄膜上下表面反射光的光程差满足干涉增强条件，从而使反射光增强，透射光减弱，这样的薄膜称为**增反膜**。

如图 11-10 所示，在玻璃表面镀一层厚度为 e，折射率为 n_2 氟化镁薄膜，由于 $n_1<n_2<n_3$，薄膜上、下两界面的反射光均有半波损失，所以可以不计入附加光程差。于是令反射光干涉减弱的条件为

$$\Delta = 2n_2 e = (2k+1)\frac{\lambda}{2},\quad k = 0,1,2,\cdots$$

由此，我们还可以求得膜的最小厚度应为(相应于 $k=0$)

$$e = \frac{\lambda}{4n_2}$$

有些光学器件需要减少透射率，以增加反射光的强度。利用薄膜干涉也可以制成增反膜(或高反膜)。在图 11-11 中，氟化镁改用硫化锌(ZnS，$n_2=2.35$)，这时，$n_1<n_2$，$n_2>n_3$ 即上下两个界面仅有光线 2 产生半波损失，因而反射光相干加强，透射光减弱。有时为了增加反射率，也采用多层镀膜(如用氟化镁和硫化锌交替镀膜)使某一特定波长的光反射率增加，使反射达到更好的增强效果。

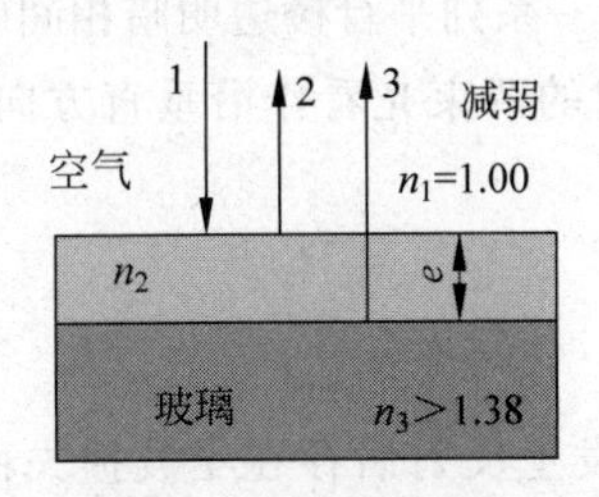

图 11-10　增透膜

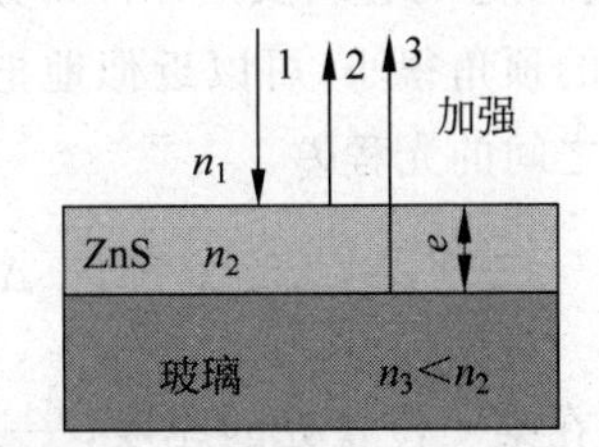

图 11-11　硫化锌膜为增反膜

例 1　利用薄膜干涉为了提高玻璃($n_3=1.52$)的反射率，镀上硫化锌 ZnS($n_2=2.35$)，为使单色光($\lambda=6.328\times10^{-7}$ m)反射最大，求：ZnS 膜的最小厚度？(空气 $n_1=1.00$)

解　由于 $n_1<n_2$，$n_3<n_2$，上表面反射光有半波损失，则 2、3 两光的光程差为

$$\Delta = 2en_2 + \frac{\lambda}{2}$$

要使单色光反射最大,即干涉加强,于是

$$\Delta = 2en_2 + \frac{\lambda}{2} = k\lambda$$

其中,膜的最小厚度取 $k=1$,即

$$e = e_{\min} = \frac{\lambda}{4n_2} = 6.73 \times 10^{-8}\,\text{m}$$

11.4 劈尖 牛顿环

11.4.1 劈尖

劈尖模型如图 11-12 所示,G_1,G_2 为两片叠放在一起的平板玻璃,其中一端的棱边相接触靠在一起,另一端被直径为 D 的细丝隔开,两个面间存在一个角度很小的夹角。在 G_1 的下表面和 G_2 的上表面间形成一端薄一端厚的空气层,此空气层称为**劈尖**,两玻璃板接触边为劈尖棱边。

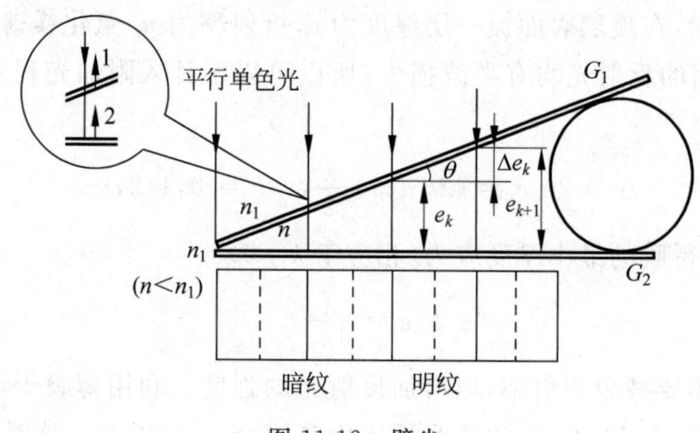

图 11-12 劈尖

一平行光垂直入射到 G_1 上,从空气劈尖的上表面反射光 1 和从下表面反射光 2 在上表面相遇,在此面上形成干涉条纹。因为厚度相同的地方对应着同一干涉条纹,而厚度相同的地方处于平行于棱边的直线段上,所以,劈尖干涉条纹是一系列平行棱边明暗相间的直条纹。

由于劈尖的顶角很小,可以近似地把上下表面反射的两束光看作沿垂直方向向上传播,可得两反射光之间的光程差

$$\Delta = 2ne + \frac{\lambda}{2} \tag{11-14}$$

式中,e 是薄膜在某一位置处的厚度,$\frac{\lambda}{2}$是光在下表面发生反射后存在半波损失而产生的附加光程差。根据干涉加强和减弱条件,可知

$$\Delta = 2ne + \frac{\lambda}{2} = \begin{cases} k\lambda, & k = 1,2,3,\cdots \text{ 干涉加强,明纹} \\ (2k+1)\,\dfrac{\lambda}{2}, & k = 0,1,2,3,\cdots \text{ 干涉减弱,暗纹} \end{cases} \tag{11-15}$$

由此可见,凡劈尖上厚度相同的地方,两反射光的光程差都相等,对于一定的级次 k,无论是明条纹还是暗条纹,都是对应一定的薄膜厚度 e,即在膜厚相同的地方光将形成同一级

条纹，这种干涉叫做等厚干涉，这些条纹叫做等厚干涉条纹。由于劈形膜的厚度仅由距劈尖棱边的长度决定，因此劈尖干涉条纹应为平行于棱边的直条纹。

如图 11-13 所示，分析讨论：

1. $e=0$ 时，反射光 1 无半波损失，反射光 2 有半波损失，出现零级暗纹。

2. 条纹的级次 k 随厚度增加而增大。

3. 相邻明条纹对应劈尖的厚度差为

$$\Delta e = e_{k+1} - e_k = \frac{\lambda}{2n} = \frac{\lambda_n}{2} = \text{常数} \qquad (11\text{-}16)$$

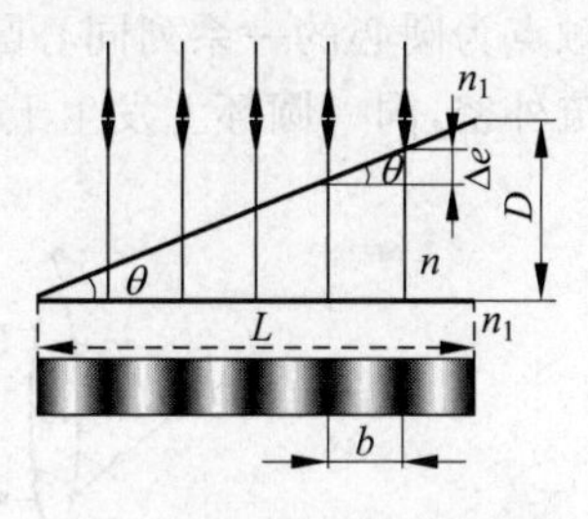

图 11-13　劈尖干涉示意图

式中，$\lambda_n=\lambda/n$ 为光在折射率为 n 的介质中的波长。同理，相邻暗条纹对应劈尖的厚度差也为$\dfrac{\lambda}{2n}$$\left(\text{或者说等于光在劈尖介质中波长的}\dfrac{1}{2},\text{即}\dfrac{\lambda_n}{2}\right)$。

4. 相邻明(暗)纹间距 b

一般劈尖的夹角 θ 很小，则有 $\theta\approx\tan\theta\approx\sin\theta$，相邻明(暗)纹间距为

$$b = \frac{\Delta e}{\sin\theta} = \frac{\lambda}{2n\sin\theta} \approx \frac{\lambda}{2n\theta} \qquad (11\text{-}17)$$

显然，干涉条纹是等间距的，而且 θ 越小，干涉条纹越疏；θ 越大，干涉条纹越密。如果 θ 太大，条纹间距太大将无法看清。从图 11-13 中可以看出，$\theta\approx\dfrac{D}{L}$，$\theta\approx\dfrac{\Delta e}{b}=\dfrac{\lambda}{2nb}=\dfrac{\lambda_n}{2b}$，得

$$D = \theta L = \frac{\lambda_n}{2b}L = \frac{\lambda}{2nb}L \qquad (11\text{-}18)$$

若已知劈尖长度 L、光在真空中的波长 λ 和劈尖介质的折射率 n，并测出相邻暗纹(明纹)间的距离 b，也可以计算出细丝的直径 D。另外，已知劈尖的夹角 θ 和条纹间距 b，就可以测单色光的波长 λ，检测加工的平板是否平整，在平板上放一块光学平板玻璃块，根据所显示的等厚干涉条纹的形状和间距，能够判断其表面的平整情况。

例 1　有一玻璃劈尖，放在空气中，劈尖夹角 $\theta=8\times10^{-5}$ rad，用波长 $\lambda=589$nm 的单色光垂直入射，测得干涉条纹的宽度 $b=2.4$mm，求这玻璃的折射率。

解　由劈尖干涉条纹宽度式(11-17)可得

$$\theta = \frac{\lambda_n}{2b} = \frac{\lambda}{2nb}$$

整理得

$$n = \frac{\lambda}{2\theta b}$$

$$n = \frac{\lambda}{2\theta b} = \frac{5.89\times10^{-7}}{2\times8\times10^{-5}\times2.4\times10^{-3}} = 1.53$$

11.4.2　牛顿环

如图 11-14(a)所示，在一块平的玻璃片 B 上，放一曲率半径很大的平凸透镜 A，构成一个上表面为球面，下表面为平面的空气劈尖(空气的折射率为 $n=1$)，则距离接触点 O 的相等水平位置对应的空气劈尖的厚度相等。若用单色平行光垂直照射到平凸透镜 A 时，由于

空气薄层上、下表面两反射光发生干涉,则在显微镜中将观察到以接触点 O 为中心的明暗相间的同心干涉条纹,称为**牛顿环**。如图 11-14(b)所示,由于空气劈尖得等厚轨迹是以接触点为圆心的一系列同心圆环,所以干涉条纹的形状也是一系列明暗相间的干涉圆环且内疏外密,同一圆环上发生干涉的光在空气劈尖中的厚度相等,所以这种干涉为**等厚干涉**。

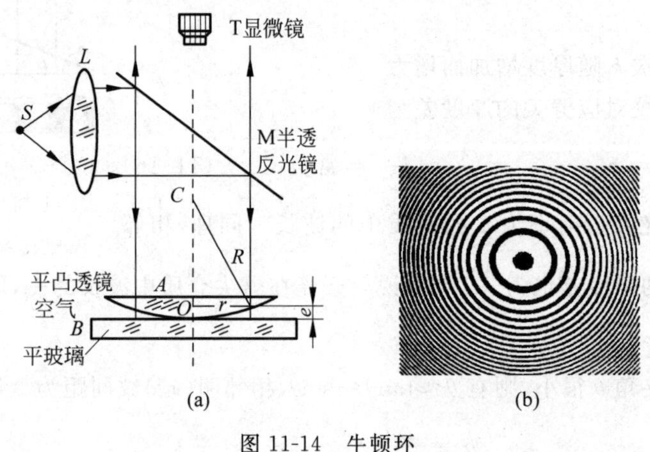

图 11-14 牛顿环

(a) 实验装置;(b) 干涉图样

下面根据等厚薄膜干涉原理来推导牛顿环干涉的半径 r,从而解释干涉圆环的特征。

设一束光垂直照在空气薄层的任一厚度 e 处,考虑到光在下表面时存在半波损失,则相干条件为

$$\Delta = 2ne + \frac{\lambda}{2} = 2e + \frac{\lambda}{2} = \begin{cases} k\lambda, & k = 1,2,3,\cdots \quad 明纹 \\ (2k+1)\dfrac{\lambda}{2}, & k = 0,1,2,3,\cdots \quad 暗纹 \end{cases} \tag{11-19}$$

下面我们来近似计算,设 C 为球面的球心,牛顿环的曲率半径为 R,在如图 11-15 所示直角三角形 CAD 中,则有

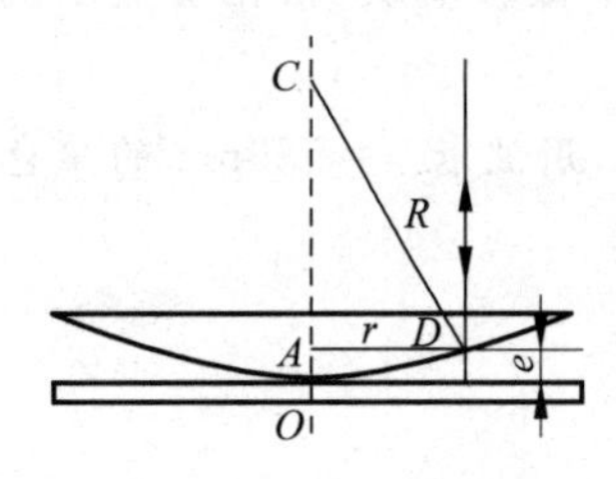

图 11-15 牛顿环光路图

$$r^2 = R^2 - (R-e)^2 = 2Re - e^2 \approx 2Re$$

已知 $R \gg e$,可以略去 e^2,故得

$$r = \sqrt{2eR} = \sqrt{\left(\Delta - \frac{\lambda}{2}\right)R}$$

结合式(11-8),解得**明环半径**为

$$r = \sqrt{\left(k - \frac{1}{2}\right)R\lambda}, \quad k = 1,2,\cdots \tag{11-20}$$

暗环半径为

$$r = \sqrt{kR\lambda}, \quad k = 0,1,2,\cdots \tag{11-21}$$

上式看出,条纹不是等间距的,而是内疏外密的,如图 11-14(b)所示。当 $k=0$ 时,透镜和玻璃板接触点薄膜厚度 $e=0$,由于半波损失,光程差 $\Delta = \frac{\lambda}{2}$,所以牛顿环中心总是暗纹。

根据式(11-20)和式(11-21)可得,相邻明环、暗环半径之差分别为

$$\Delta r = r_{k+1} - r_k = \sqrt{\frac{R\lambda}{2}}\left(\sqrt{2k+1} - \sqrt{2k-1}\right)$$

$$\Delta r' = r_{k+1} - r_k = \sqrt{R\lambda}\left(\sqrt{k+1} - \sqrt{k}\right)$$

由此可见，k 值越大，环的半径越大，k 值越大，明暗环半径之差越小，条纹变得越来越密。实际测量平凸透镜的曲率半径 R 的方法是分别测出两个暗环的半径 r_k 和 r_{k+m}，代入式(11-21)后，即可联立导出

$$R = \frac{r_{k+m}^2 - r_k^2}{m\lambda} \tag{11-22}$$

如图 11-15 的实验装置下，若用平行白光垂直照射到平凸透镜 A 时，可以看到接触点为一暗点，其周围为一些明暗相间的彩色圆环(紫色在内，红色在外)。

例 2　用曲率半径为 $R=4.5\text{m}$ 的平凸透镜做牛顿环实验，测得第 k 级暗环的半径 $r_k=4.95\text{mm}$，第 $k=5$ 暗环的半径 $r_{k+4}=6.065\text{mm}$，则所用单色光的波长是多少？环数 k 是多少？

解　根据牛顿环的暗环公式(11-21)，可得

$$r_k = \sqrt{kR\lambda}$$
$$r_{k+5} = \sqrt{(k+5)R\lambda}$$

可得

$$\lambda = \frac{r_{k+5}^2 - r_k^2}{5R} = 546\text{nm}$$

$$k = \frac{r_k^2}{R\lambda} = 10$$

11.5　迈克耳孙干涉仪

11.5.1　迈克耳孙干涉仪原理

迈克耳孙干涉仪原理如图 11-16 所示。平面反射镜 M_1、M_2、光源 S 和观察点 P(或接收屏)四者北东西南各据一方。M_1、M_2 相互垂直，M_2 是固定的，M_1 可沿导轨作精密移动。G_1 和 G_2 是两块材料相同薄厚均匀相等的平行玻璃片。在 G_1 朝着 P 的一面上镀有一层薄薄的半透明银层或铝层，使照射在 G_1 上的光，一半反射，一半透射。可使入射光分成强度基本相等的反射光和透射光，称 G_1 为分光板。G_2 与 G_1 平行，以保证两束光在玻璃中所走的光程完全相等且与入射光的波长无关，保证仪器能够观察单、复色光的干涉。可见 G_2 作为补偿光程用，故称之为补偿板。G_1、G_2 与平面镜 M_1、M_2 倾斜成 45°。

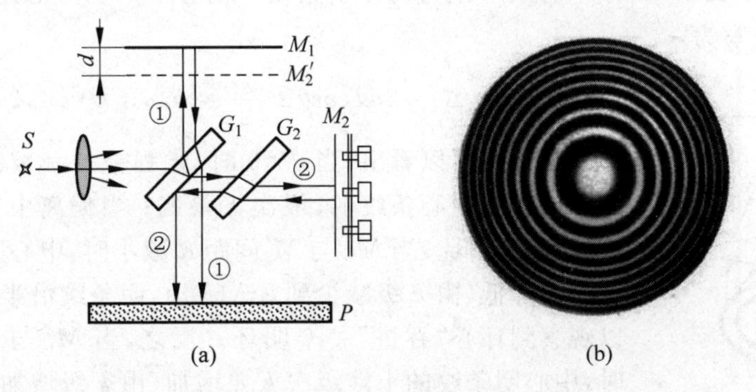

图 11-16　迈克耳孙干涉

(a) 原理图；(b) 干涉条纹

如图 11-16(a)所示,来自光源 S 的一束光经过透镜后,平行入射到 G_1 上,被 G_1 分为反射光和透射光,反射光线①射向 M_1,经 M_1 反射后透过 G_1 到接收屏 P。透射光线②穿过 G_2 射向 M_2,经 M_2 和 G_1 的反射后到接收屏 P。光线①、②来自同一光线,满足相干条件,若 P 处放一个目镜,可以观察到干涉条纹。图中 M_2'是平面镜 M_2 由半反膜形成的虚像。观察者从 P 处看去,经 M_2 反射的光好像是从 M_2'来的。因此干涉仪所产生的干涉和由平面 M_1 与 M_2'之间的空气薄膜所产生的干涉是完全一样的,在讨论干涉条纹的形成时,只需考察 M_1 和 M_2',两个面所形成的空气薄膜即可。

若 M_1 与 M_2 镜不是严格地相互垂直,此时,M_1 与 M_2 镜的虚像 M_2'不平行,即 M_1 与 M_2'间,是厚度不均匀的空气膜劈尖,形成的干涉条纹将近似为平行的等厚条纹。

若 M_1 与 M_2 镜严格地互相垂直,则 M_1 与 M_2 镜的虚像 M_2'严格互相平行,即 M_1 与 M_2'间是厚度为 e 均匀的空气薄膜,此时用一束单色发散光或收敛光(统称锥光)照射到厚度均匀的空气膜时,观察者将看到等倾干涉条纹。

11.5.2 迈克耳孙干涉仪测光波波长

迈克耳孙用干涉仪进行的实验在物理学发展中曾起到过重要的作用。在迈克耳孙干涉时代,相对论尚未建立,人们认为存在一个近似于“以太”的绝对惯性系。1881—1887 年,迈克耳孙用干涉仪进行了检验“以太”是否存在的实验。实验得出否定结果,为爱因斯坦的狭义相对论提供了第一个实验基础。1882 年,迈克耳孙用干涉仪首次测出了镉(Cd)红线的波长 $\lambda_{Cd}=643.84696\text{nm}$,并与保存在巴黎度量局中的铂铱合金制成的标准米尺进行了比较,得到 $1\text{m}=1553164.13\lambda_{Cd}$。由此将长度基准由米原器这种实物基准改为光波波长这种自然基准迈出了一步。

其测波长的基本原理如下,根据薄膜干涉情况,由式(11-10a)和式(11-10b)得

$$\Delta = 2nd\cos r + \frac{\lambda}{2} = \begin{cases} k\lambda, & k = 1,2,3,\cdots \quad \text{明纹} \\ (2k+1)\dfrac{\lambda}{2}, & k = 0,1,2,3,\cdots \quad \text{暗纹} \end{cases}$$

如图 11-17 所示,镜 M_1 与 M_2 镜的虚像 M_2'间相当于是一层空气膜,其折射率为 $n=1$,一光线在空气膜“表面”入射,入射角 i 刚好等于折射角 r,即 $i=r=\theta$,考虑到有半波损失,则上式明纹条件改写为

$$\Delta = 2nd\cos\theta + \frac{\lambda}{2} = k\lambda, \quad k = 1,2,\cdots$$

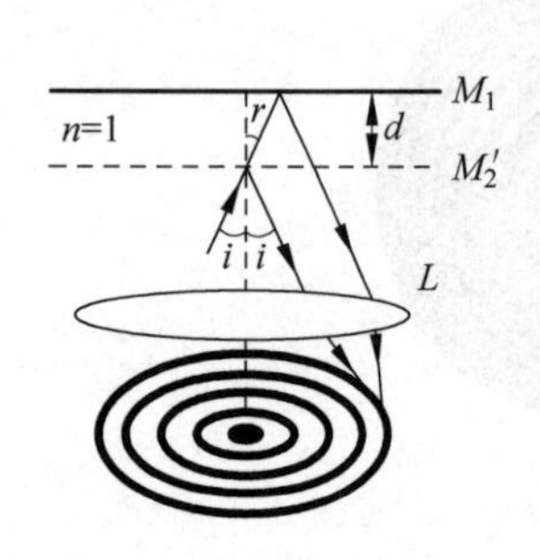

图 11-17 迈克耳孙干涉条纹的形成

由此式可以看出,当 $\theta=0$ 时,光程差 $\Delta=2d=k\lambda$ 最大,此时为等倾干涉中心条纹的,级次 k 最高;当偏离中心,θ 越大,明条纹级次 k 越低。当 M_1 与 M_2'间距 d 减小时,中心明条纹的干涉级次 k 要降低(由 k 级减少到 $k-1$ 级),明条纹沿半径向内移动,可以观察到环心“吞进”一个明环。反之,当 M_1 与 M_2'间距 d 增大时,中心明条纹的干涉级次 k 要增加(由 k 级增加到 $k+1$ 级),明条纹沿半径向外移动,可以观察到环心“吐出”一个明环。

由明纹的干涉条件,当干涉条纹中心 $\theta=0$ 时,$\Delta=2d=k\lambda$,

即有

$$2\Delta d = \lambda \Delta k \tag{11-23}$$

当环心"吞进"或"吞出"一个圆环时，$\Delta k=1$，则相应地，当 M_1 镜向前移动时，即 M_1 与 M_2'间距的 d 减小$\frac{\lambda}{2}$，环心"吞进"一个圆环；反之，当 M_1 镜向后移动时，M_1 与 M_2'的间距 d 增加$\frac{\lambda}{2}$，环心就"吐出"一个明环。

故干涉条纹在中心处可观察圆环中心吞进(吐出)一个明环，只要数出圆环中心吞进(或吐出)明环或暗环数目 ΔN(在这里我们讨论时，用 ΔN 代替 Δk)，便可知平面镜 M_1 移动的距离

$$\Delta d = \Delta N \frac{\lambda}{2} \tag{11-24}$$

已知波长 λ 和条纹变化数目 ΔN，利用上式，可算出 M_1 移动的距离，可用来测量微小长度的变化，精确度可达到$\frac{\lambda}{10}$，比一般方法精确度高很多。此外，也可由 M_1 移动的距离 Δd 来测定光波的波长 λ。

例 1　在迈克耳孙干涉仪的两臂中，分别插入玻璃管，长为 10cm，其中一个抽成真空，另一个则储有压强为 1.013×10^5Pa 的空气，用以测量空气的折射率 n。设所用光波波长为 546nm，实验时，向真空玻璃管中逐渐充入空气，直至压强达到 1.013×10^5Pa 为止。在此过程中，观察到 107.2 条干涉条纹的移动，试求空气的折射率 n。

解　设玻璃管 A 和 B 的管长为 l，当 A 管内为真空、B 管内充有空气时，两臂之间的光程差为 Δ_1；在 A 管内充入空气后，两臂间的光程差为 Δ_2，其变化为

$$\Delta_2 - \Delta_1 = 2nl - 2l = 2(n-1)l$$

由于条纹每移动一条时对应的光程差变化为一个波长，所以移动 107.2 个条纹时，对应的光程差的变化为

$$2(n-1)l = 107.2\lambda$$

因此，空气的折射率为 $n=1+\frac{107.2\lambda}{2l}=1.0002927$。

11.6　光的衍射

11.6.1　光的衍射现象及分类

讨论机械波时我们已经知道，衍射现象是否明显取决于障碍物(或孔隙)的线度与波长的比值，当障碍物(或空隙)的线度与波长的数量级差不多时，才能观察到明显的衍射现象。通常情况下，光波的波长远小于一般障碍物(或孔隙)的线度，所以光的衍射现象不易观察到。当障碍物(或孔隙)的线度与波长接近时，光在传播过程中遇到障碍物时，能绕过障碍物的边缘继续传播，这种偏离直线传播的现象称为**光的衍射现象**。和干涉一样，衍射也是波动的一个重要基本特征。

根据光源、衍射屏和接收屏三者之间的位置关系，可以把衍射分为两类。一类是光源和接收屏都距离衍射屏为有限远时的衍射，称为菲涅耳衍射[见图 11-18(a)]；当把光源和接

收屏都移至无穷远时的衍射,称为夫琅禾费衍射。这时,光到达衍射屏和到达接收屏时的波阵面都是平面波[见图 11-18(b)]。在实验室中,常把光源放在透镜 L_1 的焦点上,而把接收屏放在透镜 L_2 的焦平面上[见图 11-18(c)],这样到达衍射屏的光和衍射光都是平行光,满足夫琅禾费衍射的条件。在本书中只讨论夫琅禾费衍射。

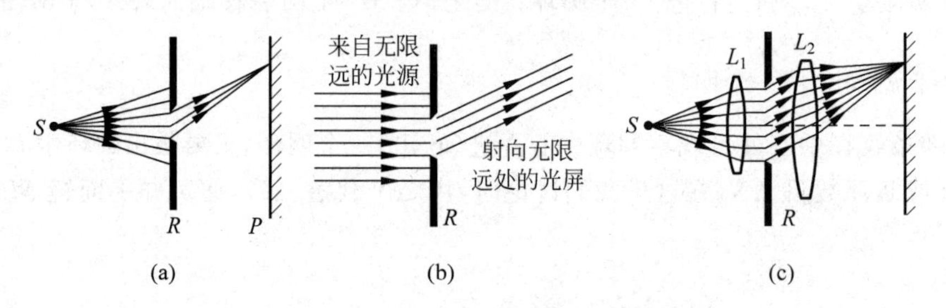

图 11-18 菲涅耳衍射和夫琅禾费衍射

(a) 菲涅耳衍射;(b) 夫琅禾费衍射;(c) 实验室中实现夫琅禾费衍射

11.6.2 惠更斯-菲涅耳原理

惠更斯指出:波在介质中传播到的各点,都可以看成是发射子波的波源,其后任意时刻这些小波的包迹是该时刻的波阵面,此原理可以对波经过障碍物后偏离原来的直线传播方向的现象作定性的解释,但不能解释为什么光经过障碍物衍射后空间各点的光强将发生明暗相间的分布。

菲涅耳对惠更斯原理做了补充,菲涅尔认为:**从同一波阵面上各点发出的子波同时传播到空间某一点时,各子波之间发生相干叠加**。菲涅耳原理强调了:同一波源上发出的子波是相干波;在传播到空间某一点相遇时,各子波进行相干叠加;叠加的结果决定了该处波的振幅(即强度)。

11.6.3 单缝夫琅禾费衍射

11.6.3.1 衍射实验装置 衍射条纹特点

如图 11-19(a)所示,点光源 S 处于凸透镜 L_1 焦点上,光通过凸透镜 L_1 折射后变成平行光,垂直射到单缝 K 上,单缝的衍射光经凸透镜 L_2 会聚在屏 E 上,屏上将出现与缝平行的明暗相间的衍射条纹。

如图 11-19(b)所示,在单缝衍射条纹中,是关于中央亮纹对称分布的一组明暗相间、平行于单缝;中央亮纹宽度是其他级亮纹宽度的两倍,其他各级亮纹宽度相等;光强分布是不均匀的,其他明纹的亮度要远弱于中央明纹的亮度,偏离中央明纹越远,各级明纹亮度越弱。

11.6.3.2 衍射条纹分析

如图 11-20(a)所示,AB 为单缝的截面,其宽度为 b,衍射后沿某一方向传播的光线与单缝平面法线之间的夹角 θ 称为衍射角。我们假定:从法线到光线为逆时针绕向时,θ 取正

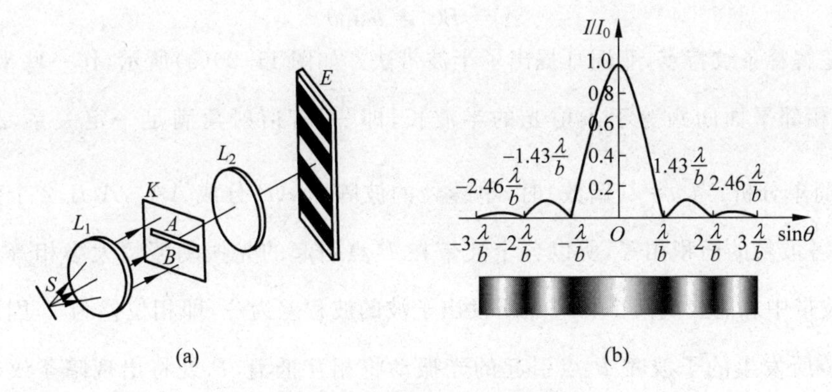

图 11-19　单缝夫琅禾费衍射

(a) 单缝夫琅禾费衍射的实验装置；(b) 单缝衍射的光强分布

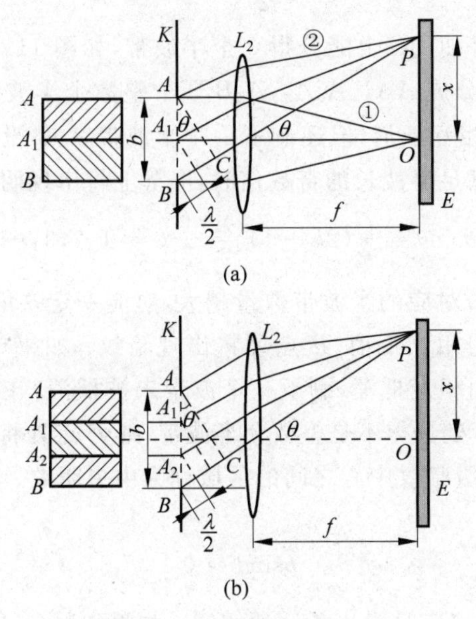

图 11-20　单缝衍射半波带

(a) $k=2, BC=2\frac{\lambda}{2}$；(b) $k=3, BC=3\frac{\lambda}{2}$

值；从法线到光线为顺时针绕向时，θ 取负值。根据惠更斯-菲涅耳原理，则 $-\pi/2<\theta<\pi/2$。

通过观察发现，在单缝中心轴线方向上(即衍射角 $\theta=0$，图 11-20 中光线①)，光屏出现中央亮纹。

在单缝 AB 上，这些子波同相位，通过 L_2 后会聚于 O 处，因为凸透镜不会产生附加光程差，所以它们到达 O 点时仍保持相同的相位而相互加强。这样光线①对狭缝中心的 O 点处将是一条明纹的中心，这条明纹叫中央明纹。

衍射角为 θ 方向的光线，经透镜 L_2(图 11-20 中光线②)后会聚于屏幕上 P 点。过 A 点作 BC 的垂线于 C，则面 AC 上各点到点 P 的光程差相等，即从面 AB 发出的各光线在点 P 的相位差就对应于从 AB 面到 AC 面的光程差。

由图 11-20(a)可知，单缝的两边缘 A 和 B 发出的光线到 P 点的光程差最大，即为

$$\Delta = BC = b\sin\theta \tag{11-25}$$

为了更清楚解释条纹特点,菲涅耳提出了半波带法。如图 11-20(a)所示,作一些平行于 BC 的平面,使相邻平面间距等于入射光的半波长,即 $\frac{\lambda}{2}$,若衍射角满足一定关系,$\Delta = BC = n\frac{\lambda}{2}$,为了简单分析,当 $n=2$(偶数)时,单缝处的波阵面 AB 分成 AA_1,A_1B,2 个整数个半波带,由于各波带的面积相等,所以各个波带在 P 点引起的光振动振幅大小相等。在两个相邻的半波带中总能找到两个相应点所发出子波的波程差为 $\frac{\lambda}{2}$,即相位差为 π,因此任意两个相邻波带所发生的子波在 P 点引起的光振动将相互抵消,P 处将出现暗条纹。同理可知,光程差满足半波长的偶数倍时,屏幕上将出现**暗条纹**。

$$b\sin\theta = \pm 2k\frac{\lambda}{2}, \quad k = 1,2,3,\cdots \tag{11-26}$$

当衍射角 θ 增大,恰好使 BC 上能分得 3 个半波带,如图 11-20(b)所示,此时 $n=3$(奇数)时,单缝处波阵面 AB 分成 AA_1,A_1A_2,A_2B,3 个整数个半波带,设半波带 AA_1 和半波带 A_1A_2 产生的振幅刚好相互抵消,但还剩下一个半波带 A_2B 没有抵消,此时 P 点将出现明纹。同理可知,光程差满足半波长的奇数倍时,屏幕上将出现**明条纹**。

$$b\sin\theta = \pm(2k+1)\frac{\lambda}{2}, \quad k = 1,2,3,\cdots \tag{11-27}$$

一般衍射角 θ 越大时,对应的半波带数量越大,对应一定 θ 角,当单缝可分成偶数个半波带时,所有半波带的作用相互抵消,P 点处将出现暗纹;如果单缝可分成奇数个半波带时,其中偶数个半波带作用相互抵消,剩下一个波带未被抵消,在 P 点处将出现明纹,若衍射角 θ 任意值时,使得单缝处分得不是整数个半波带,则 P 点处将介于明纹和暗纹之间。

我们把正负两个第一级暗纹中心之间的区域称为**中央明纹**。中央明纹中心位于屏幕中心,θ 满足

$$b\sin\theta = 0 \tag{11-28}$$

由图 11-20(a)的几何关系可容易求出条纹的宽度。如果衍射角 θ 很小,$\tan\theta \approx \sin\theta \approx \theta \approx \frac{x}{f}$,于是条纹在屏上距中心 O 距离 OP 为 x 可写为

$$x = \theta f$$

由式(11-26),第一级暗纹距中心 O 的距离为

$$x_1 = \theta f = \frac{\lambda}{b}f$$

任意 k 级暗纹位置满足 $b\sin\theta \approx b\theta = b\frac{x_k}{f} = \pm k\lambda$,则

$$x_k = \pm\frac{f}{b}k\lambda \tag{11-29}$$

所以中央明纹的宽度为

$$l_0 = 2x_1 = \frac{2\lambda f}{b} \tag{11-30}$$

其他任意两相邻暗纹的距离为

$$l=\theta_{k+1}f-\theta_k f=\left[\frac{(k+1)\lambda}{b}-\frac{k\lambda}{b}\right]f=\frac{\lambda f}{b} \tag{11-31}$$

可见，中央明纹的宽度为其他明纹宽度的两倍，这与杨氏双缝干涉图样中条纹呈等宽等亮的分布不同，单缝衍射图样的中央明纹既宽又亮，两侧的明纹则窄且较暗。当衍射角 θ 越大时，半波带数目越大，每一个半波带对应的光强所占总衍射光强中的比例越小，则级数越大时，明纹越暗。

当白光照射单缝时，除中央明纹为白色外，其他各级明纹在中央 O 两边按紫、蓝、青、绿、黄、橙、红排成彩色条纹，靠近中央主极大处是紫色。

例 1　如图 11-21 所示，用波长为 λ 的单色光垂直入射到单缝 AB 上，(1)若 $AP-BP=2\lambda$，问对 P 点而言，狭缝可分几个半波带？P 点是明是暗？(2)若 $AP-BP=1.5\lambda$，则 P 点又是怎样？对另一点 Q 来说，$AQ-BQ=2.5\lambda$，则 Q 点是明是暗？P、Q 二点相比哪点较亮？

解　(1) AB 可分成 4 个半波带，P 为暗点($2K$ 个)。

(2) P 点对应 AB 上的半波带数为 3，P 为亮点。

Q 点对应 AB 上半波带为 5，Q 为亮点，因为

$$2k_Q+1=5,\quad 2k_P+1=3$$

所以

$$k_Q=2,\quad k_P=1$$

明纹级数 K 越大，明纹越暗，P 点较亮。

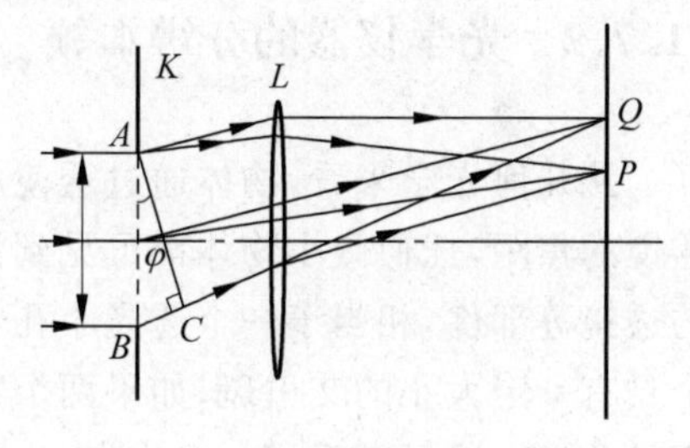

图 11-21　例 1 用图

例 2　一单缝用波长 λ_1、λ_2 的光照射，若 λ_1 的第一级极小与 λ_2 的第二级极小重合，问：(1)波长关系如何？(2)所形成的衍射图样中，是否具有其他的极小重合？

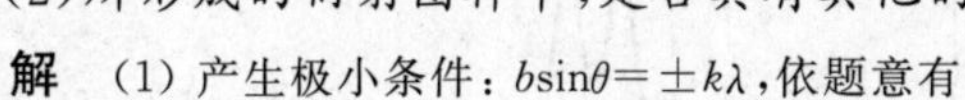

解　(1) 产生极小条件：$b\sin\theta=\pm k\lambda$，依题意有

$$\begin{cases} b\sin\theta_1=\lambda_1 \\ b\sin\theta_2=\lambda_2 \end{cases}$$

可得

$$\lambda_1=2\lambda_2$$

(2) 设衍射角为 θ_2 时，λ_1 的第 k_1 级极小与 λ_2 的第 k_2 级极小重合，则有

$$\begin{cases} b\sin\theta_2=k_1\lambda_1 \\ b\sin\theta_2=k_2\lambda_2 \end{cases}$$

可得

$$\frac{k_1}{k_2}=\frac{\lambda_2}{\lambda_1}=\frac{1}{2}$$

即当 $2k_1=k_2$ 时，它们的衍射极小重合。

11.7　圆孔衍射　光学仪器的分辨本领

11.7.1　圆孔的夫琅禾费衍射

如果在观察单缝夫琅禾费衍射的实验装置中，用小圆代替狭缝，在位于透镜焦平面所在

的屏幕上，将出现环形衍射条纹，中央是一个较亮的圆斑，集中了全部衍射光强的 84%，称为**艾里斑**，中央亮斑的外围是一组同心的暗环和明环，艾里斑由第一暗环所围，明纹强度随级次增强而迅速下降，如图 11-22 所示。

图 11-22 夫琅禾费圆孔衍射

由理论计算可得，第一级暗纹的衍射角 θ_1 满足

$$\sin\theta_1 = \frac{0.61\lambda}{r} = 1.22\frac{\lambda}{d} \tag{11-32}$$

式中，r 和 d 是圆孔的半径和直径，λ 是波长。

若透镜焦距为 f，则艾里斑的半径为

$$R_0 = f\tan\theta_1 \approx f\theta_1 \tag{11-33}$$

由此可知，λ 越大 d 越小，衍射现象就越明显。$d \gg \lambda$ 时，衍射现象可以忽略。

11.7.2 光学仪器的分辨本领

从几何光学来看，物体通过透镜成像时，每一物点都有一个对应的像点，只要适当选择透镜的焦距，任何微小物体都可见到清晰的图像，然而，从波动光学来看，组成各种光学仪器的透镜等部件，相当于一个透光小孔，我们在屏上见到的像是圆孔的衍射图像，实际上为一个具有一定大小的艾里斑，如果两个物点距离很近，其对应的两个艾里斑很可能部分重叠而不易分辨。以至被看成一个像点，也就是说，光的衍射现象限制了光学仪器的分辨能力(见图 11-23)。

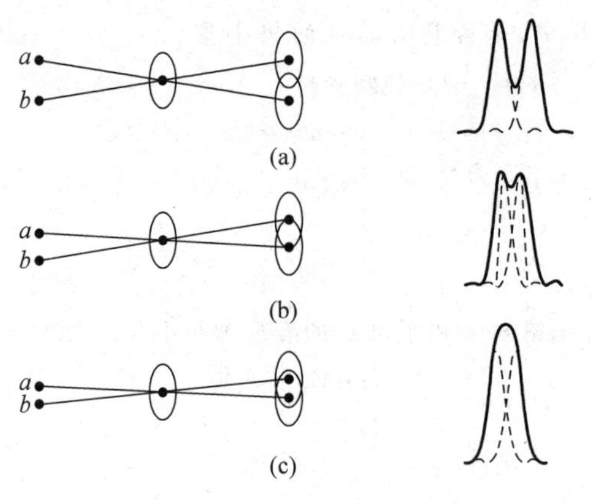

图 11-23 光学仪器的分辨能力

(a) 可分辨；(b) 恰能分辨；(c) 不能分辨

如果这两个物点相距很近，而它们形成的衍射圆斑又比较大，以致两个圆斑绝大部分相互重叠，那么分辨不出是两个物点，如果圆斑足够小，或者两者距离足够远，那两圆斑有重叠但也能分辨。

对于一定的光学仪器来说，能分辨得开两个物点的最小距离或对透镜光心的最小夹角是多大呢？瑞利提出一个判断标准：如果物点的衍射图样的中央最亮处恰好与另一物点的衍射图样的第一最暗处重合，就认为这两物点恰能被光学仪器分辨，此标准称为**瑞利判据**。

以圆孔形透镜为例，“恰好分辨”的两点光源的衍射图样中心之间的距离，应等于艾里斑的半径，此时，两点光源在透镜处所张的角称为最小分辨角，用 δ_θ 表示，如图 11-24 所示。对于直径为 d 的圆孔衍射图样而言，艾里斑的角半径 θ_0 由下式给出：

$$\theta_0 \approx \sin\theta_1 = 1.22\frac{\lambda}{d}$$

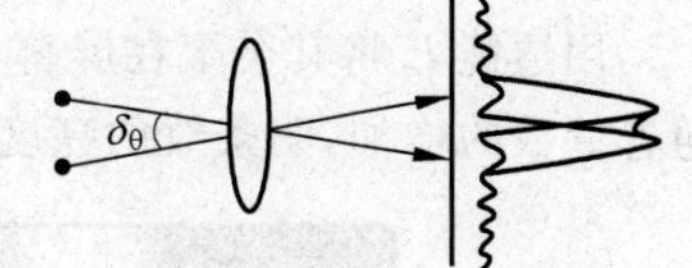

图 11-24 最小分辨角

最小分辨角 δ_θ 可表示为

$$\delta_\theta = \theta_0 = 1.22\frac{\lambda}{d}$$

即最小分辨角的大小由仪器的孔径 d 和光波波长 λ 决定，其倒数称为光学仪器的分辨率本领

$$R = \frac{1}{\delta_\theta} = \frac{d}{1.22\lambda} \tag{11-34}$$

在通常亮度下，人眼的瞳孔直径为 3mm，人眼对 $\lambda=550\text{nm}$ 的光，$\delta_\theta\approx 1'$，在约 9m 远处可分辨相距约 2mm 的两个点，夜间观汽车灯，远看是一个亮点，逐渐移近才看出是两个灯。

11.8 光栅衍射

11.8.1 光栅及衍射图样

由大量等间距平行排列的狭缝（或反射面）组成的光学元件称为衍射光栅。常用光栅在玻璃片上刻出大量平行刻痕制成，刻痕相当于毛玻璃，为不透光部分，两刻痕之间的光滑部分可以透光，相当于一狭缝，这种利用透射光衍射的光栅称透射光栅。还有利用两刻痕间的反射光衍射的光栅，如在镀有金属层的表面上刻出许多平行刻痕，两刻痕间的光滑金属面可以反射光，这种光栅为反射光栅，在这里我们主要讨论透射光栅（见图 11-25）。

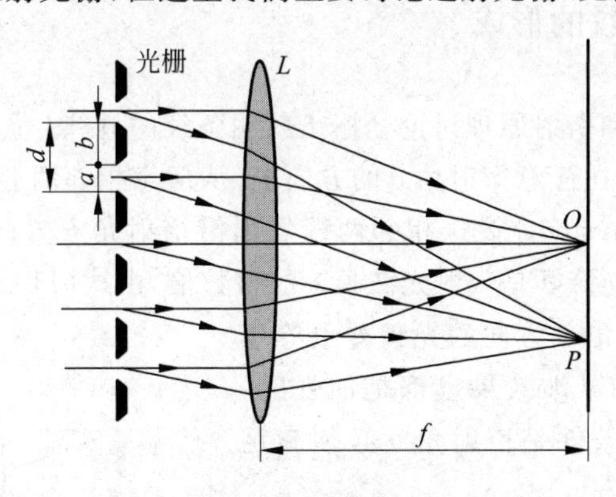

图 11-25 光栅衍射

设透光缝宽为 a，不透光的刻痕宽为 b，则 $a+b$ 为相邻两缝之间的距离，叫做光栅常数，为了表示方便，设 $d=a+b$。如 1cm 内刻有 2000 条刻痕，其光栅常数 $d=a+b=5\times10^{-6}\text{m}$，现在利用光刻技术一般光栅常数为 $10^{-6}\sim10^{-5}\text{m}$ 的数量级。

当一束平行单色光照到光栅上，到光栅中每一条缝的光会衍射，呈现单缝衍射图样，若光栅的总缝数为 N，这 N 条衍射条纹会复杂地相互叠加。同时由于各缝发出的衍射光是相干光,所以还会产生缝与缝之间的干涉,因此**光栅的衍射条纹是衍射和干涉的总效果**,N个缝的干涉条纹要受到单缝衍射的调制。

用透镜L将其会聚在屏幕上,就会产生如图11-26所示的光栅衍射条纹。实验表明,随着缝数的增加,明条纹的亮度增大,明条纹宽度变细。

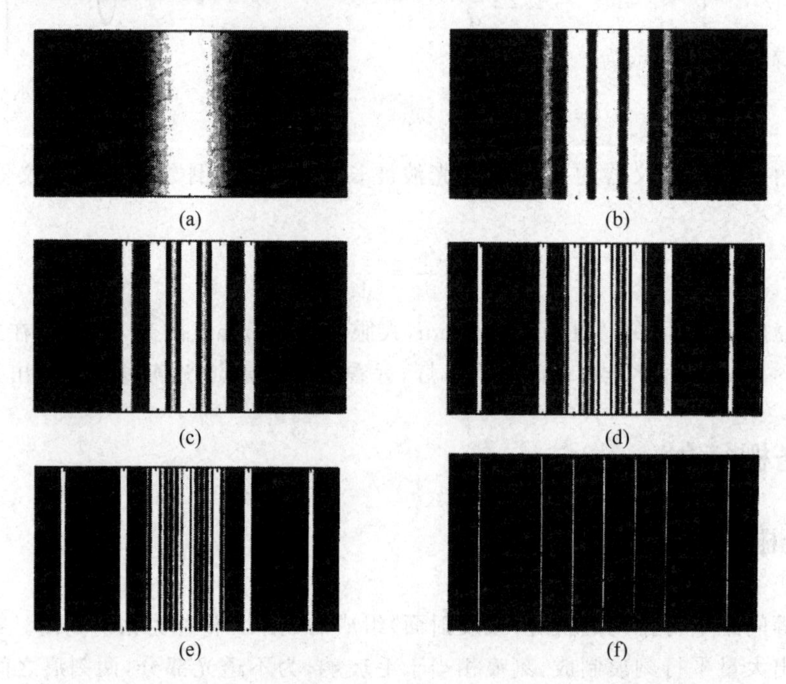

图11-26 多缝衍射条纹

(a) 1条缝;(b) 2条缝;(c) 3条缝;(d) 5条缝;(e) 6条缝;(f) 20条缝

11.8.2 光栅衍射条纹的形成

下面根据光的干涉和衍射原理讨论光栅衍射明条纹的规律。

如图11-27所示,光在任意衍射角θ的方向上,从任意相邻两缝相对应点发出的相干光到达P点的光程差都是$d\sin\theta$。设这相邻两缝发出沿衍射角θ方向的光,被透镜会聚于点P,若它们的光程差$d\sin\theta$恰好是入射光波长λ的整数倍,由式(11-2)可知,两光线为相互加强。显然,其他相邻两缝沿θ方向的光程差也等于波长λ的整数倍,它们的干涉效果也都是加强的。所以光栅衍射明条纹的条件是衍射角θ必须满足下列关系式:

$$d\sin\theta = \pm k\lambda, \quad k = 0,1,2,3,\cdots \qquad (11\text{-}35)$$

所有缝发出的光到达点P时将发生相干干涉而形成明条纹,式(11-35)称为**光栅方程**,满足光栅方程的明条纹又称为主极大,这些主极大细窄而明亮。式(11-35)中的正负号表示各级明条纹对称分布在中央明纹两侧。$k=0$的明条纹叫中央明纹。

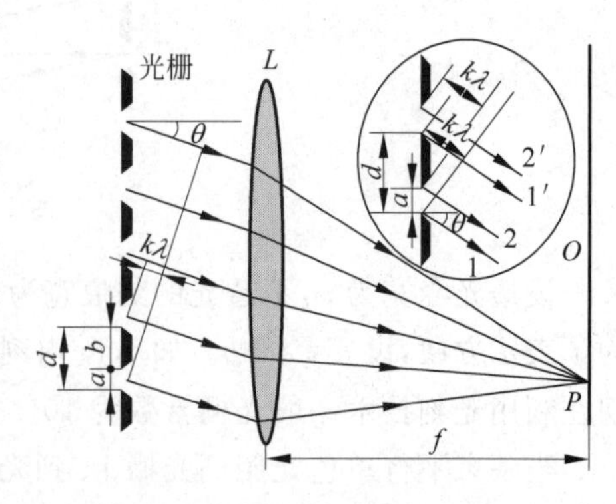

图11-27 光栅衍射明纹的形成

$k=1,2,3,\cdots$称为第一级，第二级，第三级，……明纹，通常将明纹也称为主极大。

11.8.3　衍射条纹的特征

1. 明条纹的强度，在 P 点的合振幅是来自一条缝的光的振幅的 N 倍，而合光强将是来自一条缝光强的 N^2 倍，所以光栅的明条纹很亮。

2. 明条纹的间距，由光栅方程得

$$\sin\theta_{k+1}-\sin\theta_k=\frac{\lambda}{d} \tag{11-36}$$

可知，在 λ 一定时，d 越小，各级明纹的衍射角则越大，即条纹分布越稀疏，而当 d 一定时，不管光栅狭缝的数目多少，各主极大的位置是不变的。

3. 暗纹与次极大，相邻两主极大之间还分布着一些暗条纹。这些暗条纹是由各缝射出的衍射光因干涉相消而形成的。可以证明，当 θ 角满足式(11-37)的条件

$$d\sin\theta=\left(k+\frac{n}{N}\right)\lambda,\quad k=0,\pm1,\pm2,\cdots \tag{11-37}$$

时，则出现暗条纹，式中，k 为主极大级数，N 为光栅缝总数，n 为正整数，取值为 $n=1,2,\cdots,(N-1)$。由上式可知，在两个主极大之间，分布着 $N-1$ 个暗纹。在 $N-1$ 个暗条纹之间的位置光强不为零，但其强度比各级主极大的光强要小得多，称为次级明条纹(次极大)。所以在相邻两主极大之间 $N-1$ 个暗条纹和 $N-2$ 个次极大，这些次极大的光强仅为主极大的4%左右，这些次极大几乎是观察不到的，因此实际上在两个主极大之间是一片连续的暗区。

4. 光栅衍射，总缝数 N 越大，所形成的主极大明条纹也越细越亮。

5. 缺级现象。如果 θ 的某些值满足光栅方程的主极大条件，而又满足单缝衍射的暗纹条件，这些主极大将消失，这一现象称为**缺级**，即 θ 同时满足

$$d\sin\theta=\pm k\lambda$$
$$a\sin\theta=\pm k'\lambda$$

则缺级的级数 k 为

$$k=\frac{d}{a}k',\quad k=1,2,3,\cdots \tag{11-38}$$

且满足 k 为整数，即$\frac{d}{a}$为整数比(如 2∶1,3∶2 等)，当 $d=2a$ 时，$k=2,4,6,\cdots$缺级。

例 1　试指出当衍射光栅常数为下述三种情况时，哪些级数的衍射条纹消失？

(1) 光栅常数为狭缝宽度的两倍，即 $a+b=2a$。

(2) 光栅常数为狭缝宽度的三倍，即 $a+b=3a$。

(3) 光栅常数为狭缝宽度的四倍，即 $a+b=4a$。

解　由光栅方程：$(a+b)\sin\varphi=k\lambda$ 及缺级公式：$a\sin\varphi=k'\lambda$ 可知，当 $k=\frac{a+b}{a}k'$时，第 k 级明纹消失。

(1) $a+b=2a,k=2k'$，即 $0,\pm2,\pm4,\pm6\cdots$缺级。

(2) $a+b=3a,k=3k'$，即 $0,\pm3,\pm6,\pm9\cdots$缺级。

(3) $a+b=4a,k=4k'$，即 $0,\pm4,\pm8,\pm16\cdots$缺级。

例 2　用氦氖激光器发出的 $\lambda=632.8\text{nm}$ 的红光，垂直入射到一平面透射光栅上，测得第一级明纹出现在 $\theta=38°$的方向上，试求(1)这一平面透射光栅的光栅常数 d，意味着该光

栅在 1cm 内有多少条狭缝？(2)最多能看到第几级衍射明纹？

解 (1) 根据光栅方程

$$(a+b)\sin\theta = \pm k\lambda, \quad k = 0,1,2,3,\cdots$$

令 $k=1,\theta=38°$,得

$$(a+b) = \frac{1\times 632.8\text{nm}}{\sin 38°} = 1.028\times 10^{-6}\text{m}$$

则光栅每 1cm 内的狭缝数为

$$N = \frac{1\times 10^{-2}\text{m}}{1.028\times 10^{-6}\text{m}} = 9728$$

现在,利用光刻等方法,在 1cm 内刻划上万条狭缝已不成问题。

(2) 在光栅方程中,令 $\theta=90°$,得

$$k = \frac{(a+b)\sin\theta}{\lambda} = \frac{1.028\times 10^{-6}\text{m}}{632.8\times 10^{-9}\text{m}} < 2$$

$k<2$ 说明只能看到第一级衍射明纹,这是由于光栅常数很小造成的。若 $(a+b)<\lambda$,则当光线垂直入射时,任何一级衍射明纹也看不到。

11.8.4 光栅光谱

由光栅方程式(11-35)可知,当波长不同时,同一级主极大的衍射角不同

$$\sin\theta_k = \pm\frac{k\lambda}{d}, \quad k = 1,2,3,\cdots \tag{11-39}$$

即在光栅常数和级次均确定的情况下,衍射角 θ_k 随波长 λ 增加而增加。若用白光照射光栅时,则各种波长的单色光将产生各自的衍射条纹；屏上将出现除中央零级条纹是白色条纹外,其他各级明条纹将由紫至红地向两侧排列,这些彩色光带,叫做衍射光谱(见图 11-28)。由于波长越短的光,衍射角越小；波长越长的光,衍射角越大,所以同一级次的不同色光,紫光靠近中央明条纹,红光远离中央明条纹。随着级次的增加,同一级光谱中各不同波长成分的主极大间距也将变大,这样第 2 级和第 3 级光谱中,发生重叠,级数越高,重叠情况越复杂。

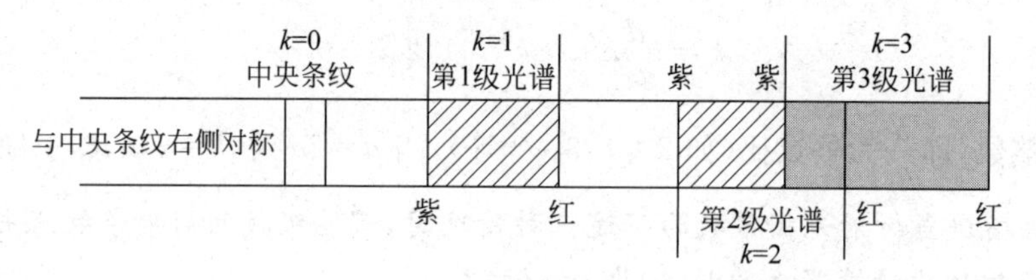

图 11-28 光栅光谱

由于光栅可以把不同波长的光隔开,且光栅衍射条纹宽度窄,测量误差较小,所以常用它做成分光元件,其分光性能比棱镜要优越得多。

例 2 用每毫米刻有 500 条刻痕的光栅,观察钠光谱线($\lambda=589.3$nm)。问：平行光垂直入射时,最多能看到第几级明纹？总共有多少条明纹？

解 由光栅公式 $d\sin\theta=\pm k\lambda$ 得

$$k = \frac{d\sin\theta}{\lambda}$$

可见 k 的最大值对应 $\sin\theta=1$，光栅常数为

$$d=\frac{1}{500}\text{mm}=2\times10^{-6}\text{m}$$

将结果代入上式，并令 $\sin\theta=1$，得

$$k=\frac{2\times10^{-6}\text{m}}{589.3\times10^{-9}\text{m}}=3.4$$

k 只能取整数，故 $k=3$，即最多只能看到第三级明纹，总共有 $2k+1=7$ 条明纹(其中加一条零级明纹)。

11.9　光的偏振

11.9.1　光的偏振现象

我们知道，横波的传播方向和质点的振动方向垂直，通过波的传播方向且包含振动矢量的那个平面称为**振动面**。显然，振动面与包含传播方向在内的其他平面不同，也就是说，波的振动方向相对传播方向没有对称性，这种不对称叫做**偏振**。实验表明，只有横波才有偏振现象。光波是特定频率范围内的电磁波，光波中的光矢量 E 的振动方向总是与传播方向相垂直，理论和实验都证明光具有横波性，在垂直于光传播方向的平面内，光矢量 E 还可能有各种不同的振动状态，这种振动状态称为**光的偏振态**。按照光振动状态的不同，可以把光分为五类：自然光，线偏振光、部分偏振光，椭圆偏振光和圆偏振光。下面我们只介绍前三种。

11.9.1.1　自然光

在自发辐射作发光机制的普通光源中，大量原子同时辐射出光波列，每一光波列的频率，相位，振动方向，波列长度均不同，就其振动方向而言，是彼此互不相关，随机分布，其具有轴对称性。从宏观上看，普通光源发出的光中包含了所有方向的光振动，没有哪个方向的光振动比其他方向占优势。在垂直于光传播的平面内，沿各个方向振动的光矢量都有，平均说来，光振动对光的传播方向是轴对称而又均匀分布的(见图 11-29)。

也就是说，光振动的振幅在垂直于光波的传播方向上，既有时间分布的均匀性，又有空间均匀性的光叫做**自然光**。

由于每一个光矢量都可以看作是两个互相垂直光矢量的叠加。因此自然光可以看作两个振动之间相互垂直、振幅相等、独立的光振动。如图 11-30 中短线表示线偏振光的光振动在纸面内，点子表示线偏振光的光振动垂直于纸面。对自然光，短线和点子均等分布，以表示两者对应的振幅相等和能量相等。

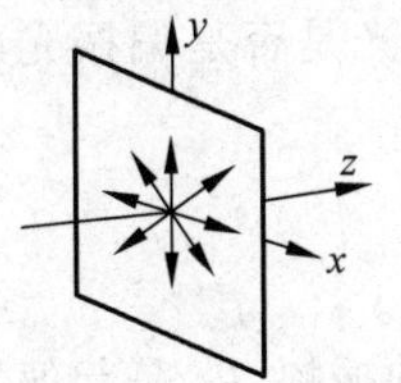

图 11-29　自然光

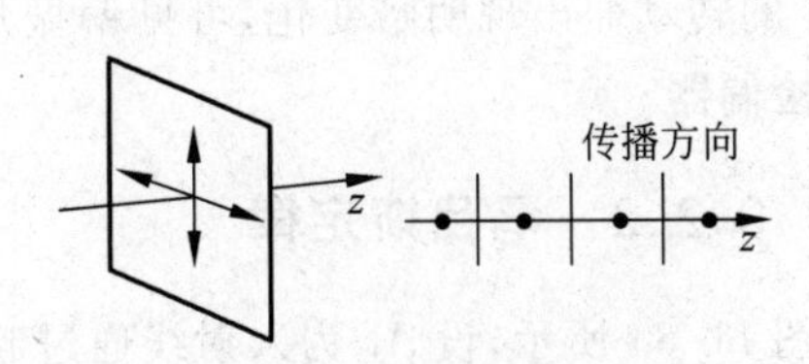

图 11-30　自然光简化示意图

11.9.1.2 线偏振光 部分偏振光

如果光波的光矢量,只有一个方向振动,这种光称为**线偏振光**,如图 11-31 所示。某方向的振动比另一方向振动占优势就是部分偏振光。部分偏振光可以用数目不等的点和短线表示,如图 11-32 所示。

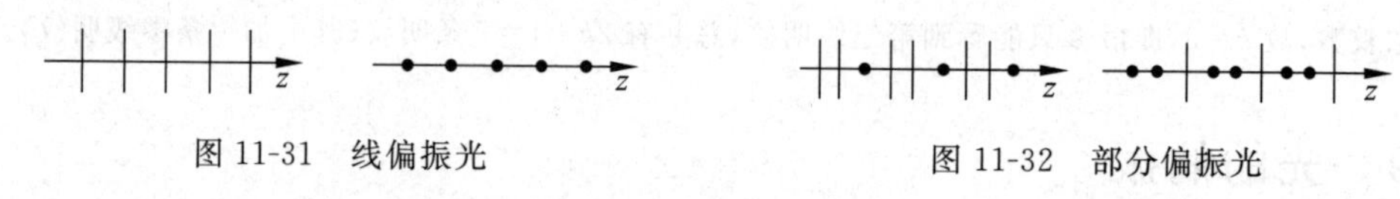

图 11-31 线偏振光

图 11-32 部分偏振光

上述自然光,线偏振光、部分偏振光,包括了光的所有可能的偏振态。

11.9.2 起偏和检偏 马吕斯定律

11.9.2.1 偏振片的起偏和检偏

偏振光的获得常用的方法有偏振片法、界面处反射和折射法和晶体双折射法。从自然光获得偏振光的过程称为**起偏**,偏振片是一种常用的起偏器,它利用某种只有二向色性的物质的透明薄片做成,它能吸收某个方向的光振动,而只让与这个方向互相垂直的光振动通过,为了便于使用。我们在所用的偏振片上标出记号“↕”,表明该偏振片允许通过的光振动方向,这个方向称作“偏振化方向”,也称为透光轴方向,如图 11-33 所示。

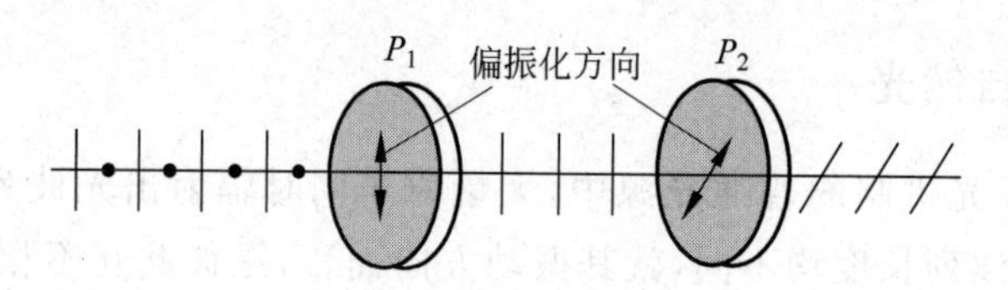

图 11-33 起偏和检偏

当自然光垂直照射偏振片 P_1 时,透过 P_1 的光就成为光振动方向平行于该透光轴方向的线偏振光,偏振片 P_1 就是一个起偏器,透过的线偏振光的光强只有入射光强的一半。

偏振片也可用来检验某一光束是否为线偏振光,称为**检偏**,用做检验光的偏振状态的装置称为检偏器。图 11-33 中的偏振片 P_2 是一种检偏器,当透过 P_1 所形成的线偏振光,其振动方向平行于 P_1 的偏振化方向。

该线偏振光再入射到偏振光 P_2 上,如果 P_2 的偏振化方向平行于 P_1 的偏振化方向,则透过偏振片 P_2 的光强最强;如果 P_2 的偏振化方向垂直于 P_1 的偏振化方向,则光强最弱,称为消光。将偏振片 P_2 绕光的传播方向慢慢转动,可以看到透过偏振片 P_2 的光强将随偏振片 P_2 的转动而出现明暗变化,可见偏振片 P_2 可起到检验入射光是否是偏振光的作用,故称为**检偏器**。

11.9.2.2 马吕斯定律

如图 11-34 所示,设 A_1 为入射线通过起偏器 P_1 后线偏振光的振幅,L_1 是起偏器 P_1 的偏振化方向,L_2 是检偏器 P_2 的偏振化方向,L_1 是起偏器 P_1 的偏振化方向。入射光矢量的

振动方向 L_1 与 L_2 方向间的夹角为 α。将光振动分解为平行于 L_2 和垂直于 L_2 的两个分振动。它们的振幅分别为 $A_1\cos\alpha$ 和 $A_1\sin\alpha$。

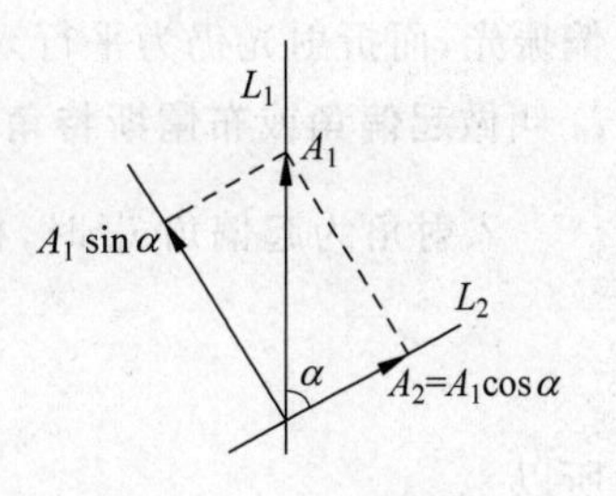

图 11-34　光振动分解

因为只有平行分量可以透过偏振片 P_2，所以透射光的振幅为

$$A_2 = A_1\cos\alpha$$

如果入射线偏振光的光强为 I_1，透过检验器后透射光的光强为 I_2，当 $\alpha=0$ 或 2π 时，$I_2=I_1$，光强最强；当 $\alpha=\frac{1}{2}\pi$ 或 $\frac{3}{2}\pi$ 时，$I_2=0$，这时没有光从检验器射出，即此处为消光位置。若 α 为其他任意值时，则透射光强在最大值和零之间。I_2 可表示为

$$I_2 = I_1\cos^2\alpha \tag{11-40}$$

上式为**马吕斯定律**。

例 1　偏振片 P_1、P_2 放在一起，一束自然光垂直入射到 P_1 上，试下面情况求 P_1、P_2 偏振化方向夹角。(1)透过 P_2 光强为最大透射光强的 $\frac{1}{3}$；(2)透过 P_2 的光强为入射到 P_1 上的光强 $\frac{1}{3}$。

解　(1) 设自然光光强为 I_0，透过 P_1 光强为

$$I_1 = \frac{I_0}{2}$$

透过 P_2 光强为

$$I_2 = I_1\cos^2\alpha \quad \text{（马吕斯定律）}$$

$I_{2\max}=I_1$，当 $I_2=\frac{1}{3}I_{2\max}=\frac{1}{3}I_1$ 时，$\cos^2\alpha=\frac{1}{3}$，即

$$\alpha = \arccos\left(\pm\frac{\sqrt{3}}{3}\right)$$

(2) 由马吕斯定律可得

$$I_2 = I_1\cos^2\alpha = \frac{1}{2}I_0\cos^2\alpha$$

当 $I_2=\frac{1}{3}I_0$ 时，$\frac{1}{2}\cos^2\alpha=\frac{1}{3}$，即

$$\alpha = \arccos\left(\pm\frac{\sqrt{6}}{3}\right)$$

11.9.2.3　界面处反射和折射光法获得偏振光　布儒斯特定律

实验表明，自然光从折射率为 n_1 的介质射向折射率为 n_2 的介质，一般情况下在界面处，反射光和折射光都是部分偏振光，但是反射光的偏振化程度与入射角有关，当入射角满足

$$\tan i_B = \frac{n_2}{n_1} \tag{11-41}$$

则反射光中就只有垂直于入射面的光振动，而没有平行于入射面的光振动，这时反射光为线

偏振光，而折射光仍为平行入射面的振动较强的部分偏振光。这就是 Brewster 定律。其中 i_B 叫做**起偏角**或**布儒斯特角**(见图 11-35)。

入射角为起偏角 i_B 时，根据折射定律，有 $\frac{\sin i_B}{\sin r_B}=\frac{n_2}{n_1}$，又有

$$\tan i_B = \frac{\sin i_B}{\sin r_B} = \frac{n_2}{n_1}$$

所以

$$\sin r_B = \cos i_B$$

即

$$i_B + r_B = \frac{\pi}{2}$$

这说明，当入射角为布儒斯特角时，反射光线和折射光线相互垂直。

对于一般的光学玻璃，反射所获得的线偏光仅占入射自然光总能量的 7.4%，而约 85%的垂直分量和全部平行分量都折射到玻璃中。因此，仅靠自然光在一块玻璃的反射来获得线偏振光，其强度是比较弱的。为了增加折射光的偏振化程度，可采用玻璃片堆的办法。一束自然光以起偏角入射到多层平板玻璃上，最终反射光和折射光都是线偏振光(见图 11-36)。

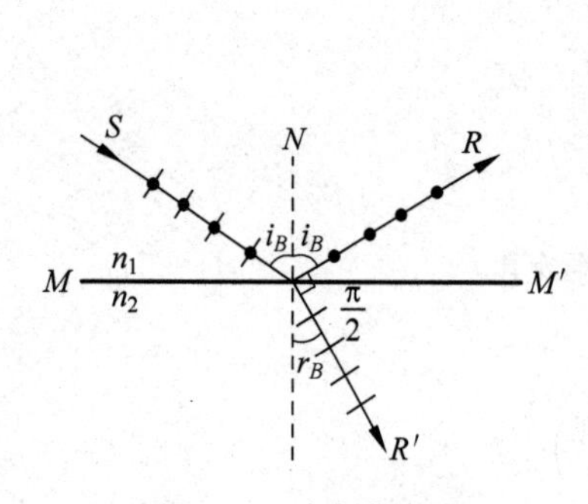

图 11-35 布儒斯特角

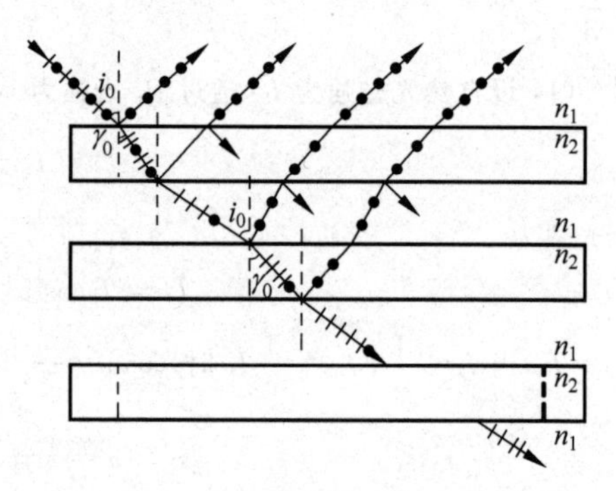

图 11-36 利用玻璃堆获得线偏振光

例 2 某透明媒质对空气全反射的临界角等于 45°。求光从空气射向此媒质时的布儒斯特角。

解 设空气和媒质的折射率分别为 n_1，n_2，由题意知全反射临界角 $i_c=45°$，只有当 $n_1<n_2$ 时，由折射定律得

$$n_2 \sin i_c = n_1 \sin \frac{\pi}{2}$$

即

$$\frac{n_2}{n_1} = \frac{1}{\sin i_c}$$

设布儒斯特角为 i_B，由布儒斯特角定律

$$\tan i_B = \frac{n_2}{n_1} = \frac{1}{\sin i_c}$$

可得

$$i_B = \arctan\left(\frac{1}{\sin i_c}\right) = \arctan\left(\frac{1}{\sin 45°}\right) = 54.7°$$

例 3　已知某材料在空气中的布儒斯特角 $i_B=58°$，求它的折射率？若将它放在水中（水的折射率为 $n_s=1.33$），求布儒斯特角？该材料对水的相对折射率是多少？

解　设该材料的折射率为 n，空气的折射率为 1。

$$\tan i_B = \frac{n}{1} = \tan 58° = 1.599 \approx 1.6$$

放在水中，则对应有

$$\tan i_B' = \frac{n}{n_s} = \frac{1.6}{1.33} = 1.2$$

所以

$$i_B' = 50.3°$$

该材料对水的相对折射率为 1.2。

*11.10　光的双折射现象

11.10.1　寻常光和非寻常光　主平面　光轴

1669 年巴托里奴斯发现：通过方解石晶体（即碳酸钙晶体）观察物体时，物体的像是双重的。这一现象是由于光线进入方解石晶体后，分裂成为两束光线，沿不同方向折射而引起的。因而，称这种现象为双折射现象。实验证明，如图 11-37(a) 所示，晶体内的这两束折射光线中一束遵守通常的折射定律，称为**寻常光**（通常用 o 光表示），另一束光不遵守通常的折射定律，称为**非常光**（通常用 e 光表示），甚至在入射角 $i=0$ 时，寻常光沿原方向前进，而非常光一般不沿原方向前进，如图 11-37(b) 所示，这时，如果将晶体以入射光线为轴旋转，将发现 o 光不动，而 e 光却随着晶体的旋转而转动起来。

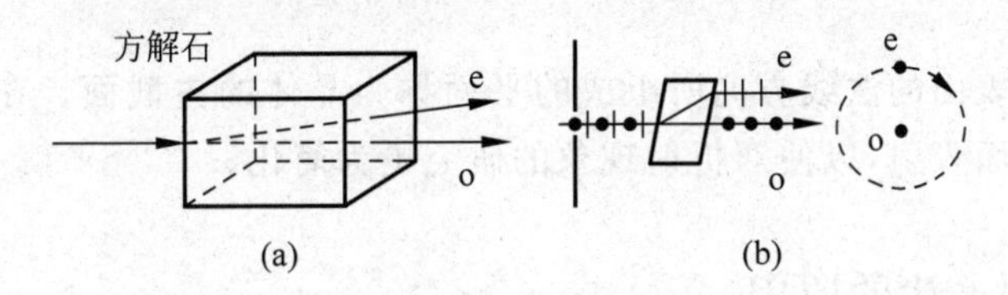

图 11-37　晶体中的双折射现象

(a) 寻常光和非寻常光；(b) 晶体以入射光线为轴旋转

当改变光的入射方向时，可以发现在晶体内部有一个特殊方向，当光沿着这个方向传播时将不发生双折射现象，这个特殊方向称为**晶体的光轴**。必须强调的是，光轴并不是在晶体内的某一轴，而是一个方向，晶体内所有平行于此方向的直线都是光轴。在光轴方向上 o 光和 e 光的折射率相等，传播速度也相同。

在晶体中，把包含光轴和任一已知光线所组成的平面称为晶体中该**光线的主平面**（见图 11-38）。由 o 光和光轴所组成的平面，称为 o 光的主平面；由 e 光和光轴所组成的平面，称为 e 光的主平面。实验发现，o 光和 e 光都是线偏振光，它们的光矢量的振动方向不同，o 光的振动方向垂直于它对应的主平面；而 e 光的振动方向则在它对应的主平面内。一般情况下，o 光和 e 光的主平面并不重合，但当光轴位于入射面内时，这两个主平面是重合的。

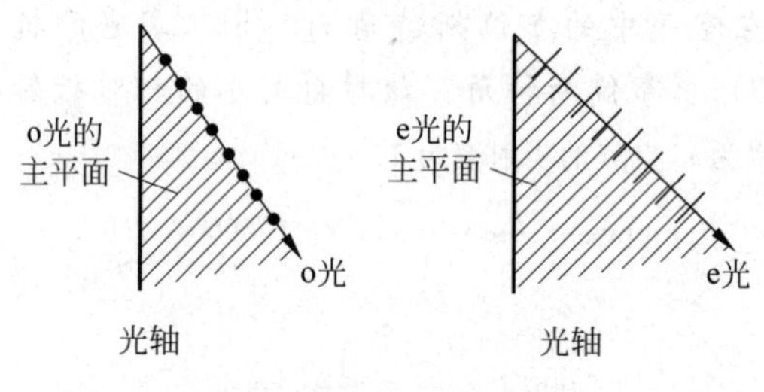

图 11-38 光的主平面

如天然方解石晶体是斜平行六面体,两棱之间的夹角约为 78°或 102°。从其三个钝角面相会合的顶点引出一条直线,并使其与三棱边都成等角,这一直线的方向就是方解石晶体的光轴方向。如图 11-39 所示,图(a)为各棱边等长的方解石晶体,图(b)为各棱边不等长的方解石晶体。应该注意的是,"光轴"不是指一条直线,而是强调其"方向"。只有一个光轴的晶体称为单轴晶体,如方解石、石英等。有的晶体有两个光轴方向,称为双轴晶体,如云母、蓝宝石等。

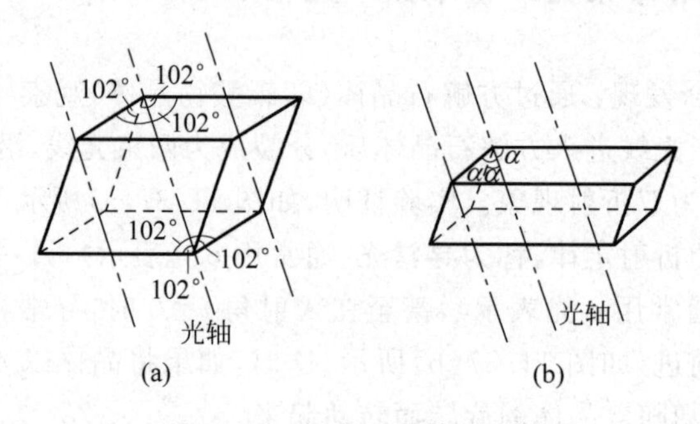

图 11-39 方解石晶体的光轴

由光轴与晶体表面的法线方向所组成的平面称为晶体的**主截面**。在实际应用中,一般都选择光线沿主截面入射,以使双折射现象的研究更为简化。

11.10.2 双折射产生的原因

惠更斯研究双折射现象提出:在各向异性的晶体中,子波源会同时发出 o 光、e 光两种子波。o 光的子波,各方向传播的速度相同,为 v_o,点波源波面为球面,振动方向始终垂直其主平面。

如图 11-40 所示,o 光只有一个光速 v_o 则只有一个折射率 n_o,因而折射率 $n_o=\dfrac{c}{v_o}$是恒量。e 光的子波各方向传播的速度不同,因而折射率 $n_e=\dfrac{c}{v_e}$是变量,随方向变化;e 光在平行光轴方向上的速度与 o 光的速度相同,为 v_o;e 光在垂直光轴方向上的速度与 o 光的速度相差最大,记为 v_e,其相应的折射率为 n_e。点波源波面为旋转椭球面,振动方向始终在其主平面内(见图 11-41),n_o,n_e 称为晶体的主折射率。根据主折射率不同,晶体分为正晶体和负晶体。正晶体:$n_e>n_o(v_e<v_o)$如石英、冰等;负晶体:$n_e<n_o(v_e>v_o)$如方解石、红宝石等。

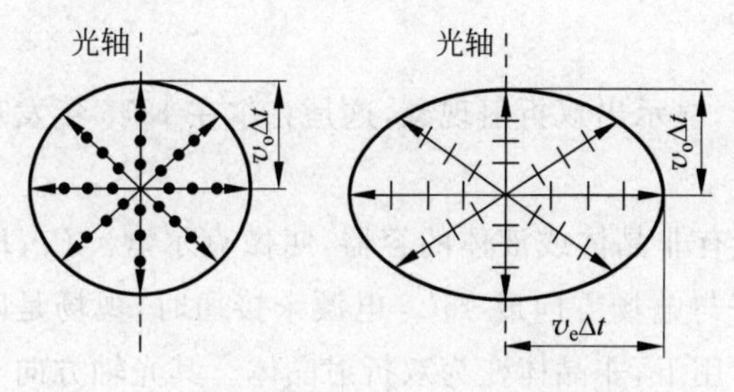

图 11-40　o 光子波和 e 光子波的传播速度不同

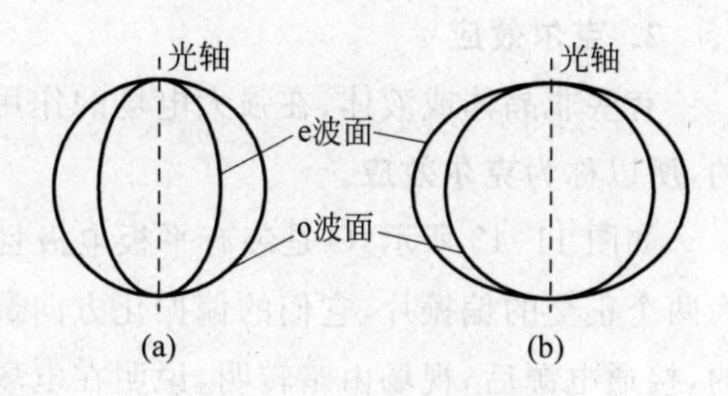

图 11-41　晶体的分类

(a) 正晶体；(b) 负晶体

在晶体中 o 光和 e 光以不同的速率传播。o 光的速率在各个方向上是相同的，所以在晶体中任意一点所引起的子波波面是一球面。e 光的速率在各个方向上是不同的，在晶体中任一点所引起的子波波面可以证明是旋转椭球面。两束光只有在沿光轴方向上传播时，它们的速率才是相等的，其子波波面在光轴上相切；在垂直于光轴方向上两束光的速率相差最大。

由于寻常光线和非常光线在晶体中具有不同的传播速度，寻常光线在晶体中各个方向上的传播速度都相同，而非常光线的传播速度却随着方向而变化。所以产生双折射的原因：o 光和 e 光的传播速度不同。

11.10.3　人为的双折射现象

某些非晶体在受到外界作用(如机械力、电场或磁场等作用)时，失去各向同性的性质，也呈现出双折射现象，称为人为双折射现象。

1. 光弹性效应

本来透明的各向同性的介质在机械力作用下，显示光学上的各向异性，这种现象称为光弹性效应，有时也称为机械双折射或应力双折射。如图 11-42 所示，对物体施以压力或张力时，其有效光轴都在应力方向上，并且引起的双折射与应力成正比。由实验可得

$$n_o - n_e = kP \qquad (11\text{-}42)$$

其中，k 为比例系数，P 为应力压强，n_o，n_e 为受力介质对 o 光和 e 光的折射率。

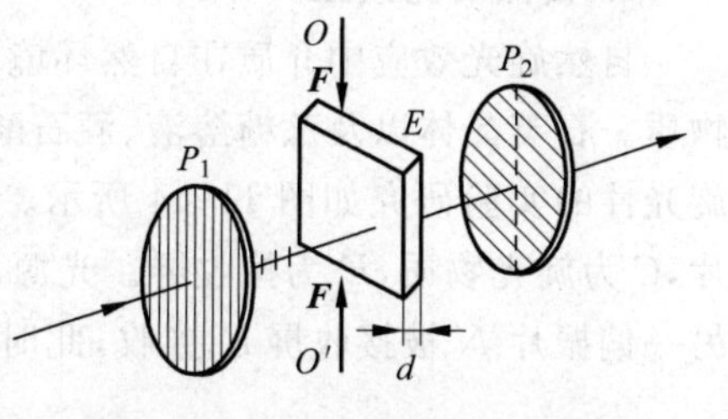

图 11-42　压力下的双折射现象

两偏振光通过厚度为 d 的介质后所产生的相位差为

$$\Delta\varphi = \frac{2\pi}{\lambda}d(n_o - n_e) \qquad (11\text{-}43)$$

如果透明样品在应力作用下，由于各处压强不同，将出现衍射图样，这种特性称为**光弹性**。它在工程技术上已得到广泛应用。

2. 克尔效应

有些非晶体或液体,在强大电场的作用下,显示出双折射现象,这是克尔在1875年发现的,所以称为**克尔效应**。

如图11-43所示,C是装有平板电极且储有非晶体或液体的容器,叫做克尔盒。P_1、P_2为两个正交的偏振片,它们的偏振化方向最好与电场方向成45°。电源未接通时,视场是暗的,接通电源后,视场由暗转明,说明在电场作用下,非晶体变为双折射晶体。其光轴方向与外电场强度矢量方向平行,有如下关系存在

$$n_o - n_e = KE^2\lambda \tag{11-44}$$

式中,λ为入射光波长,E为电场强度大小,K为克尔常数,与材料有关。利用克尔效应可以制成光的断续器——光开关。其优点是几乎没有惯性,应用极其广泛。

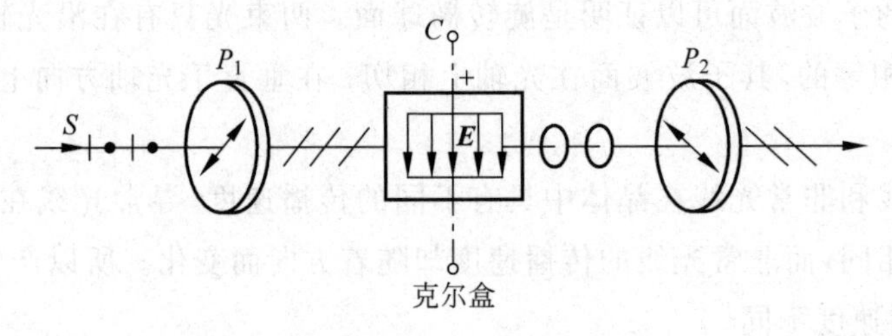

图11-43　克尔效应

*11.11　旋光现象

偏振光通过某些物质后,其振动面将以光的传播方向为轴线转过一定的角度,这种现象叫做**旋光现象**。能产生旋光现象的物质叫做旋光物质。石英晶体、糖溶液、酒石酸溶液都是旋光物质。常见的旋光效应是自然旋光效应,介质在没有任何外界作用下能产生旋光现象。除了自然旋光外,一些不能自然旋光的物质在电场、磁场、应力等外界因素的影响下,也能使透过它的偏振光发生偏振角度旋转,这样的旋光效应有:自然旋光效应,磁致旋光效应等。

1. 自然旋光效应

自然旋光效应中介质在自然环境下能使偏振光振动方向发生旋转,这种介质称为旋光物质。石英晶体以及蔗糖溶液、酒石酸溶液等都是具有较强旋光性的旋光物质。物质自然旋光性的实验研究如图11-44所示。图中,S为光源,M、N为偏振方向相互正交的两偏振片,C为旋光物质,E为接收屏。光源出射的光经偏振片M后变为一束线偏振光,然后通过另一偏振片N被接收屏E接收,此时屏是黑暗的;将旋光物质C放在两偏振片M、N之

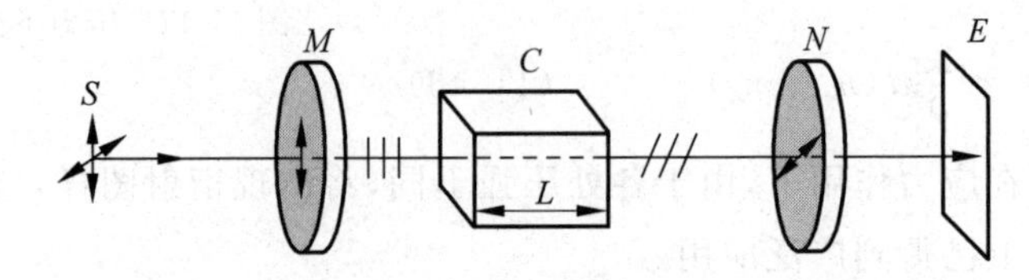

图11-44　旋光现象实验

间，原来黑暗的屏变亮，再将偏振片 N 旋转一定角度 θ 后，屏又变为黑暗，该旋转角度 θ 即为偏振光通过旋光物质后振动方向旋转的角度。

应用上述实验方法，改变不同的材料特性，如旋光物质长度、旋光率等，研究旋光现象的影响因素。实验结果得出：

旋光物质的旋光率直接影响偏振光经过此物质后振动方向的旋转角度，偏振光经旋光物质后振动方向的旋转角 θ 与该旋光物质的旋光率成正比；保证其他条件不变，旋光角度与旋光物质的长度成正比。综上所述，旋光角度 θ 的大小可以表示为

$$\theta = \rho L \tag{11-45}$$

式中，ρ 为旋光物质的旋光率即旋光系数；L 为旋光物质的长度。

2. 磁致旋光效应

法拉第于 1845 年做了以下实验，如图 11-45 所示，光源 S 发出的光经起偏器 P_1 后变成一束线偏振光，线偏振光沿着磁场方向穿过螺线管中的磁致旋光物质，再经检偏器 P_2 后入射到接收屏 E，两偏振器 P_1、P_2 正交。当线圈两端没有加电压即线圈不能感应出磁场时，接收屏上无光照，这表明偏振方向没有发生旋转；对线圈两端加一定电压即线圈两端感应出磁场，此时接收屏上有光照，将检偏器 P_2 旋转一定角度 θ 后接收屏上再次无光照，这表明偏振方向旋转了角度 θ。这种在磁场作用下的旋光效应称之为磁致旋光效应或法拉第旋光效应。

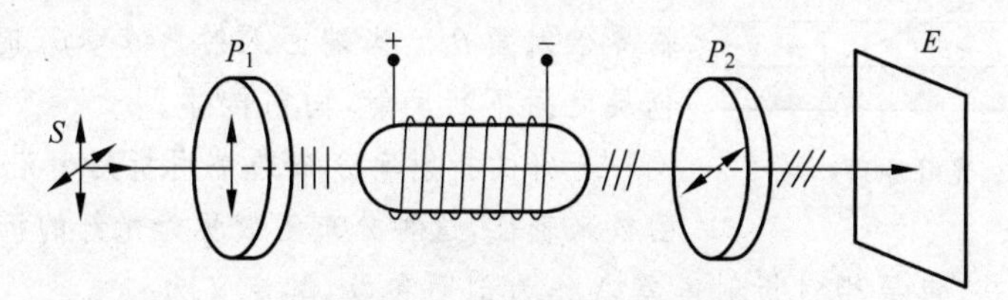

图 11-45　法拉第旋光实验

调节上述实验中的磁场大小 B 和磁致旋光物质长度 L，可以得到如下规律：

保持磁致旋光物质材料不变，偏振光的旋光角度 θ 与磁致旋光物质的长度 L 以及物质所处的磁场强度 B 成正比，用公式表达为

$$\theta = VLB \tag{11-46}$$

式中，V 表示磁致旋光物质的费尔德常数。

阅读材料　十一

光纤及光纤通信简介

光纤是光导纤维的简写，是一种由玻璃或塑料制成的纤维，可作为光传导工具。传输原理是“光的全反射”。香港中文大学前校长高锟和 George A. Hockham 首先提出光纤可以用于通信传输的设想，高锟因此获得 2009 年诺贝尔物理学奖。

1. 光纤

普通光纤是由圆柱形二氧化硅玻璃纤芯、包层和护套三部分组成，如图 11-46 所示。护

套用尼龙或塑料制成,起保护光纤的作用。纤芯和包层同时参与传光,但纤芯的折射率 n_1 大于包层的折射率 n_2。这是因为当入射角大于临界角 $i_0\left(\sin i_0=\dfrac{n_2}{n_1}\right)$,就会产生光的全反射,从而使光在光纤中顺利传播。

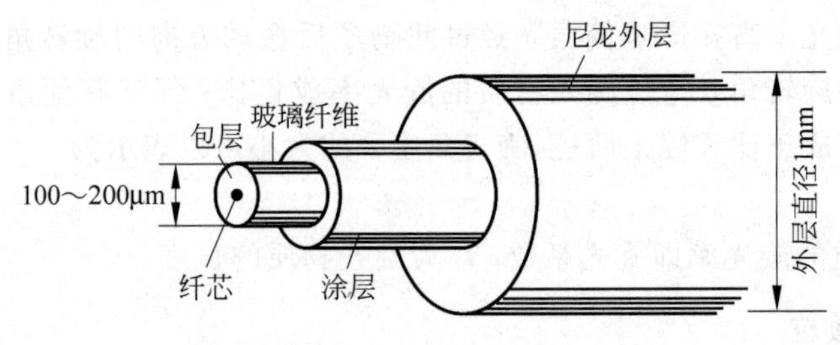

图 11-46 光纤的结构

下面讨论最简单的情况:光纤的端面与光纤轴心线相垂直且光纤为直圆柱体。如图 11-47 所示,光线以一定角度进入光纤截面,我们把入射光与光纤轴心线之间的夹角 θ_0 称为光纤端面入射角;光线在纤芯与包层之间界面上反射,光线与界面法线之间的夹角 φ 称为包层界面入射角。因为 $n_1>n_2$,所以包层界面有一全反射的临界角 ϕ_c。相对应地,光纤端面有一端面临界入射角 θ_a。当端面入射角 $\theta_0\leqslant\theta_a$ 时,光线在纤芯和包层之间不断反射,向前传播。

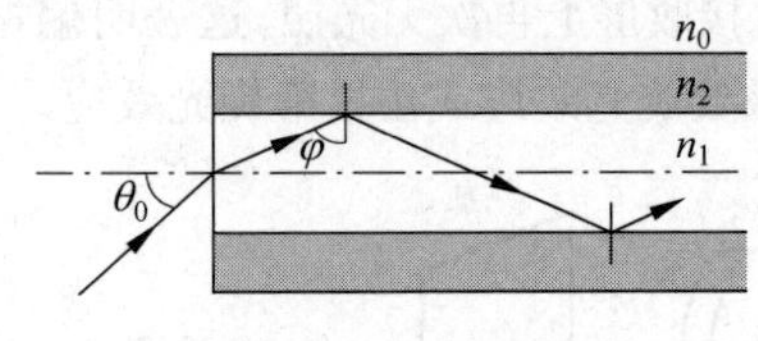

图 11-47 光纤原理

光纤的折射率分布通常用折射率沿光纤径向的分布函数来表征,这种分布函数称为光纤的折射率剖面 $n(r)$。

我们引入纤芯、包层相对折射率差 Δ 作为剖面参数,其定义为

$$\Delta=\frac{n_1^2-n_2^2}{2n_1^2}\approx\frac{n_1-n_2}{n_1}\tag{11-47}$$

普通光纤的折射率分布一般有两种:阶跃折射率型和梯度折射率型。阶跃型光纤(简称阶跃光纤)如图 11-48(a)所示,梯度型光纤(简称梯度光纤)如图 11-48(b)所示。

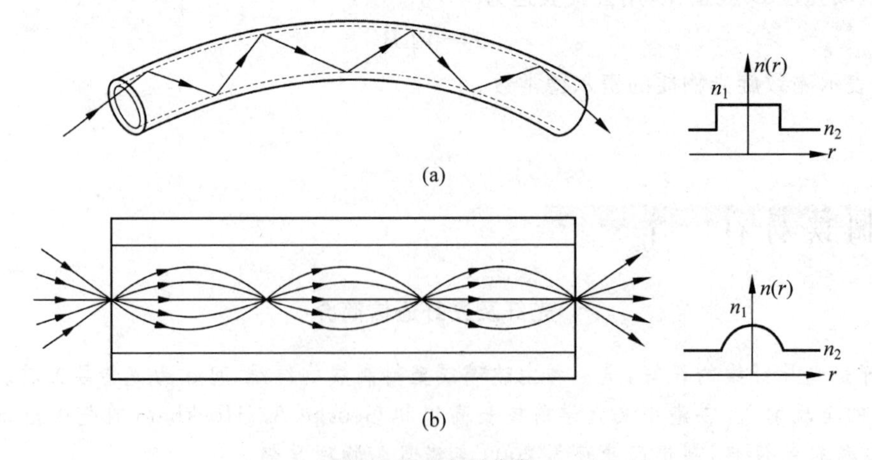

图 11-48 光纤分类

(a) 阶跃型光纤;(b) 梯度型光纤

入射到光纤端面的光并不能全部被光纤所传输，只是在某个角度范围内的入射光才可以。这个角度就称为光纤的数值孔径，这是一个反映光纤集光本领的物理量。数值孔径越大，集光本领越强。光纤的数值孔径大些对于光纤的对接是有利的。

通常把光纤端面的临界入射角 $2\theta_a$ 称为光纤的孔径角。实际上是一个圆锥角（见图 11-49）。孔径角越大，光纤端面接收光的能力越强。在实际应用中，光纤与光源之间的耦合也就越方便。

在图 11-49 中，应用折射定律可以证明：

$$\sin\theta_a \approx n_1\sqrt{2\Delta} = \text{N. A.} \qquad (11\text{-}48)$$

N. A. 称为光纤的数值孔径。N. A. 仅由光纤的折射率来决定，与光纤的几何尺寸无关。这样，在制作光纤时，可将光纤的数值孔径做得很大而截面积很小，使光纤变得柔软可曲。这也是光纤能开辟一个新应用领域的原因之一，是一般光学系统所不能比拟的。

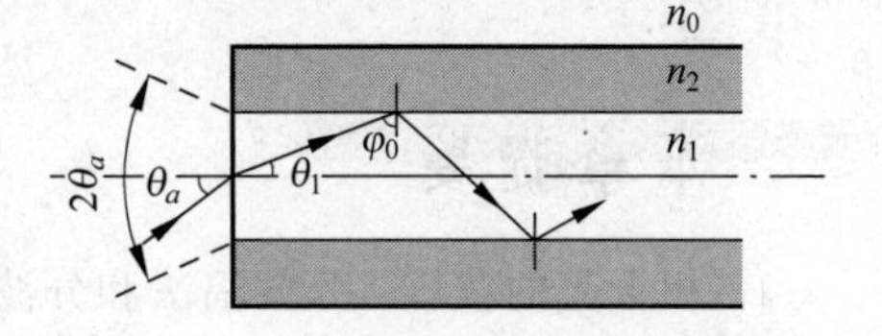

图 11-49　光纤数值孔径的计算

2. 光纤通信的发展及特点

光纤通信是利用光作为信息载体、以光纤作为传输的通信方式。可以把光纤通信看成是以光导纤维为传输媒介的"有线"光通信。实际上光纤通信系统使用的不是单根的光纤，而是许多光纤聚集在一起的组成的光缆。

光纤通信技术具有以下四个特点：①频带极宽，通信容量大。光纤的传输带宽比铜线或电缆大得多。对于单波长光纤通信系统，由于终端设备的限制往往发挥不出带宽大的优势。因此需要技术来增加传输的容量，密集波分复用技术就能解决这个问题。②损耗低，中继距离长。目前，商品石英光纤和其他传输介质相比的损耗是最低的。如果将来使用非石英极低损耗传输介质，理论上传输的损耗还可以降到更低的水平。这就表明通过光纤通信系统可以减少系统的施工成本，带来更好的经济效益。③抗电磁干扰能力强。石英有很强的抗腐蚀性，而且绝缘性好。而且它还有一个重要的特性就是抗电磁干扰的能力很强，它不受外部环境的影响，也不受人为架设的电缆等干扰。这一点对于在强电领域的通信应用特别有用，而且在军事上也大有用处。④无串音干扰，保密性好。在电波传输的过程中，电磁波的传播容易泄露，保密性差。而光波在光纤中传播，不会发生串扰的现象，保密性强。除以上特点之外，还有光纤径细、重量轻、柔软、易于铺设；光纤的原材料资源丰富，成本低；温度稳定性好、寿命长。

光纤通信的发展史虽然只有二三十年，但由于它无比的优越性，使它成为了现代化通信网络中最为重要的传输媒介。总体来说，光纤通信的发展大致分为 4 个阶段。第一阶段（1966—1976 年）是从基础研究到商业应用的开发时期。这个时期中，出现了短波长（850nm）低速率（34 或 45Mb/s）多模光纤通信系统，无中继传输距离约为 10km。第二阶段（1976—1986 年）是以提高传输速率和增加传输距离为研究目标的大力推广应用的大发展时期。在这个时期，光纤从多模发展到单模，工作波长从短波长（850nm）发展到长波长（1310nm 和 1550nm），实现了工作波长为 1310nm，传输速率为 140～565Mb/s 的单模光纤通信系统，无中继传输距离为 50 到 100km。第三阶段（1986—1996 年）是以超大容量超长距离为目标，全面深入开展新技术研究的事情。在这个时期，出现了 1550nm 色散位移单模光纤通信系统。采用外调制技术，传输速率可达 2.5～10Gb/s，无中继传输距离可达 100～

150km,实验室可以达到更高水平。第四阶段(1996年至今)是采用光放大器,波分复用光纤通信系统的超长距离的光弧子通信系统的时期。

光纤通信作为当今世界主流的通信方式,经过几十年的发展已经较为完善,整个人类社会也能感受到光纤通信系统所带来的方便。而伴随着信息社会的高速发展,人们对信息传递的要求随之加大,光纤通信技术的研究任重而道远。

本章提要

1. 相干光的获得:分振幅法和分波阵面法
2. 光程和光程差
3. 杨氏双缝干涉

明条纹位置 $d\sin\theta=\pm k\lambda$,干涉条纹间距 $\Delta x=\dfrac{D}{d}\lambda$

4. 薄膜干涉

光程差 $\Delta=2e\sqrt{n_2^2-n_1^2\sin^2 i}+\dfrac{\lambda}{2}$

薄膜干涉 $\Delta=2en+\dfrac{\lambda}{2}\begin{cases}k\lambda & \text{明纹}\\(2k+1)\dfrac{\lambda}{2} & \text{暗纹}\end{cases}$

5. 劈尖干涉

$$\Delta=2ne+\frac{\lambda}{2}=\begin{cases}k\lambda, & k=1,2,3,\cdots & \text{干涉加强,明纹}\\(2k+1)\dfrac{\lambda}{2}, & k=0,1,2,3,\cdots & \text{干涉减弱,暗纹}\end{cases}$$

相邻明(暗)纹间距为

$$b=\frac{\Delta e_k}{\sin\theta}=\frac{\lambda}{2n\sin\theta}\approx\frac{\lambda}{2n\theta}$$

6. 牛顿环半径

$$r=\begin{cases}\sqrt{\dfrac{(2k-1)R\lambda}{2n}}, & k=1,2,3,\cdots & \text{暗环半径}\\\sqrt{\dfrac{kR\lambda}{n}}, & k=1,2,3,\cdots & \text{明环半径}\end{cases}$$

7. 迈克耳孙干涉

$$\Delta d=\Delta N\cdot\frac{\lambda}{2}$$

8. 惠更斯-菲涅耳原理
9. 单缝夫琅禾费衍射

$$\Delta=b\sin\theta=\begin{cases}0, & k=0 & \text{中央明纹}\\\pm(2k+1)\dfrac{\lambda}{2} & k=1,2,3,\cdots & \text{明纹}\\\pm k\lambda, & k=1,2,3,\cdots & \text{暗纹}\end{cases}$$

10. 光栅衍射

光栅公式

$$d\sin\theta = \pm k\lambda \quad (k = 0,1,2,\cdots) \quad \text{明纹}$$

缺级条件

$$\begin{cases}(a+b)\sin\theta = \pm k\lambda & (k = 0,1,2,3,\cdots)\\ a\sin\theta = \pm k'\lambda & (k' = 1,2,3,\cdots)\end{cases}$$

$$\frac{a+b}{a} = \frac{k}{k'}$$

光栅常数 $a+b$ 与缝宽 a 构成整数比 2∶1，3∶2 时，就会出现缺级现象。

11. 光的偏振

12. 马吕斯定律

$$I = I_0\cos^2\alpha$$

13. 布儒斯特定律

$$\tan i_B = \frac{n_2}{n_1}, \quad i_B + r_B = \frac{\pi}{2}$$

思考题

11.1 光的独立传播定律和光的叠加原理是否一致？叠加和干涉有何区别与联系？

11.2 有两列频率相同的光波在空间相遇后，若产生干涉，则该两列光波在相遇点应具备什么条件？

11.3 光的干涉和衍射有何区别和联系？试用杨氏双缝实验加以说明。

11.4 衍射的本质是什么？衍射和干涉有什么联系和区别？

11.5 在夫琅禾费单缝衍射实验中，如果把单缝沿透镜光轴方向平移时，衍射图样是否会跟着移动？若把单缝沿垂直于光轴方向平移时，衍射图样是否会跟着移动？

11.6 什么叫半波带？单缝衍射中怎样划分半波带？对应于单缝衍射第 3 级明条纹和第 4 级暗条纹，单缝处波面各可分成几个半波带？

11.7 在单缝衍射中，为什么衍射角 θ 愈大（级数愈大）的那些明条纹的亮度愈小？

11.8 光栅衍射与单缝衍射有何区别？为何光栅衍射的明条纹特别明亮而暗区很宽？

11.9 若以白光垂直入射光栅，不同波长的光将会有不同的衍射角。问(1)零级明条纹能否分开不同波长的光？(2)在可见光中哪种颜色的光衍射角最大？不同波长的光分开程度与什么因素有关？

11.10 自然光是否一定不是单色光？线偏振光是否一定是单色光？

11.11 用哪些方法可以获得线偏振光？怎样用实验来检验线偏振光、部分偏振光和自然光？

11.12 一束光入射到两种透明介质的分界面上时，发现只有透射光而无反射光，试说明这束光是怎样入射的？其偏振状态如何？

11.13 什么是光轴、主截面和主平面？什么是寻常光线和非常光线？它们的振动方向和各自的主平面有何关系?

11.14 在单轴晶体中,e光是否总是以 c/n_e 的速率传播? 哪个方向以 c/n_o 的速率传播?

11.15 是否只有自然光入射晶体时才能产生o光和e光?

11.16 有两种介质,折射率分别为 n_1 和 n_2,当自然光从折射率为 n_1 的介质入射到折射率为 n_2 的介质时,测得布儒斯特角为 i_{12};当自然光从折射率为 n_2 的介质入射到折射率为 n_1 的介质时,布儒斯特角为 i_{21},若 $i_{12}>i_{21}$,问哪种介质折射率大?

习题

11.1 选择题

(1) 从一狭缝透出的单色光经过两个平行狭缝而照射到120cm远的幕上,若此两狭缝相距为0.20mm,幕上所产生干涉条纹中两相邻亮线间距离为3.60mm,则此单色光的波长以mm为单位,其数值为( )。

A. 5.50×10^{-4} B. 6.00×10^{-4}

C. 6.20×10^{-4} D. 4.85×10^{-4}

(2) 用波长为650nm之红色光作杨氏双缝干涉实验,已知狭缝相距 10^{-3} m,从屏幕上测得相邻亮条纹间距为0.1cm,如狭缝到屏幕间距以m为单位,则其大小为( )。

A. 2 B. 1.538 C. 3.2 D. 1.8

(3) 一衍射光栅宽3.00cm,用波长600nm的光照射,第二级主极大出现在衍射角为30°处,则光栅上总刻线数为( )。

A. 1.25×10^4 B. 2.50×10^4

C. 6.25×10^3 D. 9.48×10^3

(4) 在光栅的夫琅禾费衍射中,当光栅在光栅所在平面内沿刻线的垂直方向上作微小移动时,则衍射花样( )。

A. 作与光栅移动方向相同的方向移动 B. 作与光栅移动方向相反的方向移动

C. 中心不变,衍射花样变化 D. 没有变化

E. 其强度发生变化

(5) 波长为520nm的单色光垂直投射到2000线/厘米的平面光栅上,试求第一级衍射最大所对应的衍射角近似为多少度?( )

A. 3 B. 6 C. 9 D. 12 E. 15

(6) 一束非偏振光入射到一个由四个偏振片所构成的偏振片组上,每个偏振片的透射方向相对于前面一个偏振片沿顺时针方向转过了一个30°角,则透过这组偏振片的光强与入射光强之比为( )。

A. 0.41∶1 B. 0.32∶1 C. 0.21∶1 D. 0.11∶1

11.2 在双缝干涉实验装置中,用一块透明薄膜($n=1.2$)覆盖其中的一条狭缝,这时屏幕上的第四级明条纹移到原来的零级明纹的位置。如果入射光的波长为500nm,试求透明薄膜的厚度。

11.3　白光垂直照射到空气中一厚度为 380nm 的肥皂膜上。设肥皂膜水的折射率为 1.33。试问该膜表面呈现什么颜色？

11.4　白光垂直照射到空气中一厚度为 500nm 折射率为 1.50 的油膜上。试问该油膜表面呈现什么颜色？

11.5　在折射率为 $n_1=1.52$ 的棱镜表面涂一层折射率为 $n_2=1.30$ 增透膜。为使此增透膜适用于 550nm 波长的光，增透膜的厚度应取何值？

11.6　有一空气劈尖，用波长为 589nm 的钠黄色光垂直照射，可测得相邻明条纹之间的距离为 0.1cm，试求劈尖的尖角。

11.7　如在观察牛顿环时发现波长为 500nm 的第 5 个明环与波长为 λ_2 的第 6 个明环重合，求波长 λ_2。

11.8　用钠灯（$\lambda=589.3$nm）观察牛顿环，看到第 k 条暗环的半径为 $r=4$mm，第 $k+5$ 条暗环半径 $r=6$mm，求所用平凸透镜的曲率半径 R。

11.9　迈克耳孙干涉仪可用来测量单色光的波长，当 M_2 移动距离 $\Delta d=0.3220$mm 时，测得某单色光的干涉条纹移过 $\Delta n=1024$ 条，试求该单色光的波长。

11.10　在单缝夫琅禾费衍射中，若某一光波的第三级明条纹（极大点）和红光（$\lambda=600$nm）的第二级明条纹相重合，求此光波的波长。

11.11　利用一个每厘米有 4000 条的光栅，可以产生多少级完整的可见光谱（可见光波长范围为 400～700nm）？

11.12　某单色光垂直入射到每一厘米有 6000 条刻线的光栅上。如果第一级谱线的方位角是 20°，试问（1）入射光的波长是多少？（2）它的第二级谱线的方位角是多少？

11.13　在迎面驶来的汽车上，两盏前灯相距 120cm，试问汽车离人多远的地方，眼睛恰可分辨这两盏灯？设夜间人眼瞳孔直径为 5.0mm，入射光波长为 550nm（这里仅考虑人眼圆形瞳孔的衍射效应）。

11.14　已知天空中两颗星相对于一望远镜的角距离为 4.84×10^{-6}rad，它们都发出波长为 $\lambda=5.5\times10^{-5}$cm 的光。试问：望远镜的口径至少要多大，才能分辨出这两颗星？

11.15　水的折射率为 1.33，玻璃的折射率为 1.50。（1）当光由水中射向玻璃而反射时，布儒斯特角是多少？（2）当光由玻璃射向水面而反射时，布儒斯特角又是多少？

11.16　投射到起偏器的自然光强度为 I_0，开始时，起偏器和检偏器的透光轴方向平行。然后使检偏器绕入射光的传播方向转过 130°，45°，60°，试分别求出在上述三种情况下，透过检偏器后光的强度是 I_0 的几倍？

11.17　使自然光通过两个偏振化方向夹角为 60°的偏振片时，透射光强为 I_1，今在这两个偏振片之间再插入一偏振片，它的偏振化方向与前两个偏振片均成 30°，问此时透射光 I 与 I_1 之比为多少？

11.18　自然光入射到两个重叠的偏振片上，如果透射光强为，（1）透射光最大强度的三分之一，（2）入射光强的三分之一，则这两个偏振片透光轴方向间的夹角为多少？

11.19　光由空气射入折射率为 n 的玻璃。在习题 11-19 图所示的各种情况中，用黑点和短线把反射光和折射光的振动方向表示出来，并标明是线偏振光还是部分偏振光。图中 $i\neq i_0$，$i_0=\arctan n$。

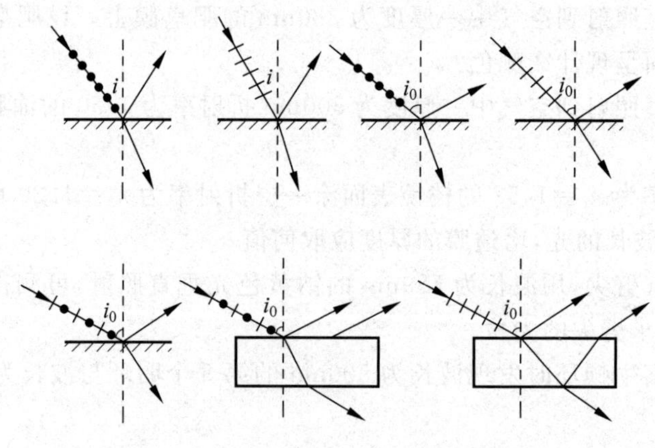

习题 11-19 图

11.20　一束自然光从空气入射到折射率为 1.40 的液体表面上，其反射光是完全偏振光。试求：(1)入射角等于多少？(2)折射角为多少？

11.21　利用布儒斯特定律怎样测定不透明介质的折射率？若测得釉质在空气中的起偏振角为 58°，求釉质的折射率。

第12章

近代物理简介

19世纪末，经典的物理学理论已发展得相当完善，这其中包括以牛顿为代表的经典力学、以玻耳兹曼为代表的统计力学和以麦克斯韦为代表的经典电磁理论。人们普遍认为整个物理学框架体系已经非常清楚和完备，似乎没有解决不了的问题。正当物理学家们为经典物理学的成就感到满意的时候，一些新的实验事实却给经典物理学以有力的冲击，这些冲击主要来自以下三个方面。一是1887年迈克耳孙-莫雷实验否定了绝对参考系的存在；二是1900年瑞利和金斯用经典的能量均分定理来说明热辐射现象时，出现了所谓的“紫外灾难”；三是1887年J.J.汤姆孙发现电子，说明原子不是物质的基本单元，原子是可分的。经典物理理论无法对这些新的实验结果作出正确的解释，从而使经典物理处于非常困难的境地，也使一些物理学家深感困惑。为摆脱经典物理学的困难，一些思想敏锐而又不为旧观念束缚的物理学家，重新思考了物理学中的某些基本概念，经过艰苦而又曲折的道路，终于在20世纪初期诞生了相对论和量子论。

相对论和量子论是近代物理学的两大理论支柱，是现代高新技术的理论基础。它们不仅将人类的视野扩展到高速、微观领域，而且改变了人类的思想方法，对哲学产生了深刻的影响。关于相对论，本章只简单介绍狭义相对论的基本概念、基本思想和一些重要结论，有关广义相对论，由于课时的限制不做介绍。对于量子论，也只介绍简单的基础知识及其应用。

本章结构框图

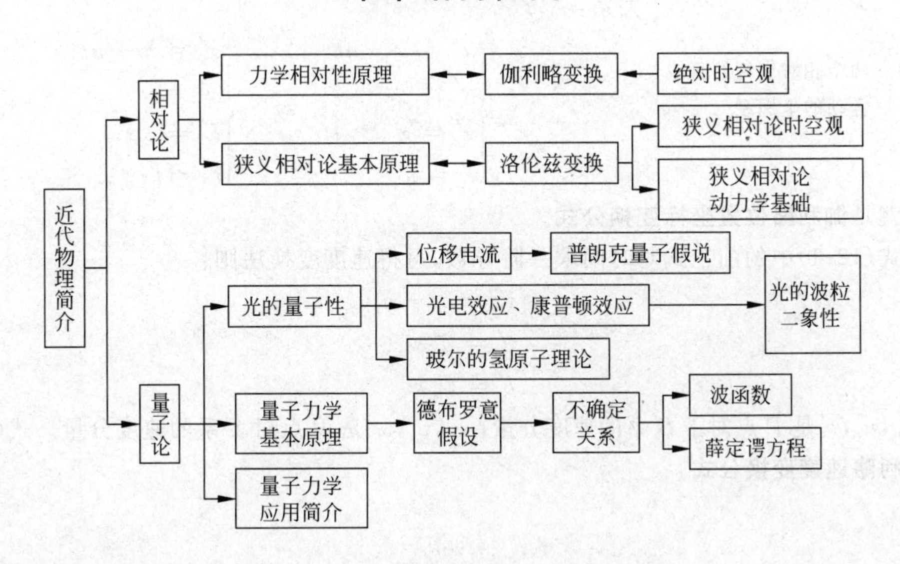

12.1 狭义相对论

12.1.1 伽利略变换和力学相对性原理

12.1.1.1 牛顿的绝对时空观

时间和空间是物质的基本属性,一切客观过程总是在一定的时间、空间中进行的。物理学是研究物质结构、物质相互作用和运动规律的学科,而物质的相互作用和运动的发生都伴随着时间和空间这两个因素。因此,在从事物理学研究的同时,人们会自觉或不自觉地受到自己对时空认识的支配。1687 年,牛顿在他的《自然哲学的数学原理》一书中对时间下了定义,这就是"绝对的、真正的、数学的时间自身在流逝着,而且由于其本性在均匀地,与任何其他外界事物无关地流逝着。"而对空间来说,牛顿在书中写道:"绝对的空间,就其本质而言,是与外界事物无关而永远都是相同和不动的。"按照牛顿的观点,**时间和空间都是绝对的,与物质的存在和运动无关**。比如,宇宙飞船从地球飞向月球的过程中,飞船任何时刻离地球都有确定的距离,这段距离不依赖于观察者的运动状态,无论是飞船上的或是地面上的观察者,测量的结果应该相同;飞船登陆月球以后,宇航员测出打开舱门所用的时间与在地球上测出的这段时间也应该相同。人们把牛顿的这种观点称为**绝对时空观**。牛顿的力学体系就是建立在绝对时空观的基础上,并且体现在伽利略变换之中。

12.1.1.2 伽利略变换和力学相对性原理

在同一时刻、同一物体的坐标从一个坐标系变换到另一个坐标系,叫做坐标变换。联系这两组坐标的方程,叫做坐标变换方程。设有两个惯性参考系 $S(Oxyz)$ 和 $S'(O'x'y'z')$,其对应坐标轴相互平行,x 与 x' 轴重合,且 S' 系相对 S 系以速度 $\boldsymbol{u}$ 沿 Ox 轴的正方向作匀速直线运动。如图 12-1 所示,设时间 $t=t'=0$ 时,两惯性参考系的原点 O 和 O' 重合。由经典力学可知,在 t 时刻点 P 在这两个惯性系中的位置坐标有如下关系:

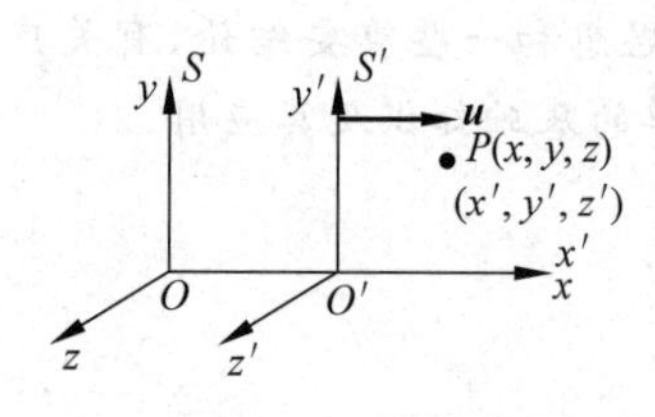

图 12-1 两个相对作匀速直线运动的坐标系

$$\begin{cases} x' = x - ut \\ y' = y \\ z' = z \\ t' = t \end{cases} \quad \text{或} \quad \begin{cases} x' = x + ut \\ y' = y \\ z' = z \\ t' = t \end{cases} \tag{12-1}$$

这就是**伽利略位置坐标变换公式**。

把式(12-1)中的前三式对时间求一阶导数,可得速度变换法则:

$$\begin{cases} v'_x = v_x - u \\ v'_y = v_y \\ v'_z = v_z \end{cases} \tag{12-2}$$

其中,v'_x, v'_y, v'_z 是 P 点对于 S' 系的速度分量;v_x, v_y, v_z 是 P 点对 S 系的速度分量。式(12-2)就是**伽利略速度变换公式**。

把式(12-2)对时间求导数,可得加速度变换法则:

$$\begin{cases} a'_x = a_x \\ a'_y = a_y \\ a'_z = a_z \end{cases} \tag{12-3}$$

式(12-3)表明,在两个惯性系中,P 点的加速度相同,即在伽利略变换中,对不同的惯性系而言,加速度是个不变量。其矢量形式为

$$\boldsymbol{a}' = \boldsymbol{a} \tag{12-4}$$

由于在经典力学中,质量是与运动状态无关的常量,所以由式(12-4)可知,在惯性系中,牛顿运动定律的形式是相同的。有如下形式:

$$\boldsymbol{F} = m\boldsymbol{a}, \quad \boldsymbol{F}' = m\boldsymbol{a}' \tag{12-5}$$

上述结果表明,在惯性系 S'系和 S 系中,牛顿运动定律的形式不变,即牛顿运动方程对伽利略变换式来讲是不变式。由此不难推出,对于所有惯性系,牛顿运动定律的数学描述都应具有相同的形式,换句话说,一切惯性系在力学意义上都是等价的、平权的,这就是**牛顿力学的相对性原理**。由力学相对性原理可以得出结论:**用力学实验的方法不可能区分不同的惯性参考系**。

12.1.2　狭义相对论的基本原理　洛伦兹变换

12.1.2.1　伽利略变换的困难

其实,物体在作低速运动时,伽利略变换是符合实际情况的。可以肯定地说,利用牛顿力学定律和伽利略变换,原则上可以解决任何惯性系中低速运动物体的运动问题。

然而,在涉及电磁学现象,包括光的传播时,伽利略变换遇到了不可克服的困难。比如,运动电荷在磁场中要受洛伦兹力的作用,即 $F=qBv\sin\theta$。即运动电荷所受磁场力与电荷运动速度 $\boldsymbol{v}$ 有关,从而与惯性参考系的选择有关。那么,在不同的惯性系中,同一运动电荷所受的磁场力不同,经典电磁理论不具有伽利略变换的不变性。同时,经典电磁学的理论和光学实验的测定都确认光在真空中传播的速率为 $c=3.0\times10^8\,\mathrm{m\cdot s^{-1}}$,这个值与参考系的选择无关。而按照伽利略变换,如果在惯性系 S 中,真空中的光速为 c,那么,对于在平行于光传播方向上相对于 S 系以速度 $\boldsymbol{u}$ 匀速运动的惯性系 S',真空中的光速就应该是 $c+u$ 或 $c-u$,而不可能仍为 c。于是,伽利略变换所得的结果与电磁学理论和实验的结果尖锐对立。

面对这样的困境,当时的大多数物理学家受到在低速情况下形成的绝对时空观的束缚,总是力图在承认伽利略变换的前提下去寻找解决矛盾的出路。其中,最为著名的是迈克耳孙-莫雷实验。但所有的煞费苦心编织出来的补救方案无一例外地遭到失败,从而形成了19 世纪末经典物理的一大危机。当然,在本质上,这不是科学的危机,而是认识论的危机,是如何正确认识经典物理的地位和作用的问题。正是在这样的历史背景下,爱因斯坦迈出了决定性的一步,断然否定了绝对时空观和伽利略变换至高无上的地位,并在此基础上创立了狭义相对论。

12.1.2.2　狭义相对论的基本原理

1905 年,爱因斯坦提出了两条基本假设,这两条基本假设现在已经成为公认的物理学

基本原理。

(1) **狭义相对性原理　物理定律在所有惯性系中都具有相同的表达形式,即所有的惯性参考系对运动的描述都是等效的**。也就是说,对运动的描述只有相对意义,绝对静止的参考系是不存在的。

(2) **光速不变原理　真空中的光速是常量,它与光源或观察者的运动无关,不依赖于惯性系的选择**。

爱因斯坦的第一条假设基于对自然界对称性的深刻认识：坚信包括力学定律、电磁学定律在内的所有物理定律的数学形式与惯性系的选择无关。即对所有的物理定律而言,一切惯性系彼此等价,不存在特殊地位的绝对参考系,显然,这条基本假设将伽利略的力学相对性原理推广到了物理学整个领域。

爱因斯坦的第二条假设是实验结果的直接表达。它实际上是说,对于光的传播而言,真空是各向同性的。这条假设指出了,我们不应当以适用于低速情况下的伽利略变换为根据,去讨论光速应该如何,倒是应该反过来,用光速不变这个实验提供的客观事实作为前提和基础,去建立正确的时空变换。这个新的时空变换即为洛伦兹变换。

12.1.2.3　洛伦兹变换

仍以图 12-1 为例,有两个惯性参考系 $S(Oxyz)$和 $S'(O'x'y'z')$,其对应坐标轴相互平行,且 S'系相对 S 系以速度 $\boldsymbol{u}$ 沿 Ox 轴的正方向运动。当两惯性参考系的坐标原点重合时,两个参考系内的时钟开始计时(即 $t=t'=0$)。对同一物理事件 P,两个参考系的坐标分别为(x,y,z,t)和(x',y',z',t')。因为这两组时空坐标描述的是同一物理事件,它们之间必然有确定的联系,即时空坐标变换。从狭义相对论的两条基本假设出发,可以导出事件 P 在任意两个惯性参考系中时空坐标的变换关系式。正变换式为

$$\begin{cases} x' = \gamma(x - ut) \\ y' = y \\ z' = z \\ t' = \gamma\left(t - \dfrac{ux}{c^2}\right) \end{cases} \tag{12-6}$$

按照相对性原理可以给出从 S'系到 S 系时空变换的逆变换式为

$$\begin{cases} x = \gamma(x' + ut') \\ y = y' \\ z = z' \\ t = \gamma\left(t' + \dfrac{ux'}{c^2}\right) \end{cases} \tag{12-7}$$

其中,$\gamma=\dfrac{1}{\sqrt{1-\beta^2}}$,$\beta=\dfrac{u}{c}$,$c$ 为光速。

式(12-6)和式(12-7)统称为**洛伦兹坐标变换**公式。它是同一物理事件在不同惯性参考系中的时空坐标之间的变换关系。

设在 S 和 S'系中测得同一物体的运动速度分别为$\boldsymbol{v}(v_x,v_y,v_z)$和$\boldsymbol{v}'(v'_x,v'_y,v'_z)$,由于

$$\begin{cases} v'_x = \dfrac{\mathrm{d}x'}{\mathrm{d}t'} = \dfrac{\mathrm{d}x'}{\mathrm{d}t} \cdot \dfrac{\mathrm{d}t}{\mathrm{d}t'} \\ v'_y = \dfrac{\mathrm{d}y'}{\mathrm{d}t'} = \dfrac{\mathrm{d}y'}{\mathrm{d}t} \cdot \dfrac{\mathrm{d}t}{\mathrm{d}t'} \\ v'_z = \dfrac{\mathrm{d}z'}{\mathrm{d}t'} = \dfrac{\mathrm{d}z'}{\mathrm{d}t} \cdot \dfrac{\mathrm{d}t}{\mathrm{d}t'} \end{cases} \quad \begin{cases} v_x = \dfrac{\mathrm{d}x}{\mathrm{d}t'} \cdot \dfrac{\mathrm{d}t'}{\mathrm{d}t} \\ v_y = \dfrac{\mathrm{d}y}{\mathrm{d}t'} \cdot \dfrac{\mathrm{d}t'}{\mathrm{d}t} \\ v_z = \dfrac{\mathrm{d}z}{\mathrm{d}t'} \cdot \dfrac{\mathrm{d}t'}{\mathrm{d}t} \end{cases}$$

由式(12-6)和式(12-7)对时间求导，得

$$\begin{cases} v'_x = \dfrac{v_x - u}{1 - \dfrac{uv_x}{c^2}} \\ v'_y = \dfrac{v_y}{\gamma\left(1 - \dfrac{uv_x}{c^2}\right)} \\ v'_z = \dfrac{v_z}{\gamma\left(1 - \dfrac{uv_x}{c^2}\right)} \end{cases} \tag{12-8}$$

和

$$\begin{cases} v_x = \dfrac{v'_x + u}{1 + \dfrac{uv'_x}{c^2}} \\ v_y = \dfrac{v'_y}{\gamma\left(1 + \dfrac{uv'_x}{c^2}\right)} \\ v_z = \dfrac{v'_z}{\gamma\left(1 + \dfrac{uv'_x}{c^2}\right)} \end{cases} \tag{12-9}$$

式(12-8)和式(12-9)即为**洛伦兹速度变换**公式。

可以看出：

(1) 在低速情况下，$u \ll c$ 时，$\gamma \to 1$。洛伦兹变换退化回伽利略变换。这个事实表明：洛伦兹变换更具有普遍性，而伽利略变换只是洛伦兹变换在低速情况下的一个近似而已。

(2) 与伽利略变换不同，在洛伦兹变换中，时间坐标明显与空间坐标有关。这说明，相对论中对时间和空间的测量是不能分割的。因此，相对论的时空实际上是一个四维的空间，这个空间与物质的运动有关。

(3) 当 $u \geqslant c$ 时，变换式将出现无穷大或虚数值，这是没有物理意义的。因此，任意两个惯性系之间的相对速度 u 不能大于或等于 c。由于惯性系总是选择在一定的运动物体上，所以物体对于任意惯性参考系的速度一定小于 c。也就是说，真空中的光速是物体运动速度所不能达到和逾越的极限值。在美国加利福尼亚的斯坦福直线加速器中，电子已被加速到 $0.9999999997c$ 的速率，但始终没能超过 c。

12.1.3　狭义相对论的时空观

12.1.3.1　同时的相对性(同时不同地)

按照经典力学的观点，在某一惯性系中同时发生的两个事件，在其他所有惯性系中也是

同时发生的,即“同时”与参照系无关,时间是绝对的。而狭义相对论指出,一个惯性系中的两个同时事件,在另一个惯性系中不一定是同时的,即“同时”与参照系有关,“同时”是相对的。假定在 S 系中,不同位置 x_1 和 x_2 在时刻 t 同时发生了两个事件。根据式(12-6),这两个事件在 S' 系中发生的时刻是

$$t'_1 = \gamma\left(t - \frac{ux_1}{c^2}\right)$$

$$t'_2 = \gamma\left(t - \frac{ux_2}{c^2}\right)$$

在 S' 系中,这两个事件发生的时刻是不同的。这说明 S 系中不同地点发生的两个“事件”,在 S' 系中是“不同时”的。事件的同时性随所选惯性系不同而异,这就是**“同时”的相对性**。

12.1.3.2 空间的相对性(长度缩短)

在伽利略变换中,两点之间的距离或物体的长度是不随惯性系而变的。比如说长为20cm 的直尺,不论在运动的车厢里或者在车站上去测量它,其长度都是 20cm,那么在洛伦兹变换中,情况又会怎样呢?

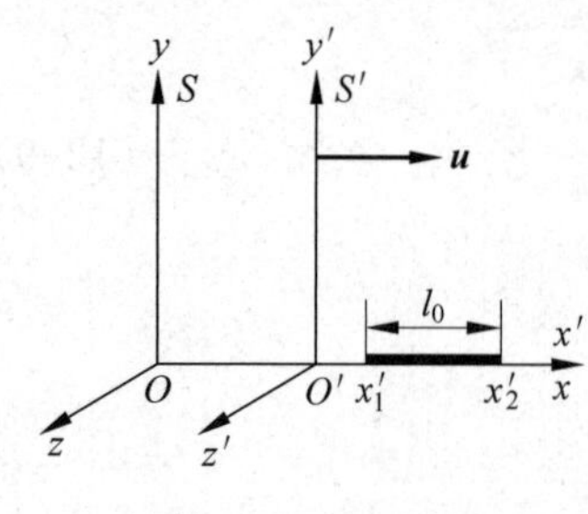

图 12-2 长度缩短

如图 12-2 所示,设有两个观察者分别静止于惯性参考系 S 和 S' 中,S' 系以速度 $\boldsymbol{u}$ 相对 S 系沿 Ox 轴运动。一细棒静止于 S' 系中并沿 Ox' 轴放置。通常,棒的长度应是在同一时刻测得棒两端点的距离,如果 S' 系中观察者测得棒两端点的坐标分别为 x'_1 和 x'_2,则棒长为 $l' = x'_2 - x'_1$。通常把观察者相对棒静止时所测得的棒长度称为棒的固有长度(或称为本征长度)l_0,在此处 $l' = l_0$,而 S 系中的观察者则认为棒相对 S 系运动,并同时测得其两端点的坐标分别是 x_1 和 x_2,即棒的长度表示为 $l = x_2 - x_1$。利用洛伦兹变换式(12-6),有

$$x'_1 = \gamma(x_1 - ut_1)$$

$$x'_2 = \gamma(x_2 - ut_2)$$

同时有 $t_1 = t_2$,即上两式相减可得

$$x'_2 - x'_1 = \gamma(x_2 - x_1)$$

即 S 系观察者获得的木棒长度为

$$l = l'\sqrt{1-\beta^2} = l_0\sqrt{1-\beta^2} \tag{12-10}$$

由于 $\sqrt{1-\beta^2} < 1$,故可知 $l < l'$。这就说明,从 S 系测得运动细棒的长度 l 要比从相对细棒静止的 S' 系中所测得的长度 l' 缩短 $\sqrt{1-\beta^2}$ 倍。物体的这种沿运动方向发生的长度收缩称为洛伦兹收缩。容易证明,若棒静止于 S 系中,则从 S' 系测得棒的长度,也只有其固有长度的 $\sqrt{1-\beta^2}$ 倍。

我们知道在经典物理学中棒的长度是绝对的,与惯性系的运动无关,而在相对论时空观中,物体的空间距离由其运动状态决定。这意味同一物体相对不同的观察者由于运动状态的不同会占据不同的空间距离。我们知道物质的运动状态是依赖具体的参考系的,因此,脱

离具体的参考系来讨论物体的空间距离将得不到任何结论。

例 1 设想有一光子火箭，相对地球以速率 $v=0.95c$ 作直线运动。若以火箭为参考系测得火箭长为 15m。问以地球为参考系，此火箭有多长？

解 由式(12-10)有

$$l=l_0\sqrt{1-\beta^2}=l_0\sqrt{1-\left(\frac{u}{c}\right)^2}=15\sqrt{1-0.95^2}=4.68\text{m}$$

即从地球测得光子火箭的长度只有 4.68m。

12.1.3.3 时间的相对性(时间延缓)

在狭义相对论中，如同长度不是绝对的那样，时间间隔也不是绝对的。设在 S' 系中有一只静止的钟，有两个事件先后发生在同一地点 x'，此钟记录的时刻分别为 t_1' 和 t_2'，于是在 S' 系中的钟所记录两事件的时间间隔为 $\Delta t'=t_2'-t_1'$，常称为固有时 Δt_0。而在相对 S' 系速率 u 沿 xx' 轴运动的 S 系中的钟所记录的时刻分别为 t_1 和 t_2，即钟所记录两事件的时间间隔为 $\Delta t=t_2-t_1$，Δt 称为运动时。根据洛伦兹变换式(12-7)可得

$$t_1=\gamma\left(t_1'+\frac{ux'}{c^2}\right)$$

$$t_2=\gamma\left(t_2'+\frac{ux'}{c^2}\right)$$

于是 $\Delta t=t_2-t_1=\gamma(t_2'-t_1')=\gamma\Delta t'$

或

$$\Delta t=\frac{\Delta t'}{\sqrt{1-\beta^2}}=\frac{\Delta t_0}{\sqrt{1-\beta^2}} \tag{12-11}$$

由式(12-11)可以看出，由于 $\sqrt{1-\beta^2}<1$，故 $\Delta t>\Delta t'$。即 S 系的钟记录 S' 系内某一地点发生的两个事件的时间间隔，比 S' 系的钟所记录该两事件的时间间隔要长些，由于 S 系以速率 u 沿 xx' 轴方向相对 S' 系运动，因此可以说，运动着的钟走慢了，这就称为**时间延缓**效应。同样，从 S' 系看 S 系里的钟，也认为运动着的 S 系里的钟走慢了。

在经典物理学中，我们把发生两个事件的时间间隔，看作是量值不变的绝对量。与此不同，在狭义相对论中，发生两事件的时间间隔，在不同的惯性系中是不相同的。只有在运动速度远远小于光速的情况下，即 $\beta\ll1$ 时，$\Delta t'\approx\Delta t$。所以在低速运动情况下是很难感受到时间延缓效应的。总之，狭义相对论指出了时间和空间的量度与参考系的选择有关。

例 2 设想有一光子火箭以 $v=0.95c$ 的速率相对地球作直线运动。若火箭上宇航员的计时器记录他观测星云用去 10min，则地球上的观察者测得此事件用去了多少时间？

解 由式(12-11)可得

$$\Delta t=\frac{\Delta t'}{\sqrt{1-\beta^2}}=\frac{\Delta t'}{\sqrt{1-\left(\frac{u}{c}\right)^2}}=\frac{10\text{min}}{\sqrt{1-0.95^2}}=32.01\text{min}$$

即地球上的计时器记录宇航员观测星云用去了 32.01min，似乎是运动的钟走慢了。

12.1.4 狭义相对论动力学基础

相对性原理要求物理定律在所有惯性系具有相同的形式，描述物理定律的方程式应是

满足洛伦兹变换的不变式。这样,描述粒子动力学的物理量,如动量、能量、质量等,都必须重新定义,并且要求它们在低速近似下过渡到经典力学中相对应的物理量。

12.1.4.1 质速关系

按照牛顿力学理论,质量为 m 的物体在不变的外力作用下从静止开始作匀加速直线运动,加速度为 $a=F/m$。经过时间 t,物体的速度将变为 $v=at=Ft/m$。可以设想,如果 F 持续作用足够长的时间,那么物体的速度完全有可能超过光速。显然这有悖于相对论的结论。事实上,至今我们还没发现有超光速的客体存在。看来牛顿力学确实存在问题,问题究竟出在哪儿呢?

问题出在物体的质量 m 上,按照经典力学理论,质量是一个不变量,与物体的运动无关。然而相对论却不这么认为。根据动量守恒定律以及相对论速度变换关系可以证明(证明从略),物体的质量与物体的运动速度有关,它们的关系为

$$m=\frac{m_0}{\sqrt{1-\left(\frac{v}{c}\right)^2}}=m_0\gamma \tag{12-12}$$

式(12-12)称为**质速关系式**。式中 m_0 是物体相对于惯性系静止时的质量,称为**静质量**。质量 m 则是一个与物体运动速度 v 有关的量,称作**相对论性质量**。速度越大,相对论性质量就越大。相对论质速关系式揭示了物体与运动的不可分割性。

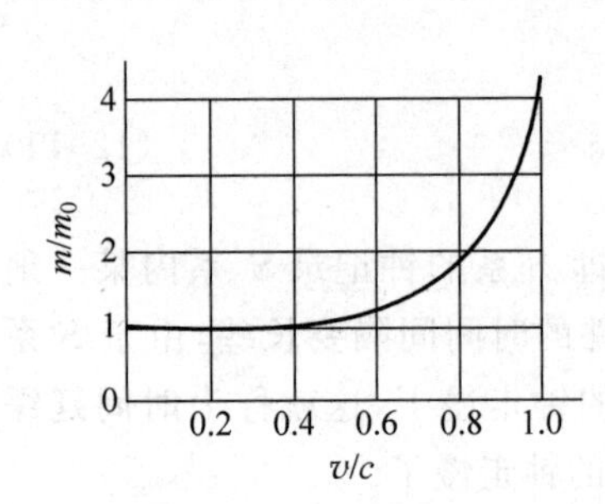

图 12-3 质量的相对性

式(12-12)所表达的质量的相对性可用图 12-3 示出。由图看出,只有当物体的速度接近光速时,质量才有明显的增加。在地球上,一般宏观物体的速度远小于光速,因此运动物体的质量变化甚微,可不予考虑。例如,宇宙速度的数量级是 $10^4\,\mathrm{m\cdot s^{-1}}$,光速的数量级是 $10^8\,\mathrm{m\cdot s^{-1}}$,由式(12-12)估算出质量增量的数量级仅为 $10^{-9}m_0$。但一些微观粒子的实验中,粒子的速度常达到接近于光速,这时就必须考虑质量的变化。近年来,在高能物理实验中,质子的质量比已达到 $m/m_0=200$,电子在加速器中的质量比已达到 $m/m_0=40000$。

至于动量,我们仍可沿用牛顿关于质点的动量定义 $\boldsymbol{p}=m\boldsymbol{v}$,只是其中的质量 m 是一个与运动有关的量。相对论中的动量为

$$\boldsymbol{p}=\frac{m_0\boldsymbol{v}}{\sqrt{1-\left(\frac{v}{c}\right)^2}}=m_0\boldsymbol{v}\gamma \tag{12-13}$$

式(12-13)称为**相对论性动量**表达式。

12.1.4.2 狭义相对论力学的基本方程

在相对论力学中,仍可沿用质点的动量变化率来定义质点所受的作用力,即

$$\boldsymbol{F}=\frac{\mathrm{d}\boldsymbol{p}}{\mathrm{d}t}=\frac{\mathrm{d}}{\mathrm{d}t}(m\boldsymbol{v})=\frac{\mathrm{d}}{\mathrm{d}t}\left(\frac{m_0\boldsymbol{v}}{\sqrt{1-v^2/c^2}}\right) \tag{12-14}$$

上式为**相对论力学的基本方程**。显然,若作用在质点系上的合外力为零,则系统的总动量应当不变,为一守恒量。由相对论性动量表达式可得系统的动量守恒定律为

$$\sum \boldsymbol{p}_i = \sum m_i \boldsymbol{v}_i = \sum \frac{m_{0i}}{\sqrt{1-(v/c)^2}} \boldsymbol{v}_i \text{ 为常矢量} \tag{12-15}$$

当质点的运动速度远小于光速,即 $v/c \ll 1$ 时,式(12-14)可写成

$$\boldsymbol{F} = \frac{\mathrm{d}(m_0 \boldsymbol{v})}{\mathrm{d}t} = m_0 \frac{\mathrm{d}\boldsymbol{v}}{\mathrm{d}t} = m_0 \boldsymbol{a}$$

这正是经典力学中的牛顿第二定律。这表明,在物体的速度远小于光速的情形下,相对论性质量 m 与静质量 m_0 一样,可视为常量,牛顿第二定律的形式 $\boldsymbol{F}=m_0\boldsymbol{a}$ 是成立的。同样在 $v/c \ll 1$ 情形下,系统的总动量亦可由式(12-15)写成

$$\sum \boldsymbol{p}_i = \sum m_i \boldsymbol{v}_i = \sum \frac{m_{0i}}{\sqrt{1-(v/c)^2}} \boldsymbol{v}_i = \sum m_{0i} \boldsymbol{v}_i \text{ 为常矢量}$$

由上式可以明显看到,这正是经典力学的动量守恒定律。

总之,相对论性的动量概念、质量概念,以及相对论的力学方程式(12-14)和动量守恒定律式(12-15)具有普遍的意义,而牛顿力学则只是相对论力学在物体低速运动条件下的很好的近似。

12.1.4.3 质能关系

由相对论力学的基本方程式(12-14)出发,可以得到狭义相对论中另一个重要的关系式——质量与能量关系式,该式为

$$mc^2 = E_\mathrm{k} + m_0 c^2 \tag{12-16}$$

爱因斯坦对式(12-16)作出了具有深刻意义的说明:他认为 mc^2 是质点运动时具有的**总能量**,而 m_0c^2 为质点静止时具有的**静能量**。这样,式(12-16)表明质点的总能量等于质点的动能和其静能量之和,或者说,质点的动能是其总能与静能量之差。从相对论的观点来看,质点的能量等于其质量与光速的二次方的乘积,如以符号 E 代表质点的总能量,则有

$$E = mc^2 \tag{12-17}$$

式(12-17)就是**质能关系式**。它是狭义相对论的一个重要结论,具有重要的意义,式(12-17)指出,质量和能量这两个重要的物理量之间有着密切的联系。如果一个物体或物体系统的能量有 ΔE 的变化,则无论能量的形式如何,其质量必有相应的改变,其值为 Δm。由式(12-17)可知,它们之间的关系为

$$\Delta E = (\Delta m)c^2 \tag{12-18}$$

质能关系式建立了经典力学中两条孤立的守恒定律——质量守恒定律和能量守恒定律的联系。在相对论中,质量的概念不独立存在,质量守恒定律和能量守恒定律统一为**质能守恒定律**,简称**能量守恒定律**。在能量较高情况下,微观粒子(如原子核、基本粒子等)相互作用,导致分裂、聚合等反应过程。反应前粒子的静质量和反应后生成物的总静质量之差,称为**质量亏损**。质量亏损对应的能量称为**结合能**,通常称为**原子能**。以原子核裂变和聚变为例,1 克 $^{225}\mathrm{U}$ 能够释放出的裂变能量约为 $8.2\times10^{10}\,\mathrm{J}$,1 克氘和氚发生聚变时,释放的能量为上述裂变能量的 3.5 倍。原子能发电,原子弹、氢弹的成功都是质能关系的应用成果,同时也是对相对论的重要检验。

12.1.4.4　动量和能量的关系

相对论性动量 p、静止能量 E_0 和总能量 E 之间的关系非常简单,下面我们给出这一关系。

根据质速关系式 $m=\dfrac{m_0}{\sqrt{1-\left(\dfrac{v}{c}\right)^2}}$,有

$$m^2c^2-m^2v^2=m_0^2c^2$$

因此 $E^2=m^2c^4=m^2v^2c^2+m_0^2c^4$,由此得到相对论总能量与动量关系为

$$E^2=E_0^2+p^2c^2 \tag{12-19}$$

这就是**相对论动量和能量的关系式**。

有些粒子,如光子,静质量 $m_0=0$,则由 $E=pc$ 或 $p=\dfrac{E}{c}$,得到

$$p=\frac{E}{c}=\frac{mc^2}{c}=mc$$

说明静质量为零的粒子一定以光速运动。

12.2　光的量子性

12.2.1　黑体辐射　普朗克量子假设

12.2.1.1　黑体热辐射

实验发现:任何物体在任何时刻、任何情况下均不断地向外辐射出电磁波。因这种辐射与温度有关,故称为**热辐射**。一切物体在向外界发射辐射能的同时也吸收周围物体放出的辐射能。如果物体在辐射过程中,在任何温度下,全部吸收投射到其表面上的各种波长的辐射能,即不反射也不透射,我们称这样的物体为**绝对黑体**,简称**黑体**。黑体只是一种理想模型,研究黑体辐射可以实现对辐射的定量研究。在定量介绍热辐射的基本定律之前,先说明一下有关的物理量。

1. **单色辐射出射度** $M_\lambda(\lambda,T)$指在温度 T 下,单位时间内从黑体单位面积上发出的波长在附近 λ 单位波长间隔内的辐射能量(简称为**单色辐出度**)。

2. **辐射出射度** $M(T)$指在一定温度下,每单位时间内,从黑体单位表面积上辐射的各种波长的总能量(简称**总辐出度**)。

黑体是完全的吸收体,因此也是理想的发射体,同时其辐射本领只取决于黑体的温度而与组成黑体的物质无关,所以我们把它作为研究热辐射的理想模型。在实验室里,黑体模型是这样制成的:用不透明的绝热材料制成封闭空腔,在腔壁上开一小孔,则射入小孔的辐射很难有机会再从小孔射出,空腔小孔就成了能完全吸收各种波长入射电磁波的黑体,如图 12-4 所示。若将空腔加热到不同温度,小孔就成为不同温度下的黑体,用分光技术测出它辐射出的电磁波的能量按波长的分

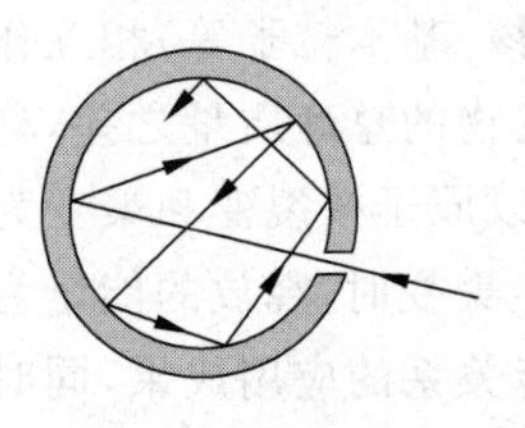

图 12-4　黑体模型

布，就可以得到黑体辐射的实验规律。由此可总结黑体辐射的两条实验规律。

1）斯特藩-玻耳兹曼定律

斯特藩和玻耳兹曼分别在实验和理论上证明：温度为 T 的黑体的辐射出射度与温度的四次方成正比，即

$$M(T)=\int_0^{\infty} M_\lambda(\lambda,T)\mathrm{d}\lambda=\sigma T^4$$

式中，σ 称为斯特藩常量，$\sigma=5.67\times10^{-8}\,\mathrm{W\cdot m^2\cdot K^{-4}}$。

2）维恩位移定律

黑体单色辐射出射度的极值波长 λ_m 与黑体温度之积为常数，即

$$T\lambda_m=b$$

式中，$b=2.898\times10^{-3}\,\mathrm{m\cdot K}$ 为**维恩常数**，该定律为**维恩定律**。

斯特藩-玻耳兹曼定律和维恩位移定律是以经典物理学中的理论为基础的。这两个定律很有实用价值，例如：从太阳光谱测出太阳的 $\lambda_m\approx0.49\mu\mathrm{m}$，可由 $T\lambda_m=b$ 算出太阳表面温度约为 5900K；又如由地面温度 $T\approx300\mathrm{K}$ 可算出地面辐射的峰值波长在红外波段，从而地球卫星可利用红外遥感技术对地球进行资源、地质考察等。

要从理论上解释黑体辐射定律，就必须从理论上找出黑体的单色辐射出射度 $M_\lambda(\lambda,T)$ 与 λ、T 的具体函数形式。19 世纪末，许多物理学家在经典物理学的基础上找这一关系式，结果都失败了，其中最经典的是维恩和瑞利-金斯理论公式。

1）维恩公式

在 1896 年维恩基于经典统计理论，导出了黑体单色辐射出射度的数学表达式为

$$M_\lambda(T)=\frac{C_1}{\lambda^5}\mathrm{e}^{-\frac{C_2}{\lambda T}}$$

式中，C_1，C_2 为常数，这就是维恩公式。维恩公式在短波段与实验相符，当波长较长时与实验偏差较大，如图 12-5 所示。

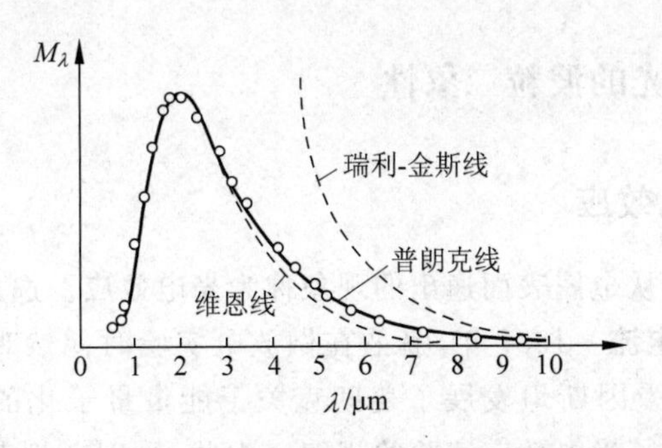

图 12-5　黑体辐射实验数据与经验公式的对比曲线

注：图中的圆点为实验值

2）瑞利-金斯公式

瑞利和金斯从经典动力学和统计物理理论出发，利用能量均分定理得到单色辐射出射度为

$$M_\lambda(T)=\frac{2\pi}{\lambda^4}kT\cdot c$$

式中，$k=1.380658\times10^{-23}\,\mathrm{J\cdot K^{-1}}$ 为玻耳兹曼常数，$c=3\times10^8\,\mathrm{m\cdot s^{-1}}$ 为真空中的光速。

瑞利-金斯线在长波段与实验符合得特别好，在短波段与实验有明显区别。特别是当波长趋于零时，辐射出射度趋于无穷大，在历史上称为“紫外灾难”。

12.2.1.2 普朗克量子假设

为了得到与实验曲线相吻合的表达式，德国物理学家普朗克(Planck)在维恩公式和瑞利-金斯公式的基础上使用内插法得到一个公式，即

$$M_\lambda(\lambda, T) = 2\pi hc^2\lambda^{-5}(e^{-\frac{hc}{k\lambda T}} - 1)^{-1} \tag{12-20}$$

式中，$h=6.63\times10^{-34}\,\mathrm{J\cdot s}$ 为普朗克常量。

根据普朗克公式(12-20)所画出的曲线与实验曲线吻合得非常好，如图 12-5 所示。普朗克认为公式与实验数据如此符合绝非偶然，公式本身一定蕴涵着尚不为人所知的新概念和新理论。为了从理论上推导出式(12-20)，他首次提出了**能量子假设**。内容如下：

(1) 黑体是由带电谐振子组成的。这些谐振子的能量只能处于一系列分立值($\varepsilon_0, 2\varepsilon_0, 3\varepsilon_0, \cdots, n\varepsilon_0$)的特定状态。

(2) 存在的最小能量 ε_0 称为能量子，能量子与谐振子的最小固有振动频率 ν_0 成正比：$\varepsilon_0=h\nu_0$。式中 h 称为作用量子，即普朗克常量。

(3) 当黑体辐射或吸收能量时，只能按能量子 ε_0 的整数倍一份一份地辐射或吸收。

由能量子假设可以直接推出黑体辐射的普朗克公式和两条实验定律(斯特藩-玻耳兹曼定律和维恩位移定律)，从而解决了黑体辐射理论与实验不相符合的矛盾，同时也揭示出了经典物理处理黑体辐射问题失败的原因在于经典理论中的“辐射能量连续分布”的观念。

能量子假设首次提出了原子振动能量只能取一系列分立值的能量量子化观念。这是与经典物理格格不入的崭新概念，为了纪念普朗克的开创精神，人们称普朗克为量子之父。为了表彰普朗克对建立量子论的贡献，1918 年他被授予诺贝尔物理学奖。

12.2.2 光电效应　光的波粒二象性

12.2.2.1 光电效应

在光的照射下，电子从金属表面逸出的现象称为**光电效应**。逸出的电子称为**光电子**，由光电子形成的电流叫**光电流**。1887 年，赫兹在做放电实验时偶然观察到光电效应现象，直到 18 年以后(1905 年)，爱因斯坦发展了普朗克关于能量量子化的假设，提出了光量子概念，从理论上成功地说明了光电效应实验的规律。为此，爱因斯坦获得了 1921 年诺贝尔物理学奖。

从光电效应实验中可归纳出三条规律：

(1) 对某一种金属来说，只有当入射光的频率大于某一频率 ν_0 时，电子才能从金属表面逸出，电路中才有光电流。这个频率 ν_0 叫做**截止频率**(也称**红限频率**)。如果入射光的频率 ν 小于截止频率(即 $\nu<\nu_0$)，那么，无论光的强度有多大，都没有光电子从金属表面逸出。

(2) 用不同频率的光照射金属的表面时，只要入射光的频率 ν 大于截止频率，遏止电势

差(对应于光电子动能的最大值)与入射光频率就具有线性关系,如图 12-6 所示。

(3) 无论入射光的强度如何,只要其频率大于截止频率,**则当光照射到金属表面上时,几乎立即就有光电子逸出**。根据测量,从光开始照射金属表面,到光电子首次被发射出来,其时间间隔不超过 10^{-9}s。这就是常说的光电效应的**瞬时性**。

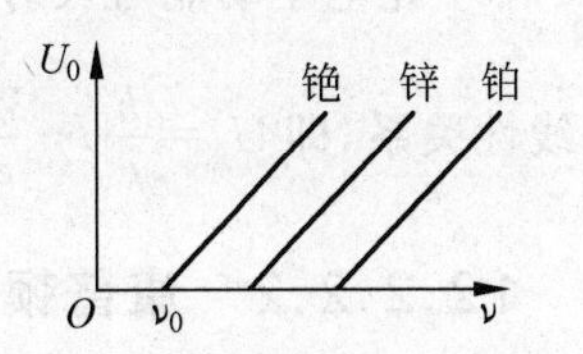

图 12-6　遏止电势差 U_0 与入射光频率之间的关系

用经典物理中光的电磁波理论说明光电效应的实验规律时,遇到很大困难。主要表现在,按照经典理论,无论何种频率的入射光,只要其强度足够大,就能迫使电子具有足够的能量逸出金属。然而实验却指出,若入射光的频率小于截止频率,无论其强度有多大,都不能产生光电效应。此外,按照经典理论,电子逸出金属所需的能量,需要有一定的时间来累积,一直累积到足以使电子逸出金属表面为止。然而,实验却指出,光的照射和光电子的释放,几乎是同时发生的。在 10^{-8}s 这一测量精度范围内观察不到这种滞后现象,即光电效应可认为是"瞬时的"。

为了解决光电效应的实验规律与经典物理理论的矛盾,1905 年爱因斯坦提出了**光量子假说**。内容如下:

(1) 光是由在真空中以光速 c 传播的光子组成的粒子流;

(2) 每个光子的能量为 $\varepsilon=h\nu$,式中 h 为普朗克常量,ν 为光的频率;

(3) 光强即光子的能流密度 $I=Nh\nu$,式中 N 为单位时间内通过垂直于光传播方向上单位面积的光子数。

按照爱因斯坦的光子假设,对于单个光子来说,其能量取决于频率,而对一束光来说,其能量既与频率有关,又与光子数有关。

爱因斯坦将光电效应归结为电子吸收入射光子的过程。即:用频率为 ν 的单色光照射金属表面时,一个光子被一个电子吸收而使电子能量增加 $h\nu$。能量增大的电子,将其能量的一部分用于脱离金属表面时所需的**逸出功** W,另一部分则成为电子离开金属表面后的最大初动能。由能量守恒与转化定律有

$$h\nu = W + \frac{1}{2}mv^2 \tag{12-21}$$

式中,$\frac{1}{2}mv^2$ 为光电子的初动能。式(12-21)称为**光电效应的爱因斯坦方程**。由爱因斯坦方程可知:

(1) 当入射光子的能量 $h\nu$ 小于逸出功 W 时,电子无法获得足够的能量脱离金属表面;只有当 $h\nu\geqslant W$ 时,才会产生光电效应。恰好产生光电效应的入射光频率为

$$\nu_0 = \frac{W}{h} \tag{12-22}$$

所以,只要 $\nu>\nu_0$,电子就会从金属中释放出来而不需要累积能量的时间,光电效应是瞬时发生的。

(2) 对于频率为 ν 的光,其强度($I=Nh\nu$)与光子数成正比。当入射光强度较强时,因为单位时间内到达金属板的光子数较多,所以获得能量而逸出的电子数也多,因此饱和电流就大。

(3) 光电子动能与入射光的频率成线性关系,由$\frac{1}{2}mv^2=eU_0$,可得遏止电势差与频率也成线性关系,即$U_0=\frac{h}{e}\nu-\frac{W}{e}$。

12.2.2.2 康普顿效应

1923 年,康普顿(A. H. Compton)发现,当单色 X 射线被物质散射时,散射线中除了有波长与入射线相同的成分外,还有波长较长的成分。这种波长变长的散射称为**康普顿散射**,或称为**康普顿效应**。图 12-7(a)是测量康普顿散射的实验装置。

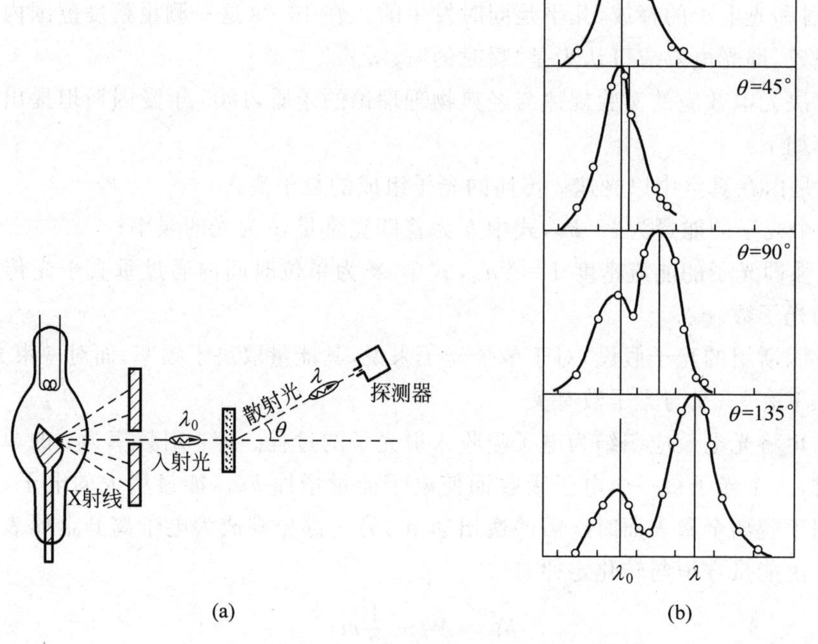

图 12-7 测量康普顿散射的实验装置及实验结果
(a) 散射实验装置;(b) 散射的波长随偏转角的变化

根据经典电磁理论,若把入射 X 光看成是波动的,就无法解释这种散射现象。如果把 X 光当做粒子,当它与物质中的电子相互作用过程中表现出粒子一样的性质,具有能量和动量,遵循粒子的能量和动量守恒定律,这样就能解释康普顿效应。根据光子与电子碰撞时动量和能量守恒的原理,散射光的波长改变

$$\Delta\lambda=\lambda-\lambda_0=\frac{h}{mc}(1-\cos\theta)=2\lambda_c\sin^2\frac{\theta}{2} \tag{12-23}$$

式(12-23)称为**康普顿散射公式**,式中,$\lambda_c=h/mc=0.024262\text{Å}$ 称为**康普顿波长**。公式表明,波长的偏移量 $\Delta\lambda$ 与散射物质以及入射 X 射线的波长无关,只取决于散射角 θ 的大小。随着散射角 θ 的增大,$\Delta\lambda$ 将随之增大,如图 12-7(b)所示。

康普顿效应的发现不仅有力地证实了光子学说的正确性,同时也证实了在微观粒子的

相互作用过程中，同样是严格地遵循能量守恒定律和动量守恒定律的。

12.2.2.3　光的波粒二象性

从黑体辐射到光电效应，再到康普顿效应，这些实验都显示了光具有粒子性。而前面章节所讲述的光的干涉、衍射和偏振现象，又明显地体现出光的波动性。所以说，**光既有波动性，又具有粒子性，即光具有波粒二象性**。一般来说，光在传播过程中，波动性表现比较显著；当光与物质相互作用时，粒子性表现比较显著。光所表现的这两重性质，反映了光的本性。一般来说，频率越高、波长越短、能量越大的光子，它的粒子性越显著。而频率越低、波长越长、能量越小的光子，它的波动性越显著。

由

$$\left.\begin{aligned} E &= h\nu = \frac{hc}{\lambda} \\ m &= \frac{E}{c^2} = \frac{h\nu}{c^2} = \frac{h}{c\lambda} \\ p &= mc = \frac{h\nu}{c} = \frac{h}{\lambda} \end{aligned}\right\} \tag{12-24}$$

式(12-24)将描述光子粒子性的物理量 E、m、p 与描述光子波动性的物理量 ν、λ 定量地联系了起来。

例 1　波长为 450nm 的单色光射到金属钠的表面上。已知钠的逸出功是 2.28eV。

求：(1) 这种光的光子的能量和动量；

(2) 光电子逸出钠表面时的动能；

(3) 若光子的能量为 2.40eV，其波长为多少？

解　(1) 由式(12-24)得

$$E = h\nu = \frac{hc}{\lambda} = 4.42\times10^{-19}\text{J} = 2.76\text{eV}$$

$$p = \frac{h\nu}{c} = \frac{E}{c} = 1.47\times10^{-27}\text{kg}\cdot\text{m}\cdot\text{s}^{-1} = 2.76\text{eV}\cdot c^{-1}$$

(2) 由式(12-21)得，

$$h\nu = W + \frac{1}{2}mv^2$$

$$E_k = \frac{1}{2}mv^2 = h\nu - W = (2.76-2.28)\text{eV} = 0.48\text{eV}$$

(3) 由 $E=\frac{hc}{\lambda}$ 得，

$$\lambda = \frac{hc}{E} = 518\text{nm}$$

12.2.3　玻尔的氢原子理论

实验表明，原子光谱是一系列分立的线状光谱。原子光谱的实验规律确定之后，许多人尝试为原子的内部结构建立一个模型，以解释光谱的实验规律。比如，1912 年卢瑟福根据 α 粒子散射实验结果建立了原子的有核模型。原子的中心有一带正电荷的原子核，其线度不

超过 10^{-15} m,却几乎集中了原子的全部质量,原子核外有等量的带负电的电子,它们围绕着原子核运动。从经典电磁学来看,电子绕核的加速运动应该产生电磁辐射,所辐射的电磁波的频率等于电子绕核转动的频率。由于电子辐射电磁波,电子能量逐渐减少,运动轨道越来越小,相应的转动频率越来越高。因而结论是原子光谱应该是连续的,原子一般处于某一不稳定状态。这与原子是稳定的、发射线状光谱的实验事实完全不相符。

由于经典物理理论不能正确解释氢原子光谱的实验规律,1913 年玻尔在卢瑟福原子结构行星模型、普朗克能量子假设和爱因斯坦光子理论的基础上,提出了一个以三条基本假设为基础的新氢原子模型,下面介绍一下三条基本假设。

(1) 定态假设:原子只能够处于一系列具有分立能量的状态。在这些状态中,电子绕核运动但不辐射能量,称为**定态**。

(2) 轨道角动量量子化假设:定态与电子绕核运动的一系列分立轨道相对应。在这些轨道上,电子的轨道角动量只能是 $h/2\pi$ 的整数倍。

$$L = rmv = n\frac{h}{2\pi} = n\hbar \tag{12-25}$$

式中,$n=1,2,3,\cdots$,称为**量子数**;$\hbar=\dfrac{h}{2\pi}=1.05\times10^{-34}\,\text{J}\cdot\text{s}$。式(12-25)称为**轨道角动量量子化条件**。

(3) 跃迁条件:原子体系在两个定态之间发生跃迁时,要发射或吸收电磁波,其发射或吸收的辐射频率由两定态的能量差决定,即

$$h\nu = E_n - E_k \tag{12-26}$$

式(12-26)称为**频率条件**。

由玻尔的轨道角动量量子化条件和库仑定律、牛顿定律可得氢原子的轨道半径和系统的能量①

$$\begin{cases} r_n = \dfrac{n^2\varepsilon_0 h^2}{\pi m e^2} = n^2 r_1 \\ E_n = -\dfrac{me^4}{8\varepsilon_0^2 h^2 n^2} = \dfrac{1}{n^2}E_1 \end{cases} \quad (n = 1,2,3,\cdots) \tag{12-27}$$

其中,$r_1=0.53\,\text{Å}$,称为**玻尔半径**;$E_1=-\dfrac{me^4}{8\varepsilon_0^2h^2}\approx-13.6\,\text{eV}$ 为氢原子的**基态能量**(也称为**电离能**)。我们把 $n=1$ 的定态叫做氢原子的**基态**,其余定态叫做**激发态**。式(12-27)给出了一系列氢原子定态能量,称为氢原子的**能级**。

氢原子在两能级之间跃迁,释放的光子的频率为

$$\nu = \frac{E_n - E_k}{h} = R\left(\frac{1}{k^2} - \frac{1}{n^2}\right) \tag{12-28}$$

式中,

$$R = \frac{me^4}{8\varepsilon_0^2 h^3 c} = 1.097373\times10^7\,\text{m}^{-1} \tag{12-29}$$

为**里德伯常数**。

---

① 具体推导过程可参考徐行可主编《大学物理教程》(西南交通大学出版社,2007 年)

玻尔理论是半经验理论，在经典理论的基础上加上一个量子化条件，不自成体系。因此玻尔氢原子理论和普朗克量子假设、爱因斯坦光子理论一起组成旧量子论，为后来量子力学的建立打下了坚实的基础。玻尔理论中关于定态、能级、跃迁等概念在量子力学中仍然是正确的。

12.3　量子力学基本原理

12.3.1　德布罗意波　实物粒子的二象性

我们已经知道光具有波粒二象性：光的干涉、衍射和偏振现象证明光具有波动性；而光电效应和康普顿效应则说明光具有粒子性。法国物理学家德布罗意则大胆假设所有的物质都具有波粒二象性，因此提出了物质波的理论。德布罗意认为，假设一个质量为 m，以速度 v 运动的粒子，既有能量 E、动量（粒子性）p；又有波长 λ、频率（波动性）ν。它的能量 E 与频率 ν、动量 p 与波长 λ 之间的关系，和光子的能量、动量公式(12-24)相类似，即

$$E = h\nu, \quad p = \frac{h}{\lambda}$$

按照德布罗意假设，实物粒子的波长为

$$\lambda = \frac{h}{p} \tag{12-30}$$

式中，$h=6.63\times10^{-34}\,\text{J}\cdot\text{s}$ 为普朗克常数，这种波称为**德布罗意波**，或者叫**物质波**。式(12-30)称为**德布罗意公式**。应当指出，实物粒子的波动性和粒子性是统一在实物个体上的，也就是说实物个体具有波粒二象性。

德布罗意假设很快就被实验证实了。1927 年，美国物理学家戴维孙-革末实验以及汤姆孙实验都证明电子具有晶体衍射图案。1961 年约翰孙也通过实验证实电子具有单缝衍射图案。电子能够进行衍射，说明电子也具有波动的形态。此后，物理学家陆续证实质子、中子以及原子甚至分子等微观粒子都具有波动性，这就说明波动性是粒子自身固有的属性。而德布罗意公式正是反映实物粒子波粒二象性的基本公式。

德布罗意波的意义还在于：它强调了物质运动的概率性，即粒子在某处出现的可能性取决于其德布罗意波的强度。我们已经知道关于光的衍射，在衍射图案中，亮条纹意味着光波在该处的波强极大，那么单位时间内到达该处的光量子数就多。对于微观粒子也是如此，波强大的地方，粒子出现的概率就大，反之出现的可能性就小，我们不能简单地理解为它同一时间只出现在某一点。

微观粒子的波动性在现代科学技术上得到了广泛的应用。由于电子的波长远小于光的波长，因此电子显微镜的分辨率比光学显微镜高。由于技术上的原因，电子显微镜在 1932 年才由德国人鲁斯卡研究成功。1981 年，德国人宾尼西和瑞士人罗雷尔研制出扫描隧道显微镜，分辨率可以达到 0.001nm。它对纳米材料、生命科学和微电子学的发展起到了巨大的促进作用。

例 1 电子经$U_1=100\text{V}$和$U_2=10000\text{V}$的电压加速后,其德布罗意波长分别是多少?

解 经电压加速后,电子的动能为

$$\frac{1}{2}mv^2 = Ue$$

由此得

$$v = \sqrt{2eU/m}$$

由式(12-30)可得

$$\lambda = \frac{h}{mv} = \frac{h}{\sqrt{2emU}} = \frac{1.23}{\sqrt{U}}$$

把已知数据代入上式可得

$$\lambda_1 = 0.123\text{nm},\quad \lambda_2 = 0.0123\text{nm}$$

这两个波长都和X射线的波长相当。由此可见,一般实验室中电子波的波长很短,所以观察电子衍射时就需要利用晶体。

例 2 计算质量$m=0.010\text{kg}$,速率$v=300\text{m}\cdot\text{s}^{-1}$的子弹的德布罗意波长。

解 由式(12-30)可得

$$\lambda = \frac{h}{mv} = \frac{6.63\times10^{-34}}{0.010\times300}\text{m} = 2.21\times10^{-34}\text{m}$$

由此例题可见,在通常情况下,由于普通物质的质量很大,而普朗克常数又非常小,因此宏观上的物质表现出来的波动性几乎观察不到;但在微观世界,粒子的质量非常小,因此波动性非常大。

12.3.2 不确定关系

在经典力学中,质点在任一时刻的位置及动量都可以进行精确的描述或测量。然而在微观状态下,对波动性极为明显的微观粒子来说却做不到,即粒子的坐标和动量不能同时取确定值,存在一个不确定关系。在1927年,海森堡提出了著名的**位置-动量不确定关系**

$$\Delta x\cdot\Delta p_x \geqslant \frac{\hbar}{2} \tag{12-31}$$

其中,$\hbar=\frac{h}{2\pi}=1.05\times10^{-34}\text{J}\cdot\text{s}$,式(12-31)表明,粒子的位置越确定(即$\Delta x$越小),则其动量的不确定性$\Delta p_x$就越大,坐标与动量不能同时确定。对三维运动,不确定关系为

$$\begin{cases}\Delta x\cdot\Delta p_x \geqslant \dfrac{\hbar}{2}\\ \Delta y\cdot\Delta p_y \geqslant \dfrac{\hbar}{2}\\ \Delta z\cdot\Delta p_z \geqslant \dfrac{\hbar}{2}\end{cases}$$

不确定性与测量没有关系,是微观粒子波粒二象性的体现。不确定性的物理根源是粒子的波动性。不确定关系也存在于能量与时间之间。如果微观粒子处于某一能量状态上的时间为Δt,则粒子能量必有一个不确定量ΔE,它们之间的关系为

$$\Delta E\cdot\Delta t \geqslant \frac{\hbar}{2} \tag{12-32}$$

式(12-32)称为微观粒子的**能量-时间不确定关系**。不确定关系是物理学中一个基本规律，通常是用来作数量级估算，所以有时也写成 $\Delta x \cdot \Delta p_x \geqslant \hbar$ 或 $\Delta x \cdot \Delta p_x \geqslant h$ 等形式。

例 1　一电子速率为 $200\mathrm{m \cdot s^{-1}}$，其动量的不确定范围为其动量的 0.01%，则该电子位置的不确定范围有多大？

解　电子动量为

$$p = mv = 9.1 \times 10^{-31} \times 200\mathrm{kg \cdot m \cdot s^{-1}} = 1.8 \times 10^{-28}\mathrm{kg \cdot m \cdot s^{-1}}$$

且动量的不确定范围为

$$\Delta p = 0.01\% \times p = 1.8 \times 10^{-32}\mathrm{kg \cdot m \cdot s^{-1}}$$

则电子位置的不确定范围为

$$\Delta x = \frac{h}{\Delta p} = \frac{6.63 \times 10^{-34}}{1.8 \times 10^{-32}} = 3.7 \times 10^{-2}\mathrm{m}$$

可见，电子的不确定范围远远超过了原子的大小(10^{-10}m)。

12.3.3　波函数　薛定谔方程

12.3.3.1　波函数　概率密度

由于微观粒子的波动属性，它的位置和动量是不可能同时准确确定的，只能按照一定概率大小出现在不同的位置。在量子物理学中引入了**波函数**来描述它概率的大小

$$\Psi(x,t) = \psi_0 \mathrm{e}^{-\mathrm{i}\frac{2\pi}{h}(Et-px)} \tag{12-33}$$

因此，某一时刻出现在某点附近体积元 $\mathrm{d}V$ 中的粒子的概率与 $\Psi^2\mathrm{d}V$ 成正比例。由式(12-33)知，波函数 Ψ 为一复数。而波的强度应为实正数，所以 $\Psi^2\mathrm{d}V$ 应由下式所代替：

$$|\Psi|^2\mathrm{d}V = \Psi\Psi^*\mathrm{d}V$$

式中，Ψ^* 是 Ψ 的共轭复数。$|\Psi|^2$ 为粒子出现在某点附近单位体积元中的概率，称为**概率密度**。因此，德布罗意波也叫做**概率波**。如果空间某处 $|\Psi|^2$ 的值越大，粒子出现在该处的概率也越大，$|\Psi|^2$ 的值越小，则粒子出现在该处的概率就越小。然而，无论 $|\Psi|^2$ 如何小，只要它不等于零，那么粒子总有可能出现在该处。这就是波函数的统计意义。波函数的统计意义是玻恩在 1926 年提出来的，为此，他与德国物理学家博特(W. Bothe，1891—1957)共同获得了 1954 年诺贝尔物理学奖。

由于粒子要么出现在空间的这个区域，要么出现在其他区域，所以某时刻在整个空间内发现粒子的概率为 1，即

$$\int |\Psi|^2\mathrm{d}V = 1 \tag{12-34}$$

式(12-34)叫做**归一化条件**。满足式(12-34)的波函数，叫做**归一化波函数**。

*12.3.3.2　薛定谔方程

在经典力学中，我们可以根据牛顿第二定律来确定质点的运动状态。在量子力学中则具有不同的方法，下面我们介绍量子力学中粒子运动的基本方程。

根据物质波波动方程

$$\Psi(x,t) = \psi_0 \mathrm{e}^{-\mathrm{i}\frac{2\pi}{h}(Et-px)}$$

将该式分别对 x 取二阶偏导,对 t 取一阶偏导得

$$\frac{\partial^2 \Psi}{\partial x^2}=-\frac{4\pi^2 p^2}{h^2}\Psi, \quad \frac{\partial \Psi}{\partial t}=-\frac{\mathrm{i}2\pi p^2}{h}E\Psi \tag{12-35}$$

对自由粒子,其能量等于其动能。当自由粒子的速度远小于光速时,其动量与动能之间的关系为 $p^2=2mE_k$,于是由式(12-35)可得

$$-\frac{h^2}{8\pi^2 m}\frac{\partial^2 \Psi}{\partial x^2}=\mathrm{i}\frac{h}{2\pi}\frac{\partial \Psi}{\partial t} \tag{12-36}$$

这就是作一维运动自由粒子的**薛定谔方程**。

若粒子处于势能为 E_p 的势场中,其能量为 $E=E_p+\frac{p^2}{2m}$,代入式(12-36)得

$$-\frac{h^2}{8\pi^2 m}\frac{\partial^2 \Psi}{\partial x^2}+E_p\Psi=\mathrm{i}\frac{h}{2\pi}\frac{\partial \Psi}{\partial t} \tag{12-37}$$

这就是在势场中作一维运动粒子的薛定谔方程。

在某些情况下,微观粒子的势能仅仅是空间坐标的函数,与时间无关。在这种情况下,波函数可以写成

$$\Psi(x,t)=\psi(x)\varphi(t)=\psi_0(x)\mathrm{e}^{-\mathrm{i}\frac{2\pi}{h}Et}$$

其中,$\psi(x)=\psi_0\mathrm{e}^{-\mathrm{i}\frac{2\pi}{h}px}$,将此公式代入式(12-37)得

$$\frac{\mathrm{d}^2\psi(x)}{\mathrm{d}x}+\frac{8\pi^2 m}{h^2}(E-E_p)\psi(x)=0 \tag{12-38}$$

由于在这种情况下,波函数只是空间坐标的函数,与时间无关。因此式(12-38)又被称为势场中作一维运动粒子的**定态薛定谔方程**。

若粒子在三维势场中运动,则可以将式(12-38)改写为

$$\nabla^2\psi+\frac{8\pi^2 m}{h^2}(E-E_p)\psi=0 \tag{12-39}$$

其中,∇^2 是拉普拉斯算符,且 $\nabla^2=\frac{\partial^2}{\partial x^2}+\frac{\partial^2}{\partial y^2}+\frac{\partial^2}{\partial z^2}$。

薛定谔方程是量子力学中的基本方程,由此方程得出的理论结果与实验结果符合得非常好。

*12.3.4 薛定谔方程的简单应用

就本课程而言,对一维势阱中的粒子运动问题的讨论,是应用定态薛定谔方程的一个简明例子,有助于加深对能量量子化和薛定谔方程意义的理解。

如图 12-8 所示,有一粒子处于势能为 E_p 的场中,沿 x 轴作一维运动。同时,粒子满足边界条件:

(1) 当粒子在 $0<x<a$ 的范围内时,$E_p=0$;

(2) 当 $x\leqslant 0$ 及 $x\geqslant a$ 时,$E_p\to\infty$。

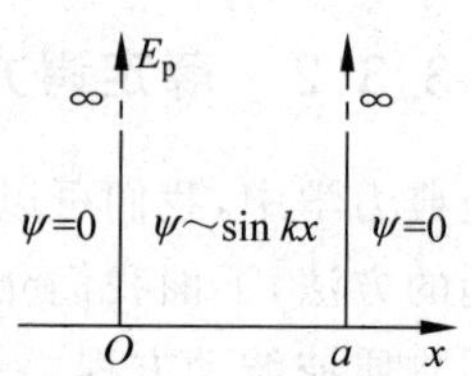

图 12-8 一维无限深势阱中的粒子

粒子在一维无限深势阱中的定态薛定谔方程为

$$\frac{d^2\psi}{dx}+\frac{8\pi^2 m}{h^2}E\psi=0$$

其通解为 $\psi(x)=A\sin kx$，其中 $k=\sqrt{\frac{8\pi^2 mE}{h^2}}$。

根据边界条件：$x=a$ 时，$\psi(a)=0$。此时有 $\psi(a)=A\sin ka=0$，因此，$ka=n\pi$，$n=1,2,3,\cdots$，于是 $k=\frac{n\pi}{a}$。由此可得粒子在一维无限深势阱中的能量值为

$$E=n^2\frac{h^2}{8ma^2}$$

n 称为**量子数**。上式表明粒子的能量只能取离散的值，或者说是量子化的。$n=1$ 时，势阱中粒子的能量为 $E_1=\frac{h^2}{8ma^2}$，$n=2,3,4,\cdots$ 时，粒子的能量分别为 $4E_1,9E_1,16E_1,\cdots$，如图 12-9 所示。这就是说，一维无限深方势阱中粒子的能量是量子化的。由此可见，能量量子化乃是物质波粒二象性的自然结论，而不像初期量子论那样，需以人为假定的方式引入。

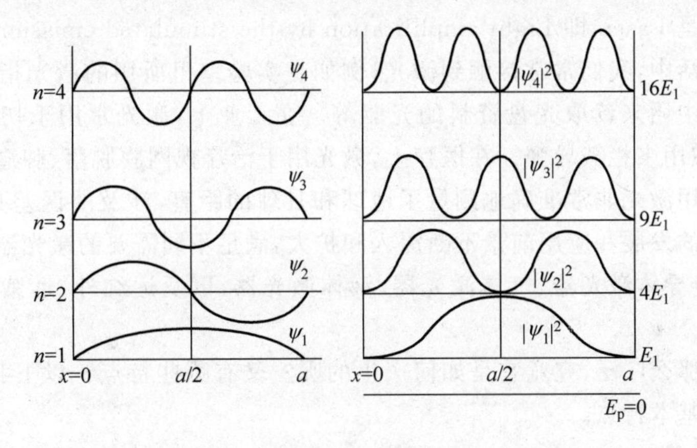

图 12-9　粒子的能级、波函数的概率密度

下面再来确定常数 A。由于粒子被限制在 $x>0$ 和 $x<a$ 的势阱中，因此，按照归一化条件，粒子在此区间出现的概率总和应等于 1，即

$$\int|\Psi|^2\mathrm{d}V=1$$

于是有

$$A^2\int_0^a\sin^2\frac{n\pi}{a}x\,\mathrm{d}x=1$$

解得

$$A=\sqrt{\frac{2}{a}}$$

由此得一维无限深势阱波函数为

$$\psi(x)=\sqrt{\frac{2}{a}}\sin\frac{n\pi}{a}x,\quad 0\leqslant x\leqslant a$$

最后，粒子在一维无限深势阱中的概率密度为

$$|\psi(x)|^2=\frac{2}{a}\sin^2\frac{n\pi}{a}x$$

从图 12-9 中可以看出,粒子在势阱中的概率密度并不均匀,随量子数的不同而改变。例如,当量子数 $n=1$ 时,粒子在势阱中部出现的概率最大,在两端出现的概率为零。这一点与经典力学很不相同。按照经典力学,粒子在势阱中的运动并不受到约束,因而在各处出现的概率应该相同。此外,随着量子数的增大,概率密度曲线出现多个峰值。例如,当量子数 $n=2$ 时,有 2 个峰值; $n=3$ 时,有 3 个峰值。随着量子数的增加,峰值数相应增加,且峰值之间的间距越来越小。可以看到,当量子数 n 趋于无穷大时,峰值也无穷多。最终峰值消失,概率密度曲线变成一条直线,粒子在各处出现的概率相同。最后演变成经典力学的结果。

12.4 量子力学应用简介

12.4.1 激光

激光英文名是 Laser,即 Light amplification by the stimulated emission of radiation 的缩写。在日常生活中,我们常常接触到激光,例如在实验室里所用的激光指示器,以及在计算机或音响组合中用来读取光盘资料的光驱等。在工业上,激光常用于切割或微细加工。在军事上,激光被用来拦截导弹。在医疗上,激光用于治疗视网膜脱落、肿瘤切除、肝脏手术等。科学家也利用激光非常准确地测量了地球和月球的距离,涉及的误差只有几厘米。随着激光科学技术的发展和应用前景不断深入和扩大,满足不同需要的激光器先后研制成功,有固体激光器、半导体激光器、气体激光器、液体激光器,以及远红外、远紫外、X 射线激光器等。

激光的用途那么广泛,究竟它是如何产生的呢?又有哪些特点?以下我们将会阐释激光的基本原理和基本特点。

12.4.1.1 激光产生原理

激光的发展有很长的历史,它的原理早在 1917 年已被著名的物理学家爱因斯坦发现,但直到 1960 年第一台激光器才制造成功。在阐释制造激光的主要过程之前,我们必须先了解物质的结构与激光的辐射和吸收原理。

图 12-10 是一个碳原子的示意图。原子的中心是原子核,由质子和中子组成。质子带有正电荷,中子则不带电。原子的外围分布着带负电的电子,并绕着原子核运动。有趣的是,电子在原子中的能量并不是任意的。描述微观世界的量子力学告诉我们,这些电子会处于一些固定的能级,不同的能级对应于不同的电子能量。为了简单起见,如图 12-10 所示,把这些能级想象成一些绕着原子核的轨道,距离原子核越远的轨道能量越高。此外,不同轨道最多可容纳的电子数目也不同。例如最低的轨道(也是离原子核最近的轨道)最多只可容纳 2 个电子,较高的轨道则可容纳 8 个电子等。事实上,这个简化了的模型并不是完全正确的,但它足以帮助我们说明激光的基本原理。

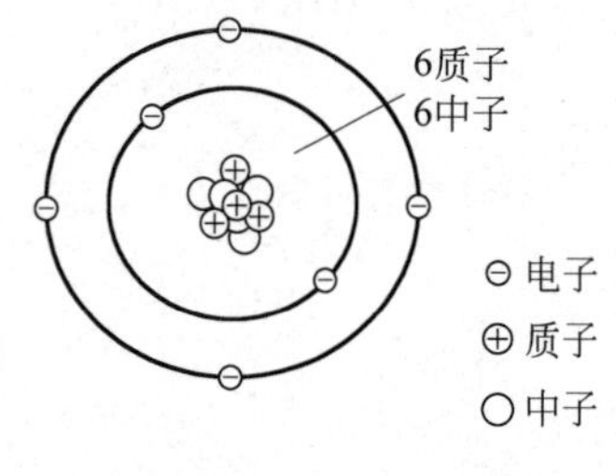

图 12-10 碳原子示意图

电子可以通过吸收或释放能量从一个能级跃迁至另一

个能级。例如，当电子吸收了一个光子时，它便可能从一个较低的能级跃迁至一个较高的能级，如图 12-11(a)所示。同样地，一个位于高能级的电子也会通过发射一个光子而跃迁至较低的能级，如图 12-11(b)所示。在这些过程中，电子吸收或释放的光子能量总是与这两能级的能量差相等。由于光子能量决定了光的波长，因此，吸收或释放的光具有固定的频率。

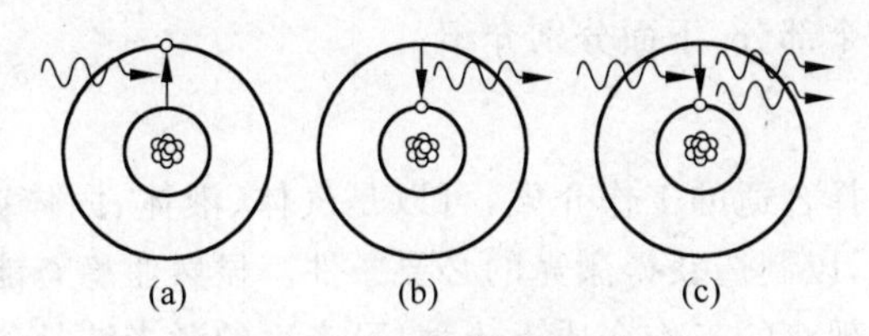

图 12-11　原子内电子的跃迁

(a) 自发吸收；(b) 自发辐射；(c) 受激辐射

当原子内所有电子处于可能的最低能级时，整个原子的能量最低，我们称原子处于基态。图 12-10 显示了碳原子处于基态时电子的排列状况。当一个或多个电子处于较高的能级时，我们称原子处于**受激态**。前面说过，电子可通过吸收或释放能量在能级之间跃迁。跃迁又可分为 3 种形式：

(1) 自发吸收：电子通过吸收光子从低能级跃迁到高能级，如图 12-11(a)所示。

(2) 自发辐射：电子自发地通过释放光子从高能级跃迁到较低能级，如图 12-11(b)所示。

(3) 受激辐射：光子射入物质诱发电子从高能级跃迁到低能级，并释放光子。入射光子与释放的光子有相同的波长和相位，并等于两个能级的能量差。一个光子诱发一个原子发射一个光子，最后就变成两个特征完全相同的光子，如图 12-11(c)所示。

如果这两个光子再引起其他原子产生受激辐射，就能得到更多的特征完全相同的光子。这个现象称**光放大**，如图 12-12 所示。可见，在受激辐射中，各原子所发出的光同频率、同相位、同偏振态，所以说，由受激辐射得到的放大了的光是相干光，称之为**激光**。

产生激光还有一个必要条件，就是要实现所谓的粒子数反转。以红宝石激光为例，如图 12-13 所示。原子首先吸收能量，跃迁至受激态。原子处于受激态的时间非常短，大约 10^{-7} s 后，它便会落到一个称为亚稳态的中间状态。原子停留在亚稳态的时间比较长，大约是 10^{-3} s 或更长的时间。电子长时间留在亚稳态，导致在亚稳态的原子数目多于在基态的

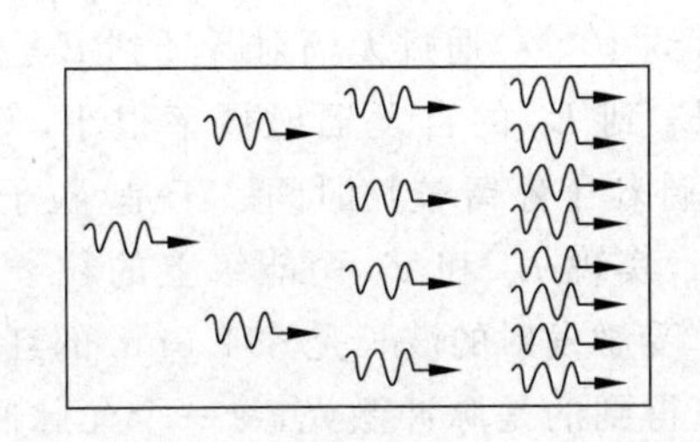

图 12-12　受激辐射的光放大示意图

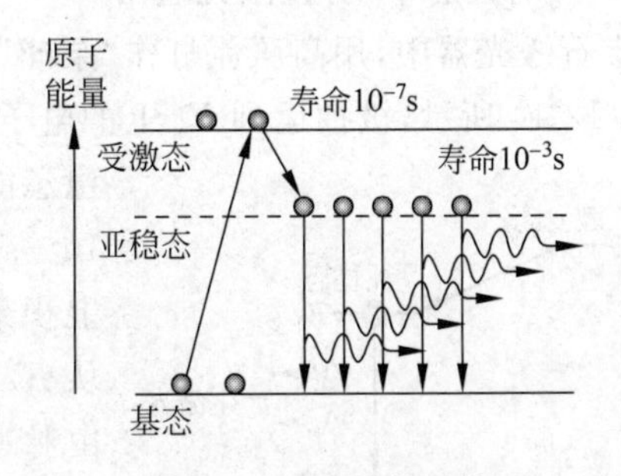

图 12-13　粒子数反转

原子数目,此现象称为**粒子数反转**。粒子数反转是实现受激辐射得到光放大的必要条件,也就是产生激光的关键,因为它使通过受激辐射由亚稳态回到基态的原子,比通过自发吸收由基态跃迁至亚稳态的原子多,从而保证了介质内的光子增多,以输出激光。

12.4.1.2 激光器的结构

激光器一般包括 3 个部分,下面分别介绍。

1. 激光工作介质

激光的产生必须选择合适的工作介质,可以是气体、液体、固体或半导体。在这种介质中可以实现粒子数反转,以制造获得激光的必要条件。显然亚稳态能级的存在,对实现粒子数反转是非常有利的。现有的工作介质近千种,可产生的激光波长包括从紫外到远红外,非常广泛。

2. 激励源

为了使工作介质中出现粒子数反转,必须用一定的方法去激励原子体系,使处于高能级的粒子数增加。一般可以用气体放电的办法来利用具有动能的电子去激发介质原子,称为电激励;也可用脉冲光源来照射工作介质,称为光激励;还有热激励、化学激励等。各种激励方式被形象化地称为泵浦或抽运。为了不断得到激光输出,必须不断地"泵浦"以维持处于高能级的粒子数比低能级多。

3. 谐振腔

有了合适的工作介质和激励源后,可实现粒子数反转,但这样产生的受激辐射强度很弱,无法实际应用。于是人们就想到了用光学谐振腔进行放大。所谓光学谐振腔,实际是在激光器两端,面对面装上两块反射率很高的反射镜。一块几乎全反射,另一块大部分反射、少量透射出去,以使激光可透过这块镜子射出。被反射回到工作介质的光,继续诱发新的受激辐射,光被放大。因此,光在谐振腔中来回振荡,造成连锁反应,雪崩似的获得光放大,产生强烈的激光,从部分反射镜一端输出。

下面以红宝石激光器为例来说明激光的形成。工作介质是一根红宝石棒。红宝石是掺入少量铬离子(Cr^{3+})的 Al_2O_3 晶体。实际是掺入质量比约为 0.05%的氧化铬。由于铬离子吸收白光中的绿光和蓝光,所以宝石呈粉红色。1960 年梅曼发明的激光器所采用的红宝石是一根直径 0.8cm、长约 8cm 的圆棒。两端面是一对平行平面镜,一端镀上全反射膜,另一端有 10%的透射率,可让激光透出。

红宝石激光器中,用高压氙灯作"泵浦",利用氙灯所发出的强光激发铬离子到达激发态 E_3,如图 12-14 所示,被抽运到 E_3 上的电子很快(约 10^{-8}s)通过无辐射跃迁到 E_2。E_2 是亚稳态能级,E_2 到 E_1 的自发辐射概率很小,寿命长达 10^{-3}s,即允许粒子停留较长时间。于是,粒子就在 E_2 上积聚起来,实现 E_2 和 E_1 两能级上的粒子数反转。从 E_2 到 E_1 受激发射的波长是 694.3nm 的红色激光。由脉冲氙灯得到的是脉冲激光,每一个光脉冲的持续时间为 1ms,每次光脉冲输出的能量为 10J,平均功率为 10kW。注意到上述铬离子从激发到发出激光的过

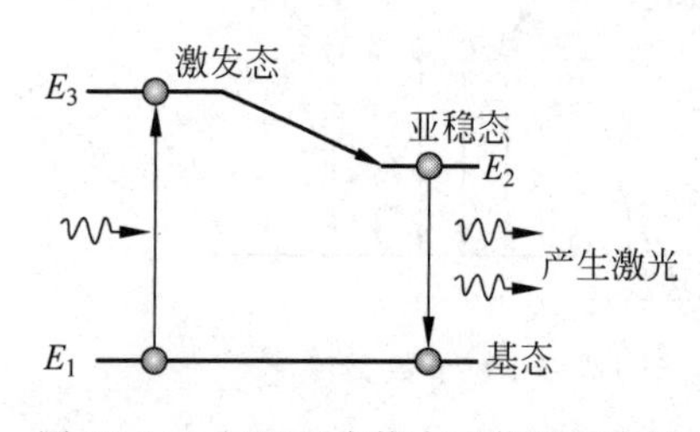

图 12-14 红宝石中铬离子能级示意图

程中涉及三个能级，故称为三能级系统。由于在三能级系统中，最低能级 E_1 是基态，通常情况下积聚大量原子，所以要达到粒子数反转，要有相当强的激励才行。

从上面的叙述中我们注意到，激光器要工作必须具备三个基本条件，即激光介质、光谐振器和泵浦源（激励源），其基本结构如图 12-15 所示。

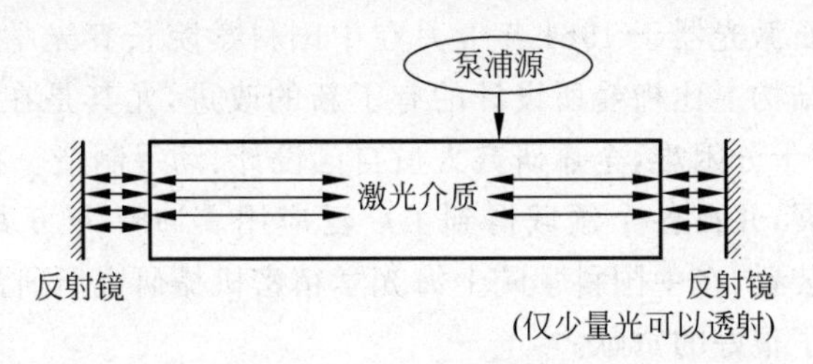

图 12-15　激光器结构图

通过泵浦源将能量输入激光介质，使其实现粒子数反转，由自发辐射产生的微弱的光在激光介质中得以放大，由于激光介质两端放置了反射镜，有一部分的光就能够反馈回来再参加激励，这时被激励的光就产生振荡，经过多次激励，从右端反射镜中透射出来的光就是单色性、方向性、相干性都很好的高亮度的激光。不同类型的激光器在发光介质、反射镜以及泵浦源等方面所用材料有所区别。

12.4.1.3　激光的特性及应用

激光的特性可归结如下。

(1) 方向性好：激光束的发散角非常小，一般只有毫弧度的数量级，因此几乎就是一束平行光。利用激光方向性好的特性，可将其用于定位、导向、测距等。

(2) 单色性好：由于激光的单色性极高，从而保证了光束能精确地聚焦到焦点上，得到很高的功率密度。利用激光单色性好的特点，可以把激光波长作为长度标准，用于精密测量。

(3) 能量集中：由于激光的方向性好，因此可以通过聚焦使能量高度集中。一台高性能红宝石激光器，其亮度可达 $10^{18}\,W \cdot m^{-2}$，比高压氙灯（俗称小太阳）的亮度高出 37 亿倍，迄今为止只有氢弹爆炸瞬间的强烈闪光才能与之相提并论。激光能量高度集中的特性被广泛用于各种固体材料的打孔、切割等精密机械加工；在医学上用于激光外科手术。例如利用准分子激光原位角膜磨镶术治疗近视、远视；在军事上用于激光攻击性武器等。

(4) 相干性好：由于激光的发光机制是受激辐射，辐射光子的特征完全相同，因此是相干光。利用激光干涉仪进行检测比普通干涉仪的精度更高。

12.4.1.4　激光简史和我国的激光技术

自爱因斯坦 1917 年提出受激辐射概念后，足足经过了 40 年，直到 1958 年，美国两位微波领域的科学家汤斯和肖洛才打破了沉寂的局面，发表了著名论文《红外与光学激射器》，指出了受激辐射为主的发光的可能性，以及必要条件实现“粒子数反转”。他们的论文使在光学领域工作的科学家马上兴奋起来，纷纷提出各种实现粒子数反转的实验方案，从此开辟了崭新的激光研究领域。同年，苏联科学家巴索夫和普罗霍罗夫发表了《实现三能级粒子数反转和半导体激光器建议》论文；1959 年 9 月汤斯又提出了制造红宝石激光器的建议……

1960年5月15日加州休斯实验室的梅曼制成了世界上第一台红宝石激光器，获得了波长为694.3nm的激光。梅曼是利用红宝石晶体作发光材料，用发光密度很高的脉冲氙灯作激发光源。实际上，他的研究早在1957年就开始了，多年的努力终于获得了历史上第一束激光。1964年，汤斯、巴索夫和普罗霍夫由于对激光研究的贡献分享了诺贝尔物理学奖。

中国第一台红宝石激光器于1961年8月在中国科学院长春光学精密机械研究所研制成功。这台激光器在结构上比梅曼所设计的有了新的改进，尤其是在当时我国工业水平比美国低得多，研制条件十分困难，全靠研究人员自己设计、动手制造。在这以后，我国的激光技术也得到了迅速发展，并在各个领域得到了广泛应用。1987年6月，10^{12} W的大功率脉冲激光系统——神光装置，在中国科学院上海光学精密机械研究所研制成功，多年来为我国的激光聚变研究作出了很好的贡献。

激光器已能实现小型化，由于半导体激光器的发明，目前单元激光器的长度尺寸可以小到10^{-6} m的数量级。波长覆盖范围宽、连续功率和瞬时功率大、尺寸小的激光器的出现，使激光的应用领域已十分广泛。

12.4.2 液晶

液晶是一种新材料，由于其具有低电压、微功耗、高对比度等优点，目前正广泛应用于显示器的制作。人们经常看到的计算器、电子钟表、手提电脑、数字仪表的显示屏、商场中的广告屏等，多是液晶制成。近年来，人们又发现液晶与生命现象有联系，探索液晶性质及生物液晶特殊功能的课题正日渐深入，人们期待着液晶技术的不断完善和获得新的突破。下面我们仅对液晶的结构类型和特性作一简要介绍。

12.4.2.1 液晶的发现

1888年，奥地利植物学家莱尼兹尔(F. Reinitzer)在合成胆醇脂时观察到一种新现象。将实验物质加热至145℃，其晶体开始熔解，逐渐变成乳白色黏稠状液体。当固体全部熔化后，温度继续上升，达到178.5℃时，再次出现温度停顿。直到乳白色黏稠液体开始成透明态，温度又继续上升。这是人类首次观察到液晶相，液体变为透明时的温度叫做**清亮点**。实验发现，在145～178.5℃，该物质有双折射现象，即它既具有液态的流动性，又具有晶体的各向异性特性。人们把物质的这种状态称为**液晶**。

从首次发现液晶至今一百多年来，已发现液晶化合物几千种，但直到近30年来才取得突破性研究进展，并在光电显示器件上获得广泛的应用。与此同时，在基础理论研究方面也取得了令人瞩目的成就，液晶物理学已成为凝聚态物理的一个引人入胜的新分支。

12.4.2.2 液晶的结构

由形成条件的不同可以分为热致液晶和溶致液晶两类。

1. 热致液晶

热致液晶是加热液晶物质时形成的。它只存在于一定的温度范围以内，如图12-16所示。

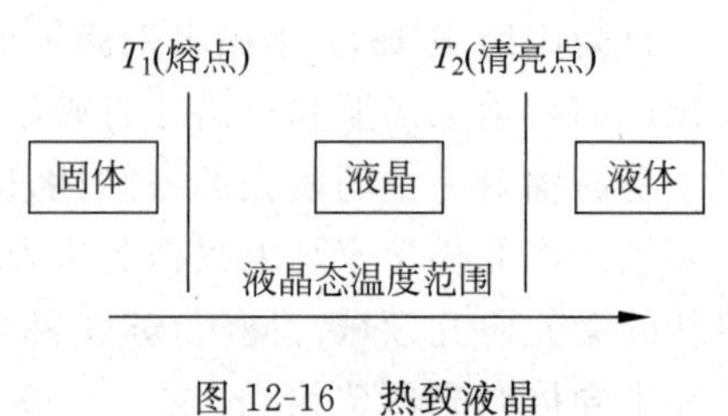

图12-16 热致液晶

根据分子排列方式的不同,热致液晶可以分为三种类型。

1）向列相液晶

向列相液晶又叫丝状液晶。这类液晶分子的长宽比大于 4,呈棒状,排列方式好像上下参差不齐地放置在笔筒里的粉笔,如图 12-17(a)所示,几乎分不出排列层次。分子能上下、左右、前后滑动或绕自身长轴转动,各分子长轴相互平行或近似于平行,但质心位置无一定规则。向列相液晶的主要特点是对外界作用相当敏感,在高于某一临界温度以后,向列相液晶就变成通常的液相了。

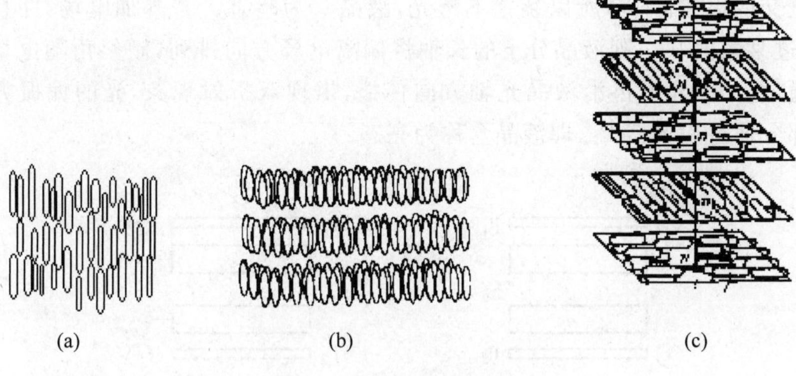

图 12-17 液晶的分子排列

(a) 向列相液晶;(b) 近晶相液晶;(c) 胆甾相液晶

向列相液晶具有单轴晶体的光学性质,目前它是显示器件的主要材料。

2）近晶相液晶

近晶相液晶中分子分层排列,而且分子长轴基本上与层面垂直,如图 12-17(b)所示。其分子可以在本层内前后、左右滑动或绕自身长轴转动,但不能在上下层间运动。由于分子排列整齐,有点类似于晶体,故称近晶相。近晶相液晶分子质心在层内无序,可以自由平移,所以有流动性,但黏度较大。

3）胆甾相液晶

胆甾相液晶由扁平形分子组成。分子分层排列,每层中分子长轴彼此平行,而且与层面平行。相邻两层分子的长轴方向成约 15′的扭角,多层分子的排列方向逐渐扭转形成螺旋状连续结构,如图 12-17(c)所示。其螺距随温度、电场等因素灵敏变化。

2. 溶致液晶

某些化合物溶解于水或有机溶剂时形成溶致液晶。溶致液晶按其含水量不同形成片状结构、多角形结构或立方结构。溶致液晶广泛地存在于自然界中,特别是与生物组织有关。目前认为人体的大脑、肌肉、神经髓鞘、眼睛视网膜等中都存在溶致液晶组织。

12.4.2.3 液晶的特性及应用

1. 液晶的双折射现象

液晶分子的有序排列使它具有与晶体类似的各向异性特征。其典型表现为双折射现象。一般液晶的光轴沿分子长轴方向,胆甾相液晶的光轴垂直于分子层面。

2. 液晶的电光效应

在外加电场的作用下,液晶光学特征发生变化称为液晶的电光效应。

1) 电控双折射效应

把向列相液晶注入透明电极之间,形成厚度约为 10μm 的薄膜,称为液晶盒。液晶分子长轴与电极表面垂直时称为垂面排列,平行于表面时称为沿面排列。在垂面排列的液晶盒上、下分别放置起偏器 P_1 和检偏器 P_2,使 P_1 和 P_2 的偏振化方向互相垂直,如图 12-18 所示。当未加电场时,通过起偏器 P_1 的光在液晶内沿光轴方向传播,不发生双折射,而且不能通过与 P_1 正交的检偏器 P_2,所以装置不透光,液晶盒为暗态。若外加电场,并且使液晶盒上的电压超过某阈值 U_{th},则液晶分子的长轴将偏离电场方向排列,倾斜角随电场增大而增大。这时,通过 P_1 的光不再沿液晶光轴方向传播,出现双折射现象,光的偏振方向发生变化,从而能部分通过检偏器 P_2,即液晶盒称为亮态。

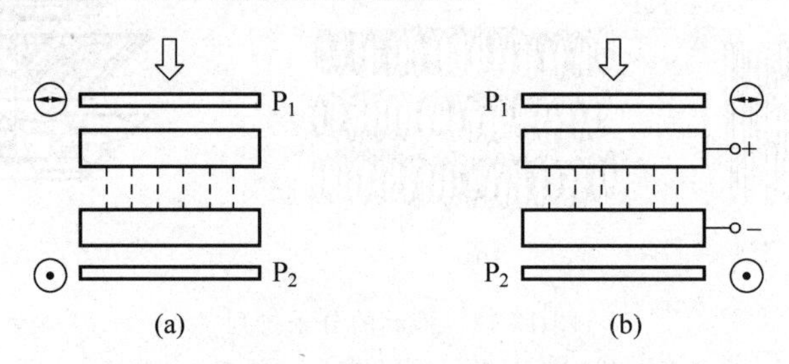

图 12-18 电控双折射原理

(a) $U=0$; (b) $U \gg U_{th}$

2) 动态散射

把向列相液晶注入带有透明电极的液晶盒内,未加电场时,液晶盒是透明的。而加上外电场后,液晶分子运动紊乱,盒内折射率随时间变化,使外界入射光发生强烈散射。当外电场超过某一阈值时,液晶盒由透明变为不透明。这种现象叫做动态散射。去掉外加电场,液晶盒恢复透明状态。如果在向列相液晶中混入适当的胆甾相液晶,则散射现象可以保存一段时间,这种情况称为有存储的动态散射。

动态散射现象在液晶技术中有广泛的应用,目前用于数字显示的多位向列相液晶,图 12-19 为七段液晶显示数码板,数字的笔画由相互分离的七段透明电极组成,并且与公共电极相对,当其中几段电极上加上电压时,这几段就显示出来,组成某一个数字。在电控双折射中,若入射光为复色光,出射光的颜色可随电压变化,实现彩色显示。

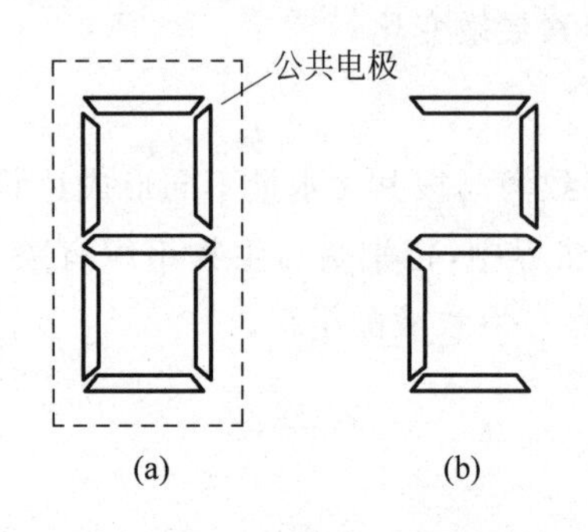

图 12-19 液晶数字显示

(a)"8"字段数码板;(b) 显示数码"2"

3. 胆甾相液晶的选择反射

胆甾相液晶具有旋光性,其反射光和入射光都是偏振光,而且表现出对波长的选择性。其反射光的波长 λ 满足晶体衍射的布喇格公式(如图 12-20 所示),即

$$\lambda = 2nh\sin\varphi$$

式中,n 为平均折射率;h 为胆甾相液晶的螺距;φ 为入射光掠射角。所以沿不同方向可以看到不同色光。同

时，由于胆甾相液晶的螺距随温度敏锐变化，反射光的颜色也随温度变化。这种在不同温度下对不同波长的光具有选择反射的特征可用于测量温度，其测温精度可达 0.5℃，现已用来对电子元件或电动机等进行测温检查或在医学上用于检查肿瘤的部位。

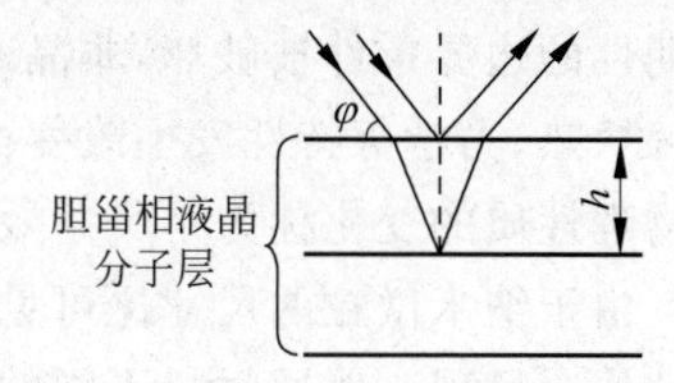

图 12-20　胆甾相液晶的选择反射

我国的液晶研究从 1969 年起步，目前已能完成数百种单体液晶材料，小批量生产显示器件和热变色用的液晶。在液晶理论基础研究上也取得了可喜的成果，在疏型高分子液晶的有序性方面提出了双有序参数概念，1990 年在液晶生物膜理论上提出的半径比为$\sqrt{2}$的环状生物膜预言已被法国实验室证明。

液晶理论和液晶技术是当代物理学家、化学家、生物学家、工程技术人员和医务工作者共同关心和研究的课题。

12.4.3　纳米材料

纳米是 nanometer 的译名，是长度的一种单位，用 nm 表示（$1\text{nm}=10^{-9}\text{m}$）。纳米材料是指几何尺寸为纳米量级的微粒或由纳米大小的微粒在一定条件下加压成形得到的固体材料。纳米材料包含纳米金属和金属化合物、纳米陶瓷、纳米非晶态材料等。由于纳米材料具有奇特的物理性能，它已成为 20 世纪 80 年代以来人们的一个研究热点，并有可能成为 21 世纪材料研究和应用的一个新领域。

12.4.3.1　纳米效应

纳米微粒由于其尺度很小，微粒内包含的原子数仅为 $10^2\sim10^4$ 个，其中有 50%左右为界面原子。纳米微粒的微小尺寸和高比例的表面原子数导致了它具有与相同材料的大尺度物体不同的物理特性。

1. 表面效应

表面效应是指纳米粒子表面原子与总原子数之比随着粒子直径的变小而急剧增大后所引起的性质上的变化。由表 12-1 可以看出，随着粒子直径减小，表面原子数迅速增加。因此，纳米微粒具有很高的表面能。一些金属的纳米粒子在空气中极易氧化，甚至会燃烧，就连化学惰性的金属铂在制成纳米粒子后也变得不稳定，成为活性极好的催化剂。

表 12-1　纳米微粒尺寸与表面原子数的关系

粒径/nm	包含的原子/个	表面原子所占比例/%
20	2.5×10^{-5}	10
10	3.0×10^{-4}	20
5	4.0×10^{-3}	40
2	2.5×10^{-2}	80
1	30	99

2. 小尺寸效应

纳米材料中的微粒尺寸小到与光波波长或德布罗意波波长相当或更小时,纳米晶体的周期性的边界条件被破坏,非晶态纳米微粒的表面层附近原子密度减小,使得材料的声、光、电、磁、热、力学等特性发生改变而导致出现新的特性。这种纳米微粒的小尺寸所引起的宏观物理性质的变化称为小尺寸效应。

由于纳米微粒的尺寸比可见光的波长还小,光在纳米材料中传播的周期性被破坏,其光学性质会呈现与普通材料不同的情形。例如,金属由于光反射显现各种颜色,而金属纳米微粒的光反射能力却很低,纳米金属微粒都呈现黑色,说明它们对光的吸收能力特别强。由纳米微粒组成的纳米固体在较宽的频谱范围内显示出对光的均匀吸收性,吸收峰的位置和峰的半高宽都与微粒半径的倒数有关。利用这一性质,可以通过控制颗粒尺寸制造出具有一定频宽的微波吸收纳米材料。又如,超小尺寸微粒的纳米磁性材料比大块材料磁性强很多倍,利用这一特性,可将纳米材料制成高储存密度的磁记录粉,应用于磁存储领域。

3. 量子尺寸效应

量子尺寸效应是指粒子尺寸下降到极低值时,费米能级附近的电子能级由准连续变为不准连续离散分布的现象以及由此引起的宏观表现。我们知道,晶体中的电子能级为准连续能带。而理论研究指出,对于纳米微粒,总电子数少,准连续的能带会变成分立的能级,如图 12-21 所示,图中 δ 代表能级间距。当能级间距大于热能、电能、磁能或超导态的凝聚能时,就会出现明显的量子效应,导致纳米微粒的磁、光、声、热、电等性能与宏观材料的特性有明显的不同。例如,纳米微粒对于红外吸收,表现出灵敏的能级跃迁结构;共振吸收的峰比普通材料尖锐得多;比热容与温度的关系也呈非线性关系。此外,微粒的磁化率、电导率、电容率等参数也因此具有特有的变化规律。例如,金属普通是良导体(能量准连续),而纳米金属颗粒在低温下却呈现电绝缘性(能量分立);$PbTiO_3$、$BaTiO_3$、$SrTiO_3$通常情况下是铁电体,但它们的纳米微粒是顺电体;无极性的氮化硅陶瓷,在纳米态时却会出现极性材料才有的压电效应,等等。

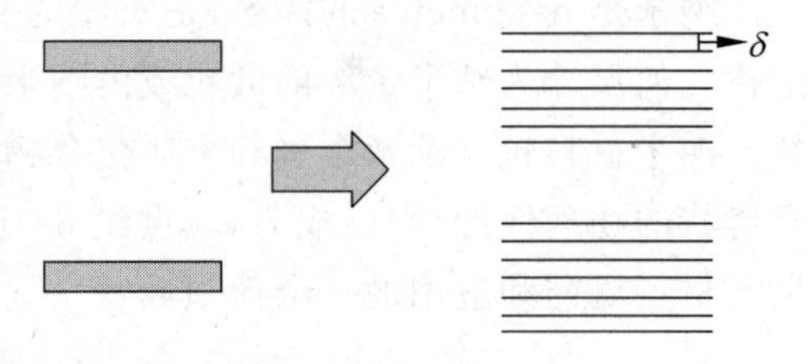

图 12-21 能带分立

12.4.3.2 纳米材料的制备

制备纳米固体材料,可采用物理、化学等方法进行。对于碳纳米材料,还可应用微机械剥离法、催化裂解法等手段制备。例如利用激光或等离子体技术进行高温气相合成,可以得到纳米级的金属粉料或陶瓷粉料。用化学气相沉积法、热水合成法也可获得纳米尺寸的陶瓷粉料,获得粉料后,再进行成型与烧结。在超细粉末成型和烧结过程中所遇到的主要问题是团聚。微粒间的静电力、范德瓦耳斯力、磁力都可能使它们产生团聚,通过加入适当的添加剂可以改善这种团聚现象。

目前制备纳米晶体或非晶体材料常用的方法是惰性气体沉积加上原位加压法,即将初始材料在压强约为 1kPa 的惰性气体中蒸发,蒸发后的原子与惰性气体原子相互碰撞,并沉积在低温的冷阱上形成尺寸为几个纳米的松散粉末,然后在真空环境下压制成纳米晶体材料。

12.4.3.3　石墨烯和碳纳米管

1. 石墨烯

石墨烯是一种由碳原子构成的二维材料，其结构如图 12-22(a)所示，为单层六角蜂窝状的晶格。2004 年，海姆和诺沃肖洛夫通过机械剥离的简单方法获得了石墨烯。

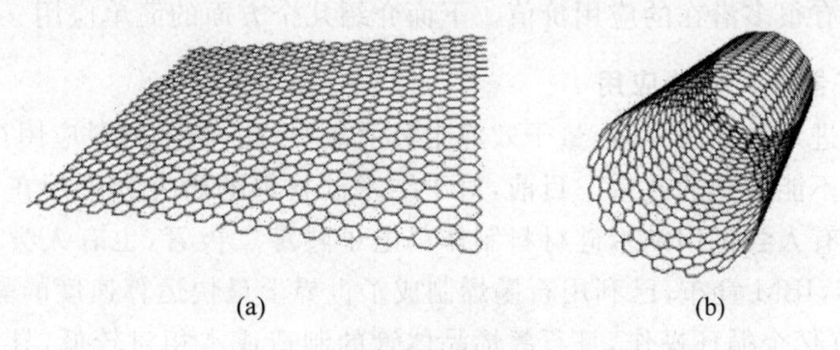

图 12-22　石墨烯和碳纳米管结构图
(a) 石墨烯；(b) 碳纳米管

尽管石墨烯在结构上很简单，可看成是单原子层的石墨，但其许多性质与石墨截然不同。石墨烯结构非常稳定，极少发现石墨烯中有碳原子缺失的情况。石墨烯中各碳原子之间的连接非常柔韧，当施加外部机械力时，碳原子面就弯曲变形，从而使碳原子不必重新排列来适应外力，也就保持了结构稳定。这种稳定的晶格结构使碳原子具有优秀的导电性。石墨烯中的电子在轨道中移动时，不会因晶格缺陷或引入外来电子而发生散射。由于原子间作用力十分强，在常温下，即使周围碳原子发生挤撞，石墨烯中电子受到的干扰也非常小，其电子的运动速度可达到光速的$\frac{1}{300}$，远远超过了电子在一般导体中的运动速度，这使得石墨烯中电子的性质和相对论性的中微子有些相似。石墨烯对可见光有较强的吸收性，室温下可拥有很高的热导率。石墨烯还是强度很高的物质，可比钻石还坚硬。石墨烯的这些优良特性为它的潜在应用提供了广泛的基础。

2. 碳纳米管

1991 年 11 月，日本科学家宣布发现了一种新的碳结构。这种结构不同于 C_{60} 的球状结构，而是一种针状的碳管，碳针的直径在 1～30nm，长度可达到 1μm，图 12-22(b)所示即为碳纳米管的模拟结构图。它由嵌套在一起的直径不同的多个柱状碳管组成，形成一碳针，每根探针的数目一般在 2～50 层。每层碳管可看成是由石墨片卷成圆筒状而成。这就是说，碳纳米管管壁由碳六边形环构成，每个碳与周围的三个碳原子相邻。但是，把石墨片卷成圆筒状的方式并不是唯一的。因此按照石墨烯片的层数可分为：单壁碳纳米管(single-walled carbon nanotube，SWCNT)和多壁碳纳米管(multi-walled carbon nanotube，MWCNT)。SWCNT 由单层石墨烯卷成柱状无缝管而形成，是结构完美的单分子材料。MWCNT 可看作由多个不同直径的 SWCNT 同轴套构而成。

碳纳米管作为一维纳米材料，重量轻，六边形结构连接完美，具有许多异常的力学、电学和化学性能。其研究受到高度重视并在广泛的领域开展，目前已取得大量成果。据报道，碳纳米管能经受近百万倍大气压强(即 10^{11} Pa)的压力，这一数值较其他可类比的纤维高 2 个数量级，它的韧度比其他纤维高 200 倍以上。碳纳米管之所以如此坚韧，是因为其碳-碳键十分稳定且缺陷很少。因此,碳纳米管有希望能被用于增强合成材料,具有十分广泛的应用前景。另外,科学家们研究还发现填充其他物质后的碳纳米管可看作是极细的导线,这可能为超精细电子线路的制造开辟新道路。

12.4.3.4 纳米材料应用前景

纳米材料具有很多潜在的应用价值。下面介绍几个方面的简单应用。

1. 在微电子器件方面的应用

当电子器件进入纳米尺寸时,量子效应十分明显,因此,纳米材料应用在电子器件上,会出现普通材料所不能达到的效果。目前,对于纳米硅材料的研究和应用在国际上正逐步走向深入,例如,已有人尝试用纳米硅材料制作单电子隧穿二极管,也有人尝试制作纳米硅基超晶格。2011 年,IBM 宣布,已利用石墨烯制成了世界上最快运算速度的晶体管,该晶体管每秒能执行 1550 亿个循环操作,且石墨烯晶体管的制造成本相对较低,具有良好的商业化发展可能。另外,纳米磁性材料的发展也十分迅速,纳米尺寸的多层膜除了可在微电子器件方面应用外,还在磁光存储、磁记录等方面具有优越的性能。

2. 在磁记录方面的应用

在当今的信息社会,要求记录材料高性能化和记录高密度化,例如每 $1cm^2$ 需要记录 1000 万条以上的信息。这就要求每条信息记录在几个 μm^2 中,甚至更小的面积内,而纳米微粒能为这种高密度记录提供有利条件。磁性纳米微粒由于尺寸小,具有单磁畴结构,矫顽力很高,用它制成磁记录材料可提高信噪比和存储密度,改善图像质量。现在,日本松下电器已制成纳米级微粉录像带,它具有图像清晰、信噪比高、失真十分小的优点。

3. 在传感器上的应用

由于纳米微粒材料具有巨大的表面和界面,对外界环境如温度、光、湿度等十分敏感,外界环境的改变会迅速引起表面或界面离子价态和电子输运的变化,而且响应速度快,灵敏度高。20 世纪 80 年代初,日本研制出二氧化锡(SnO_2)纳米薄膜传感器。纳米陶瓷材料用于传感器也具有巨大潜力,例如利用纳米 $LiNbO_3$、$LiTiO_3$、PZT 和 $SrTiO_3$ 的热效应,可制成红外检测传感器。

阅读材料 十二

软物质物理学的兴起

软物质或软凝聚态物质是指处于固体和理想流体之间的物质。一般由大分子或基团(固、液、气)组成,如液晶、聚合物、胶体、膜、泡沫、颗粒物质、生命体系等,在自然界、生命体、日常生活和生产中广泛存在。软物质与人们生活息息相关,如橡胶、墨水、洗涤液、软饮、乳液及药品和化妆品等;在技术上有广泛应用,如液晶、聚合物等;生物体基本上由软物质组成,如细胞、液体、蛋白、DNA 等。对软物质的深入研究,将对生命科学、化学化工、医学、药物、食品、材料、环境、工程等领域及人们日常生活有广泛影响。

软物质运动规律和行为主要不是由量子力学和相对论的基本原理直接导出，而是由内在特殊相互作用和随机涨落而引起的。软物质的许多新奇行为、丰富的物理内涵和广泛的应用背景引起越来越多物理学家的兴趣。

1991 年，诺贝尔物理学奖获得者、法国物理学家德热纳(P. G. De Gennes)在诺贝尔奖授奖会上以“软物质”为演讲题目，用“软物质”一词概括复杂液体等一类物质，得到广泛认可。从此软物质这个词逐步取代美国人所说的“复杂流体”，开始推动一门跨越物理、化学、生物三大学科的交叉学科的发展。近年来，美国及欧洲的主要物理学杂志均开辟了“软物质物理”新栏目，表明软物质物理已成为一门新的学科领域。

软物质包括范围广泛，这类物质均属于复杂体系，与一般固体和液体有不同的运动规律，是多学科相关的研究领域，更是通向研究生命体系的桥梁。20 世纪的物理学开辟了对物质世界的新认识，相对论和量子力学起了支配作用。在此基础上，研究和深入认识了“硬物质”(如金属、半导体及各种功能物质)，对技术和社会产生了巨大推动作用。然而，却存在另一类型的物质，其运动规律和行为主要不是由量子力学和相对论的基本原理直接导出。软物质就是这样的领域，其自组织行为和标度对称性等是由内在特殊相互作用和随机涨落而引起的。正如德热纳在它的科普作品《脆性物体、软物质、硬科学与发展的震撼》一书中写道：“如果你数一数与硫黄磺反应的碳原子数目，你会发现其只占 1/200，这是一个具有代表性的数据。然而，这种极其微弱的化学反应已经足可以引起物质的物理状态从液态变到固态：流体变成了橡胶。这证明物质状态能够通过微弱的外来作用而改变状态，就如雕塑家轻轻地压一压大拇指就能改变黏土的形状。这便是软物质的核心和基本定义。”

有人把 21 世纪称为生命科学的世纪，然而，任何生命结构(DNA、蛋白质等)却正是建立在软物质的基础上。作为人类未来技术中的重要组成部分以及生命本身不可或缺的基石，软物质的许多新奇行为、丰富的物理内涵和广泛的应用背景引起越来越多物理学家的兴趣。软物质物理学已经成为物理学的一个新的前沿学科，是具有挑战性和迫切性的重要研究方向。

本章提要

1. 狭义相对论的基本原理

(1) **狭义相对性原理**：物理定律在所有惯性系中都具有相同的表达形式，即所有的惯性参考系对运动的描述都是等效的。

(2) **光速不变原理**：真空中的光速是常量，它与光源或观察者的运动无关，不依赖于惯性系的选择。

2. 洛伦兹变换

$$\text{正变换}\begin{cases} x' = \gamma(x - ut) \\ y' = y \\ z' = z \\ t' = \gamma\left(t - \dfrac{ux}{c^2}\right) \end{cases} \qquad \text{逆变换}\begin{cases} x = \gamma(x' + ut') \\ y = y' \\ z = z' \\ t = \gamma\left(t' + \dfrac{ux'}{c^2}\right) \end{cases}$$

3. 狭义相对论的时空观

(1) 同时的相对性

(2) 空间的相对性(长度缩短)$l=l_0\sqrt{1-\beta^2}$

(3) 时间的相对性(时间延缓)$\Delta t=\dfrac{\Delta t_0}{\sqrt{1-\beta^2}}$

4. 相对论动力学

(1) 质速关系 $m=\gamma m_0$

(2) 质能关系 $E=mc^2$

(3) 动量和能量的关系 $E^2=E_0^2+p^2c^2$

5. 普朗克的能量子假设

6. 光电效应

$$\varepsilon = h\nu,\quad h\nu = W + \frac{1}{2}mv^2$$

7. 康普顿效应

$$\Delta\lambda = 2\lambda_c \sin^2\frac{\theta}{2}$$

8. 光的波粒二象性

$$E = h\nu = \frac{hc}{\lambda}$$

$$m = \frac{E}{c^2} = \frac{h}{c\lambda}$$

$$p = mc = \frac{h}{\lambda}$$

9. 玻尔的氢原子理论

$$E_n - E_k = h\nu,\quad r_n = n^2 r_1,\quad E_n = \frac{1}{n^2}E_1\quad (n = 1,2,3,\cdots)$$

10. 德布罗意公式

$$E = h\nu,\quad p = \frac{h}{\lambda},\quad \lambda = \frac{h}{p}$$

11. 不确定关系

$$\Delta x \cdot \Delta p_x \geqslant \frac{\hbar}{2}$$

$$\Delta E \cdot \Delta t \geqslant \frac{\hbar}{2}$$

12. 波函数

物质波的强度$|\Psi|^2$描述微观粒子在空间的概率密度。

波函数的归一化条件:$\int |\Psi|^2 \mathrm{d}V = 1$

13. 薛定谔方程

一维定态薛定谔方程

$$\frac{\mathrm{d}^2\psi(x)}{\mathrm{d}x} + \frac{8\pi^2 m}{h^2}(E - E_p)\psi(x) = 0$$

三维定态薛定谔方程

$$\nabla^2\psi+\frac{8\pi^2 m}{h^2}(E-E_p)\psi=0$$

14. 激光

受激辐射和光放大，粒子数反转，激光器，激光特性及其应用。

15. 液晶

液晶的结构、类型，液晶的特性及应用。

16. 纳米材料

纳米效应，制备，应用。

思考题

12.1　什么是伽利略的相对性原理？什么是狭义相对性原理？

12.2　洛伦兹变换和伽利略变换两者的差别在哪里？

12.3　什么是尺缩效应？什么是钟慢效应？

12.4　能把一个粒子加速到光速 c 吗？为什么？

12.5　什么叫质量亏损？它和原子能的释放有何关系？

12.6　霓虹灯发光是热辐射吗？熔炉中的铁水发光是热辐射吗？

12.7　什么叫光电效应？并指出产生光电效应的条件？

12.8　你能写出光电效应的爱因斯坦方程并说明其意义吗？

12.9　哪些现象说明光具有波动性？哪些现象说明光具有粒子性？什么是光的波粒二象性？

12.10　什么叫物质波？

12.11　什么叫爱因斯坦的光子假设？

12.12　在光的照射下，欲增大电子从金属表面逸出时的动能，与下述情况有什么关系呢？(1) 增加入射光的强度；(2) 延长照射时间；(3) 改变入射光的频率。

12.13　在日常生活中，为什么察觉不到物体的波动性？

12.14　有人说不确定关系与测量仪器的精确度和测量方法有关，对此说法，你认为对吗？

12.15　如果电子与质子具有相同的动能，那么谁的德布罗意波长较短？

12.16　为什么粒子数反转是获得激光的一个重要前提？

12.17　什么是液晶？它有哪些基本特征？举例说明。

12.18　纳米颗粒有哪些奇特性能？

习题

12.1　选择题

(1) 根据狭义相对论，有下列几种说法：(a)所有惯性系对物理基本规律都是等价的；

(b)在真空中,光的速度与光的频率、光源的运动状态无关;(c)在任何惯性系中,光在真空中沿任何方向的传播速度都相同。对于这些说法,下述结论中正确的是:(　　)。

A. 只有(a),(b)是正确的　　B. 只有(a),(c)是正确的

C. 只有(b),(c)是正确的　　D. 三种说法都是正确的

(2) 关于同时性有人提出以下一些结论,其中正确的是:(　　)。

A. 在同一惯性系同时发生的两个事件,在另一个惯性系一定不同时发生

B. 在同一惯性系不同地点同时发生的两个事件,在另一惯性系一定同时发生

C. 在同一惯性系同一地点同时发生的两个事件,在另一惯性系一定同时发生

D. 在同一惯性系不同地点不同时发生的两个事件,在另一惯性系一定不同时发生

(3) 下列物体中属于绝对黑体的是:(　　)。

A. 不辐射可见光的物体　　B. 不辐射任何光线的物体

C. 不能反射可见光的物体　　D. 不能反射任何光线的物体

(4) 康普顿效应的主要特点是:(　　)。

A. 散射光的波长均与入射光的波长相同,与散射角、散射体性质无关

B. 散射光中既有与入射光波长相同的,也有比入射光波长长的和比入射光波长短的,这与散射体性质有关

C. 散射光的波长均比入射光的波长短,且随散射角增大而减小,但与散射体的性质无关

D. 散射光中有些波长比入射光的波长长,且随散射角增大而增大,有些散射光的波长与入射光波长相同,这些与散射体的性质无关

(5) 关于不确定关系 $\Delta x \cdot \Delta p_x \geqslant \frac{\hbar}{2}$,有以下几种理解:(a)粒子的动量不可能确定;(b)粒子的坐标不可能确定;(c)粒子的动量和坐标不可能同时确定;(d)不确定关系不仅适用于电子和光子,也适用于其他粒子。其中正确的是:(　　)。

A. 只有(a),(b)是正确的　　B. 只有(c),(d)是正确的

C. 只有(a),(d)是正确的　　D. 只有(b),(d)是正确的

(6) 如果两种不同质量的粒子,其德布罗意波长相同,则这两种粒子的(　　)。

A. 动量相同　　B. 能量相同　　C. 速度相同　　D. 动能相同

12.2　填空题

(1) 由爱因斯坦方程 $h\nu=\frac{1}{2}mv^2+W$,可以看出,只有当频率 ν ________截止频率 $\nu_0\left(\nu_0=\frac{W}{h}\right)$的入射光照射金属表面时,电子才能从金属表面逸出来,并且具有一定的________。

(2) 一个频率为 100MHz 的光子的能量为________,动量的大小是________。

(3) 当波长为 3000Å 的光照射在某金属表面时,光电子的能量为$(0\sim4.0)\times10^{-19}$ J。在做上述光电效应实验时遏止电压为 $|U_0|=$ ________ V;此金属的红限频率 $\nu_0=$ ________ Hz。

(4) 按照爱因斯坦的光子假设,对单个光子来说,其能量是取决于________;而对一束光束来说,其能量既与________有关,又与________有关。

(5) 光电效应实验显示了光具有________性；而光的干涉、衍射又明显地体现了光的________性，所以说光具有________二象性。

(6) 频率为 ν 的光束可看成由许多能量等于 $h\nu$ 的光子所构成；频率 ν 越高的光束，其光子能量________；对给定频率的光束来说，光强度越大，就表示光子的数目________。

(7) 激光器的基本结构包括三部分，即________、________和________。

(8) 设描述微观粒子运动的波函数为 $\Psi(\boldsymbol{r},t)$，则 $\Psi\Psi^*$ 表示________；其归一化条件是________。

12.3　一粒子从坐标原点运动到 $x=1.5\times10^8$m 处，历时 1.5s。计算该过程的本征时间。

12.4　一飞船本征长度为 l_0，以 $u=0.6c$ 的速度飞行。问地面观察者看到飞船长度为多少？

12.5　在运动系 S' 中，两事件先后发生于相距 600m 处，时间间隔为 1×10^{-6}s。问：

(1) 若在静止系中的观察者看到两事件同时发生，S' 系的速度多大？

(2) 在静止系中，两事件的空间间隔为多少？

12.6　已知一粒子的动能是其静止能量的 n 倍，求：

(1) 粒子的速率；

(2) 粒子的动量。

12.7　金属铝的逸出功是 4.2eV，今用波长为 2000Å 的光照射铝表面，求：

(1) 光电子最大初动能；

(2) 截止电压；

(3) 铝的红限波长。

12.8　波长为 4000Å 的单色光照射在逸出功为 2.0eV 的金属材料上，光射到金属单位面积上的功率为 $3.0\times10^{-9}\,\mathrm{W\cdot m^{-2}}$，求：

(1) 单位时间、单位面积金属上发射的光电子数；

(2) 光电子的初动能。

12.9　分别求出红外线($\lambda=1500$nm)、X 射线($\lambda=0.15$nm)、γ 射线($\lambda=0.001$nm)光子的能量、动量和质量。

12.10　为使电子的德布罗意波长为 0.1nm，需加多大的加速电压？

12.11　已知某粒子在一维无限深势阱中的波函数为

$$\Psi(x)=\frac{1}{\sqrt{a}}\cos\frac{3\pi x}{2a},\quad -a\leqslant x\leqslant a$$

那么，粒子在 $x=\frac{5}{6}a$ 处出现的概率密度是多少？

习题参考答案

第 8 章

8.1 (1) C；(2) B；(3) D

8.2 (1) 始末，保守

(2) 零，无穷远，静电场力

(3) 零，处处垂直

(4) 外电场，内

(5) 外表面，无净电荷

(6) 升高，电源内部

(7) 电源内部，非静电场力

(8) 非静电场力，稳定

8.3 各带$\dfrac{Q}{2}$

8.4 略

8.5 $\boldsymbol{E}=-\dfrac{\lambda_0}{8\varepsilon_0 R}\boldsymbol{j}$

8.6 $E\pi R^2$

8.7 (1) 0

(2) $\dfrac{\lambda}{2\pi\varepsilon_0 r}$

(3) 0

8.8 $\boldsymbol{E}=\dfrac{1}{2\varepsilon_0}(\sigma_1-\sigma_2)\boldsymbol{n}$（两平面间），$\boldsymbol{E}=-\dfrac{1}{2\varepsilon_0}(\sigma_1+\sigma_2)\boldsymbol{n}$（$\sigma_1$ 面外），$\boldsymbol{E}=\dfrac{1}{2\varepsilon_0}(\sigma_1+\sigma_2)\boldsymbol{n}$（$\sigma_2$ 面外），（$\boldsymbol{n}$ 垂直两平面，由 σ_1 面指向 σ_2 面）

8.9 $E=0(0<d<r)$，$E=\dfrac{\lambda}{2\pi\varepsilon_0 d}\cdot\dfrac{d^2-r^2}{R^2-r^2}(r<d<R)$，$E=\dfrac{\lambda}{2\pi\varepsilon_0 d}(d>R)$

8.10 (1) $U_1=\dfrac{Q_1}{4\pi\varepsilon_0 R_1}+\dfrac{Q_2}{4\pi\varepsilon_0 R_2}(r<R_1)$，

$U_2=\dfrac{Q_1}{4\pi\varepsilon_0 r}+\dfrac{Q_2}{4\pi\varepsilon_0 R_2}(R_1<r<R_2)$，

$U_3=\dfrac{Q_1+Q_2}{4\pi\varepsilon_0 r}(r>R_2)$

(2) $U_{12}=\dfrac{Q_1}{4\pi\varepsilon_0}\left(\dfrac{1}{R_1}-\dfrac{1}{R_2}\right)$

8.11 (1) $E_{内}=0$；

(2) $E_{外}=2.25\times10^{10}\,\mathrm{N\cdot C^{-1}}$，$V_A=4.5\times10^9\,\mathrm{V}$

8.12 $E_{外}=9\times10^{10}\,\mathrm{N\cdot C^{-1}}, V_A=1.8\times10^{10}\,\mathrm{V}$

8.13 (1) $E_A=2.25\times10^{10}\,\mathrm{N\cdot C^{-1}}, E_B=0$

(2) $V_A=1.5\times10^{9}\,\mathrm{V}$

8.14 (1) $E=\dfrac{\sigma}{2\varepsilon_0}$

(2) $U_{ab}=\dfrac{\sigma}{\varepsilon_0}d$

8.15 $\dfrac{\rho}{4\varepsilon_0}(R^2-r^2)(r<R), \dfrac{\rho R^2}{2\varepsilon_0}\ln\dfrac{R}{r}(r>R)$

8.16 (1) $8.85\times10^{-9}\,\mathrm{C\cdot m^{-2}}$

(2) $6.67\times10^{-9}\,\mathrm{C}$

8.17 (1) 由静电感应,金属球壳的内表面上有感应电荷$-q$,外表面上带电荷$q+Q$

(2) $U_{-q}=-\dfrac{q}{4\pi\varepsilon_0 a}$

(3) $U_0=\dfrac{q}{4\pi\varepsilon_0}\left(\dfrac{1}{r}-\dfrac{1}{a}+\dfrac{1}{b}\right)+\dfrac{Q}{4\pi\varepsilon_0 b}$

8.18 $0, V_0=0(r<R_1)$

$\dfrac{R_1V_0}{r^2}-\dfrac{1}{4\pi\varepsilon_0}\dfrac{R_1Q}{R_2r^2}, \dfrac{R_1V_0}{r}+\dfrac{1}{4\pi\varepsilon_0}\dfrac{(r-R_1)Q}{R_2r}(R_1<r<R_2)$

$\dfrac{R_1V_0}{r^2}+\dfrac{1}{4\pi\varepsilon_0}\dfrac{(R_2-R_1)Q}{R_2r^2}, \dfrac{R_1V_0}{r}+\dfrac{1}{4\pi\varepsilon_0}\dfrac{(R_2-R_1)Q}{R_2r}(r_2>R_2)$

8.19 (1) $\boldsymbol{E}_{内}=\dfrac{Q\boldsymbol{r}}{4\pi\varepsilon_0\varepsilon_r r^3}, \boldsymbol{E}_{外}=\dfrac{Q\boldsymbol{r}}{4\pi\varepsilon_0 r^3}$

(2) $U_{内}=\dfrac{Q^2}{4\pi\varepsilon_0 r}\ln\dfrac{R_2}{R_1}, U_{外}=\dfrac{2\pi\varepsilon l}{\ln(R_2/R_1)}$

(3) $\dfrac{Q}{4\pi\varepsilon_0\varepsilon_r}\left(\dfrac{1}{R_1}+\dfrac{\varepsilon_r-1}{R_2}\right)$

8.20 (1) $C_0=\dfrac{\varepsilon_0S}{d}, Q_0=\dfrac{\varepsilon_0S}{d}U, E_0=\dfrac{U}{d}$

(2) $C_1=\dfrac{\varepsilon_r\varepsilon_0S}{\delta+\varepsilon_r(d-\delta)}, Q_1=\dfrac{\varepsilon_r\varepsilon_0SU}{\delta+\varepsilon_r(d-\delta)}, E_1'=\dfrac{U}{\delta+\varepsilon_r(d-\delta)}, E_1=\dfrac{\varepsilon_rU}{\delta+\varepsilon_r(d-\delta)}$

(3) $C_2=\dfrac{\varepsilon_0S}{d-\delta}, Q_2=\dfrac{\varepsilon_0SU}{d-\delta}, E_2'=0, E_2=\dfrac{U}{d-\delta}$

8.21 120pF,击穿

8.22 (1) $E=\dfrac{U}{\varepsilon_rd+(1-\varepsilon_r)t}, D=\dfrac{U\varepsilon_0\varepsilon_r}{\varepsilon_rd+(1-\varepsilon_r)t}$

(2) $Q=\dfrac{U\varepsilon_0\varepsilon_rS}{\varepsilon_rd+(1-\varepsilon_r)t}$

(3) $E=\dfrac{U\varepsilon_r}{\varepsilon_rd+(1-\varepsilon_r)t}$

(4) $C=\dfrac{\varepsilon_0\varepsilon_rS}{\varepsilon_rd+(1-\varepsilon_r)t}$

8.23 略

8.24 (1) 1.82×10^{-4}J

(2) 1.01×10^{-4}J

(3) 4.49×10^{-12}F

第 9 章

9.1 (1) C; (2) D; (3) B; (4) B; (5) C; (6) B; (7) D; (8) B

9.2 (1) 正西方向

(2) 能,不能

(3) 零,零

(4) I_1+I_2, I_1-I_2

9.3 (1) 0.24Wb

(2) 0

(3) 0.24Wb 或 −0.24Wb

9.4 (1) $\Phi_m=0.135$

(2) $\Phi_m=0$

9.5 (a) $\frac{\mu_0 I}{4R}+\frac{\mu_0 I}{4\pi R}$

(b) $\frac{\mu_0 I}{8R}$

(c) $\frac{\mu_0 I}{2R}-\frac{\mu_0 I}{2\pi R}$

(d) $\frac{\mu_0 I}{4R}+\frac{\mu_0 I}{2\pi R}$

9.6 $\frac{\mu_0 Il}{2\pi}\ln\frac{d_2}{d_1}$

9.7 $B=1.0\times10^{-3}$T

9.8 (1) $B_a=\frac{\mu_0 I}{2\pi r}$

(2) $B_b=0$

9.9 $B=1.0\times10^{-7}$T

9.10 (1) 在各条闭合曲线上,各点 **B** 的大小不相等;

(2) 不能由安培环路定理直接计算闭合回路上各点 **B** 的量值;

(3) 在闭合曲线 b 上各点 **B** 不为零,只是 **B** 的环路积分而非每点 $\boldsymbol{B}=0$。

9.11 $F=\frac{\mu_0 I_1 I_2}{2\pi}\ln\frac{l+l_0}{l_0}$,方向:垂直 ab 向上

9.12 $F=1$N

9.13 $M=7.85\times10^{-2}$N·m

9.14 $F=2BIR$

9.15 1.27×10^{-3}V·m^{-1}, 2.53×10^{-5}V

9.16 1.125×10^{-21}kg·m·s^{-1}, 2.35keV

9.17 1.1×10^2m,2.3m

9.18 1.28×10^{-3}N

9.19 (1) 2×10^4A·m^{-1}; (2) 7.76×10^5A·m^{-1}; (3) 38.8; (4) 39.8

第 10 章

10.1 (1) AD; (2) B; (3) BD; (4) B; (5) AC; (6) ABCD; (7) B

10.2 (1) 安培力; (2) 洛伦兹力,涡旋电场力,变化的磁场; (3) 涡旋电场假设,位移电流假设; (4) 横,2.998×10^8m·s^{-1}; (5) 涡流

10.3 1.6×10^{-8}V,$A\to B\to C\to D$

10.4 $\frac{\mu_0 vI}{2\pi}\ln3$,方向: $N\to M$

10.5 5.2×10^{-8}V,逆时针方向

10.6 $\frac{\pi R^2}{4}\frac{dB}{dt}$,$N$ 点电势高

10.7 (1) 4m·s^{-2}; (2) 10m·s^{-1}; (3) 0.4T,垂直于导轨平面向上

10.8 (1) 2.0V; (2) $b\to a$; (3) 0.5A

10.9 (1) 1.0×10^{-3}A,顺时针; (2) 1.0×10^{-5}N

10.10 $v=\frac{mgR\sin\theta}{B^2L^2}$

10.11 (1) 1.2m·s^{-2}; (2) 16m·s^{-1}; (3) 10m·s^{-1}; (4) $B_t=\frac{B_0S}{S+vt}$

10.12 $\frac{\mu_0}{\pi}\ln\frac{d-a}{a}$

10.13 $\frac{\mu_0 N_1 N_2 \pi R^2}{l}$

10.14 (1) 6.3×10^{-6}H; (2) -3.1×10^{-6}Wb·s^{-1}; (3) 3.1×10^{-4}V

10.15 (1) 7.6×10^{-3}H; (2) 2.3V

10.16 (1) 0.8mH; (2) 400 匝

10.17 1.6×10^6J·m^{-3},4.4J·m^{-3},磁场

10.18 9.0m^3,29H

第 11 章

11.1 (1) B; (2) B; (3) A; (4) D; (5) B; (6) C

11.2 10^{-5}m

11.3 $k_1=2,\lambda_1=674$nm(红色); $k_2=3,\lambda_2=404$nm(紫色),薄膜呈现“红紫色”

11.4 $k_1=3,\lambda_1=600$nm(橙色); $k_2=4,\lambda_2=429$nm(蓝色),薄膜呈现“橙蓝色”

11.5 $e=105.8(2k+1)$nm

11.6 $\theta=0.2945\times10^{-3}$rad

11.7 $\lambda_2=409$nm

11.8 $R=6.79$m

11.9 $\lambda=628.9\text{nm}$

11.10 $\lambda'=428.6\text{nm}$

11.11 $k=3$

11.12 (1) $\lambda=570\text{nm}$；(2) $\theta_2=43°9'\text{nm}$

11.13 $S=8.94\text{km}$

11.14 13.86cm

11.15 (1) $\theta=48°26'$；(2) $\theta'=41°34'$

11.16 $\frac{3}{8},\frac{1}{4},\frac{1}{8}$

11.17 2.25

11.18 (1) 54°44′；(2) 35°16′

11.19 略

11.20 (1) 54°28′；(2) 35°32′

11.21 1.60

第 12 章

12.1 (1) D；(2) C；(3) D；(4) D；(5) B；(6) A

12.2 (1) 大于,动能

(2) $6.63\times10^{-26}\text{J}, 2.21\times10^{-34}\text{kg}\cdot\text{m}\cdot\text{s}^{-1}$

(3) $2.5, 4.0\times10^{14}$

(4) 频率,频率,光子数

(5) 粒子,波动,波粒

(6) 越大,越多

(7) 工作介质、激励能源、光学谐振腔

(8) 粒子在 t 时刻在空间出现的概率密度, $\int|\Psi|^2\text{d}V=1$

12.3 $\Delta t'=1.41\text{s}$

12.4 $l=0.8l_0$

12.5 (1) $\frac{2}{c}$；(2) 520m

12.6 (1) $v=\frac{c\sqrt{n(n+2)}}{n+1}$, (2) $p=m_0c\sqrt{n(n+2)}$

12.7 (1) $3.23\times10^{-19}\text{J}$, (2) 2.02V, (3) 2960Å

12.8 (1) $6\times10^9\text{s}^{-1}\cdot\text{m}^{-2}$, (2) $1.77\times10^{-19}\text{J}$

12.9 红外线: $E=1.33\times10^{-19}\text{J}, p=4.42\times10^{-28}\text{kg}\cdot\text{m}\cdot\text{s}^{-1}, m=1.47\times10^{-36}\text{kg}$;

X 射线: $E=1.33\times10^{-15}\text{J}, p=4.42\times10^{-24}\text{kg}\cdot\text{m}\cdot\text{s}^{-1}, m=1.47\times10^{-32}\text{kg}$;

γ 射线: $E=1.99\times10^{-13}\text{J}, p=663\times10^{-22}\text{kg}\cdot\text{m}\cdot\text{s}^{-1}, m=2.21\times10^{-30}\text{kg}$

12.10 150V

12.11 $\frac{1}{2a}$

参 考 文 献

[1] 马文蔚,周雨青,等.物理学简明教程[M].北京:高等教育出版社,2012.
[2] 马文蔚,等.物理学[M].6版.北京:高等教育出版社,2014.
[3] 孙秋华,刘禄,张志林,等.新编大学物理教程[M].北京:高等教育出版社,2014.
[4] 鲍世宁,黄敏,应和平,等.大学物理学教程[M].杭州:浙江大学出版社,2014.
[5] 毛骏健,顾牧,等.大学物理学[M].北京:高等教育出版社,2006.
[6] 徐行可,张晓,张庆福,等.大学物理教程[M].成都:西南交通大学出版社,2005.
[7] 张晓,王莉.大学物理学[M].2版.北京:高等教育出版社,2014.
[8] 李文胜,刘国营.大学物理学[M].北京:机械工业出版社,2015.
[9] 上海交通大学物理教研室组.大学物理[M].2版.上海:上海交通大学出版社,2016.
[10] 张三慧.大学物理学(第三册)[M].2版.北京:清华大学出版社,1999.
[11] 马文蔚,周雨青,解希顺.物理学教程(下册)[M].2版.北京:高等教育出版社,2006.
[12] 赵近芳,王登龙.大学物理学(下册)[M].4版.北京:北京邮电大学出版社,2014.
[13] 毛骏健,顾牧.大学物理学(上册)[M].北京:高等教育出版社,2006.
[14] 赵凯华,钟锡华.光学[M].北京:北京大学出版社,2009.

参考文献

[illegible]